U0179906

北方民族大学文库

高效用模式挖掘

韩 萌 著

本书工作获得国家自然科学基金项目（62062004）支持

科学出版社
北 京

内 容 简 介

本书详细介绍面向静态数据集、增量数据集和数据流的高效用模式挖掘的理论和方法。本书内容共6章,第1章和第2章介绍高效用模式挖掘的相关知识。第3章介绍面向静态数据集的包含正、负效用的两类精简高效用模式挖掘方法的研究与实现过程。第4章介绍针对增量数据集的挖掘高效用模式全集和精简集合的研究。第5章介绍面向数据流的精简高效用模式挖掘方法的研究与实现过程。第6章给出三个高效用模式挖掘的应用案例。第3~5章有方法的实验证明,供读者更好地了解本书内容。

本书可供大数据挖掘相关专业研究生参阅,也可以作为大数据挖掘研究和应用开发人员的参考书。

图书在版编目(CIP)数据

高效用模式挖掘/韩萌著. —北京:科学出版社,2023.12
ISBN 978-7-03-076946-6

Ⅰ.①高… Ⅱ.①韩… Ⅲ.①数据采集 Ⅳ.①TP274

中国国家版本馆 CIP 数据核字(2023)第 217605 号

责任编辑:孙伯元 / 责任校对:任云峰
责任印制:师艳茹 / 封面设计:无极书装

科学出版社 出版
北京东黄城根北街 16 号
邮政编码:100717
http://www.sciencep.com

北京九州迅驰传媒文化有限公司印刷
科学出版社发行 各地新华书店经销
*

2023 年 12 月第 一 版 开本:720×1000 1/16
2023 年 12 月第一次印刷 印张:15
字数:298 620
定价:110.00 元
(如有印装质量问题,我社负责调换)

前　　言

高效用模式挖掘可以从数据集中提取具有不同价值的信息。本书面向静态数据集、增量数据集和数据流，详细描述高效用模式挖掘创新方法。面向大数据，模式挖掘结果集中存在大量冗余信息，不利于用户的使用。为此，本书重点关注精简模式挖掘方法。已有数据中除了包含正效用（如利润值），还可能包含负效用（如亏损值）。面向此类数据特征的挖掘方法研究较少，对此本书给出几种挖掘方法。

常规的数据集使用有限存储空间可以反复读取，对比增量数据集和数据流，此类数据称为静态数据。本书面向静态数据集，研究两种精简高效用模式挖掘方法。首先提出基于列表结构，一阶段的 top-k 闭合高效用模式挖掘方法。该方法可以有效减少候选集的生成，减小搜索空间，找到用户最感兴趣的无冗余的效用值最高的 k 组模式。为了处理含有负效用/负利润的数据集，第二个方法挖掘 top-k 含负项高效用模式。

增量挖掘是指仅处理新产生的数据，无须重复扫描已存储数据集合的方法。本书给出四种增量挖掘高效用模式的方法。首先，提出一种有效的使用增量紧凑效用结构和增量效用树结构的方法，挖掘过程中无须生成候选集，减少内存空间。然后，为了解决传统含负项高效用模式挖掘方法的局限性，设计一种索引列表结构，并提出在增量数据集中挖掘含负项高效用模式的方法。为了解决增量高效用模式全集挖掘方法中存在的结果集冗余、数量过多、内存消耗过大等问题，提出第三个增量闭合高效用模式挖掘方法,挖掘出满足用户需求的简洁无损的结果集。最后提出在增量数据集中挖掘含负项闭合高效用模式的方法。

数据流高速、持续且无止境的特性，使得在有限的内存空间中快速挖掘高效用模式成为一项具有挑战性的任务。本书面向数据流给出三个高效用模式挖掘方法。第一个方法是基于投影式模式增长的 top-k 高效用模式挖掘方法，它在运行时间上具有极大优势。为了得到无损模式结果集的全部信息，提出第二个基于滑动窗口模型的数据流闭合高效用模式挖掘方法。第三个方法是基于滑动窗口的含负项高效用模式挖掘方法，它可以在数据流环境下，在同时含有正项和负项的数据集中挖掘高效用模式。

为了更好地解释高效用模式的挖掘过程以及实用性，本书面向不同特征的大数据集，从数据预处理、高效用模式挖掘、预测分析等处理过程详细给出不同问题的解决方案。

感谢研究组成员王少峰、孙蕊、张春砚、张妮和程浩东，本书是在大家共同努力下完成的。感谢刘淑娟、高智慧、李昂和穆栋梁参与本书的校验工作。感谢数据科学与人工智能研究所的各位同事，几年来我们互相学习、共同勉励、共同成长。

衷心感谢我的家人和朋友的支持与付出，他们是我最坚强的后盾，是激发我不断前进的强大动力。

由于作者水平有限，不足之处在所难免，恳请读者批评指正。

目　　录

第1章 绪 论

模式挖掘是数据挖掘中的主要任务之一。频繁模式挖掘(frequent pattern mining, FPM)识别在事务数据集中频繁出现的项集,并假设所有项集都具有同等重要性(单位利润、价格等)。但是,一个项集在事务数据集中只能出现一次或零次,因此可能会丢弃信息并挖掘许多低利润的频繁出现的模式。高效用模式挖掘(high utility pattern mining, HUPM)是 FPM 的重要领域之一,利用项集的数量和利润来衡量项集的"有用性"。高效用模式挖掘的目标是识别对用户有意义的项或项集。如果数据集中项集的总效用不小于用户指定的最小效用阈值,则称为高效用模式(high utility pattern, HUP)[1]。例如,在市场篮子分析的背景下,高效用模式挖掘能够寻找到大于等于某个最小价值利润的所有项集。

早期的高效用模式挖掘方法通常以完全高效用模式为目标结果集,此类模式挖掘方法的固有问题是模式数量巨大和冗余模式过多,不利于用户分析和理解。因此,精简高效用模式挖掘成为研究热点,例如, top-k 高效用模式直接选取效用值/利润/价值最大的 k 组模式作为结果集。此类方法可以找到用户最感兴趣的结果集,但是这种精简方式往往会导致丢失部分有用信息。另外,该方法无法去除结果集中存在的冗余模式。因此,另一种精简高效用模式被提出,称为闭合高效用模式,这是一种典型的精简高效用模式,通过去除模式中的大量冗余模式,在可实现精简模式的同时能保证无信息损耗。此外,精简高效用模式还包括最大模式,用于找到结果集中最长的模式集合,如基因片段,通常较长的模式比较短的模式更利于用户的使用。

针对传统的挖掘方法只能挖掘正项的局限性,研究人员提出了挖掘单位利润为负项的方法。负项在现实生活中广泛存在,在现实世界中,项集也可能以负单位利润的形式出现。例如,一家零售店亏本销售商品,以刺激其他相关商品的销售,或者仅为了吸引顾客。又如,当顾客去超市购买计算机时,他可以免费获得键盘和鼠标,假设超市从每台计算机上获利 50 美元,键盘和鼠标损失 2 美元,那么超市最终盈利 48 美元。因此,负效用在现实生活中也具有重要意义。但是,大多数高效用模式挖掘方法只挖掘正效用项集。

高效用模式虽然在很多实际应用中效果显著,但绝大部分方法的设计集中于处理静态数据集。此类数据集中的数据是相对稳定的,且容易包含历史数据。最近几年，分布式传感器网络、大型零售交易、通信网络和在线网站点击等场景都在产生增量数据集或数据流。因此，从不断生成数据的集合中发现的模式更加实用，其含有大量不受历史数据影响的新数据，使用者可以迅速掌握相关信息并制定相应对策。

1.1　研　究　现　状

发现数据集中的各类模式是数据挖掘等领域的一项重要研究内容，可以从初始数据集中直接提取模式用于多场景分析和决策。目前，数据挖掘的主要模式包括频繁模式、高效用模式等。频繁模式挖掘主要寻找数据集中频繁出现的项或模式。高效用模式则赋予项不同的效用值或权重，用于找出具有高利润或高价值的模式。

1.1.1　频繁模式

频繁模式 (frequent pattern, FP) 挖掘[2]定义为在交易数据集中挖掘支持度不小于最小支持度的模式。支持度阈值是人为设定的，频繁模式具有显著的向下闭包属性，即若一个模式不是频繁模式，则它所有的超集也不是频繁模式。

基于连接的方法通过连接操作从频繁 k 模式中生成 $(k+1)$-候选模式，然后根据事务数据集验证这些候选模式。基于先验 (Apriori) 的方法[2]是最早的频繁模式挖掘技术之一，它采用一种分层级联方法，在 $k+1$ 长度的频繁项集产生前生成所有的 k-项集。直接哈希和修剪方法[3]提出了两种优化方式来加速挖掘，包括在每次迭代中修剪候选项集以及修剪事务以使支持计数过程更高效。

基于树的方法可以使用项集格的子图来探索候选项集，该子图称为字典树或枚举树[4]。因此，生成频繁模式的问题等价于构造枚举树的问题。枚举树可以以多种方式生长，如广度优先或深度优先。例如，频繁模式增长 (FP-growth) 方法[5]将基于后缀的模式探索与投影数据集的压缩表示相结合，以实现更有效的计数。基于前缀的 FP 树是数据集的压缩表示，通过考虑各项之间的固定顺序完成构建。FP 树可视为频繁事务数据集中基于前缀的数据结构，其中每个节点都用符号标记，FP 树中的节点也用项目标记。

FP-growth 方法中的大部分挖掘时间都耗费在树的遍历上。为进一步节约时间成本，文献[6]设计了一个基于数组的 FP-growth 方法实现，命名为 FP-growth*方法，大大减少了挖掘方法的遍历时间。同时，FP-growth*方法采用了 FP 树数据结构和类似数组的数据结构，以及各种优化方案。

此外，还有一些数据流的频繁模式挖掘方法，如在数据流中基于树的频繁模式挖掘方法[7]、基于树的频繁闭合模式挖掘方法[8]、基于边界界标窗口技术的数据流最大规范模式挖掘方法[9]、基于时间衰减模型和闭合算子的数据流闭合模式挖掘方法[10]等。它们使用多时态粒度、界标窗口模型、衰减窗口模型等从数据流中挖掘频繁模式或衍生频繁模式。

1.1.2 高效用模式

尽管频繁模式的挖掘很有用，但它依赖每个频繁模式都是满足用户需要的假设，即数据集中的每个项都同等重要。然而，该假设在一些应用中并不成立，例如，交易数据集中的模式{面包，牛奶}是频繁的，但该模式产生的利润较低，可能并不满足最小效用模式；而{香槟，鱼子酱}等模式即使不频繁也可能产生较高的利润。为了解决频繁模式挖掘的这种限制问题，研究者提出了高效用模式挖掘，旨在找到价值较高或重要的模式。

从数据对象的角度，高效用模式挖掘可以分为静态挖掘、增量挖掘和数据流挖掘。静态挖掘的对象是完全存储的数据集，可以被多次扫描。增量挖掘是指数据成批次地产生，为了提高效率，每次更新时仅挖掘新增数据而不需要重新挖掘已存储数据。数据流挖掘需要实时处理新数据，并及时删除历史数据。从关键技术的角度，高效用模式挖掘可以分为两阶段和一阶段方法，有无候选项集的方法，多次扫描、两次扫描和单次扫描数据集的方法等。从模式结果的角度，高效用模式挖掘可以分为全集高效用模式、精简高效用模式、含负项模式等，如图 1-1 所示。

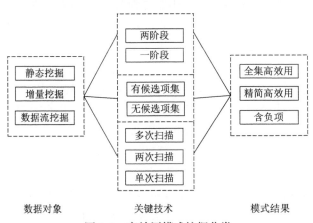

图 1-1 高效用模式挖掘分类

早期高效用模式挖掘大多为两阶段方法[11-15]，只使用向下闭包属性查找高效用模式。在第一阶段，通过高估的事务加权效用(transaction weighted utility, TWU)来产生候选项集。在第二阶段，通过再次扫描初始数据集，从第一阶段得到的候选项集中识别出真正的高效用模式。两阶段方法在挖掘过程中必然会产生大量候选项集,从而导致方法的时空效率较低。而后 Liu 等[16]首次提出了一种一阶段的高效用项集挖掘(high utility itemset miner, HUI-Miner)方法,该方法首次提出了垂直效用列表结构,该结构允许 HUI-Miner 方法直接计算内存中项集的效用值,而无须生成候选项集。

高效用模式挖掘通常会发现具有高重要性的模式,但构成这些模式的项是弱相关的,往往对营销决策有一定的误导性。为了解决上述问题,人们提出了一些方法来挖掘更有趣的模式[17,18],如果给定的数据集中存在未知错误,如噪声,则在该数据集中进行挖掘的传统高效用模式挖掘方法的挖掘结果不完全可信。为了克服这一局限性,Baek 等[19]提出了一种考虑噪声的新高效用模式挖掘方法。该方法使用效用容忍因子,从噪声数据集中提取称为近似高效用模式的稳健高效用模式。当前挖掘频繁模式或闭合模式的方法常会导致一些低频但极其重要的模式被忽略,因此 Wu 等[20]提出了高平均效用非重叠序列模式挖掘方法,共包括两个关键步骤:支持度计算和候选项集约简。计算支持度、深度优先搜索和基于简化网络树结构的回溯策略可有效降低该方法的时空复杂性。

为了去除模式结果集中存在的冗余模式,Shie 等[21]提出了最大高效用模式的概念,并设计从数据流中生成最大高效用项集(generation of maximal high utility itemset from data stream, GUIDE)方法挖掘最大模式。Tseng 等[22]提出了闭合高效用模式(closed high utility pattern, CHUP)的概念,基于此,进一步设计了闭合高效用项集发现(closed+ high utility itemset discovery, CHUD)方法。随后,研究人员提出了一种基于生成器的高效用模式挖掘方法[23],以及一种更精简的最小高效用模式(minimal high utility pattern, MinHUP)挖掘方法[23]。这几种方法利用模式精简的方式减少了冗余模式的数量,并提高了方法的时空效率。为解决最小效用阈值设定问题,Wu 等[24]提出 top-k 高效用项集挖掘(top-k high utility itemset mining, TKU)方法,该方法可根据用户自定义参数 k 返回挖掘项集的个数。

数据流必须在存储空间以及时间约束下实时处理,因此在数据流上挖掘高效用模式比在静态数据集和增量数据集中更有难度。现在主流的流处理模型有三种[25-27],分别是滑动窗口模型、界标窗口模型和衰减窗口模型。其中,窗口为数据流中的基本单位,存有一组连续事务。在滑动窗口模型[28-30]中,窗口包含的是固定数量的最新数据流事务,其仅考虑最新的事务以得出有意义的模式。正是基于上述特性,滑动窗口模型具有较少的系统内存占用。

Ahmed 等[31]提出了基于滑动窗口模型的高效用模式挖掘方法,起初基于滑动窗口模型的研究往往使用 TWU 高估项集的效用[11],但这会产生较多的候选项集,筛选这些候选项集需要额外的时间。Ryang 等[32]提出了基于滑动窗口的高效用模式增长挖掘方法,用于从滑动窗口模型中挖掘高效用模式。Jaysawal 等[33]提出了一种挖掘数据流高效用模式的单次一阶段方法(a single-pass one-phase algorithm for mining high utility pattern over a data stream, SOHUPDS)，以在数据流中挖掘高效用模式。该方法应用窗口列表结构储存项的扩展效用上限，以及项在事务中的偏移量等，实验表明其比之前的方法更有效。Chen 等[34]提出了一种利用滑动窗口模型并基于历史数据表的高效用模式挖掘方法。该方法通过历史数据来有效地修剪当前数据流挖掘过程中产生的冗余候选项，以更有效地发现潜在项。同时，新颖分布式系统架构的提出能在不影响数据流挖掘方法的情况下构造和更新历史数据表，并通过历史数据表优化当前的数据流挖掘方法。Baek 等[28]提出了一种基于滑动窗口模型和到达时间控制的方法，是在数据流中挖掘最近高效用模式的有效方法，该方法同时应用滑动窗口模型和时间衰减模型，从时间敏感数据流中找到最新的有意义模式。

针对目前数据流方法主要是全集挖掘的现状，研究人员提出了挖掘数据流上的精简高效用模式。现有数据流精简高效用模式主要集中在 top-k 和最大模式等领域。现有最先进的数据流 top-k 方法多采用基于滑动窗口模型的垂直效用列表结构，该结构在某些情况下需要进行开销巨大的连接操作，因此性能有待进一步提升。另外，目前尚没有针对数据流的闭合高效用模式挖掘方法。

1.2　主要内容

本书从静态、增量和数据流三个部分详细描述高效用模式挖掘的几类创新方法。重点关注精简 top-k 和闭合模式挖掘方法，同时考虑含负项的事务数据集的挖掘。本书具体内容安排如下：

第 1 章绪论，首先介绍高效用模式挖掘方法的研究背景。然后对频繁模式和高效用模式挖掘的研究现状进行总结，最后对本书的主要内容进行介绍。

第 2 章相关研究工作。首先给出高效用模式挖掘过程中常用的基本概念并进行举例解释。重点从精简模式和含负项模式两个角度分析总结静态数据集的挖掘方法。接着按照不同的关键技术对增量高效用模式挖掘方法进行对比，包括基于 Apriori 的方法、基于树的方法、基于列表的方法和其他方法。由于现阶段数据流的高效用模式挖掘方法研究较少，所以对现有的几种 top-k 挖掘方法进行论述。

第 3 章提出两个面向静态数据集的精简高效用模式挖掘方法。第一个方法是基于列表结构的，一阶段的 top-k 闭合高效用模式挖掘方法。该方法可以有效减少候选项集的生成，减小搜索空间，找到用户最感兴趣的无冗余的效用值最高的 k 组模式。为了处理含负效用/负利润的数据集，第二个方法挖掘 top-k 含负项高效用模式。

第4章提出多个增量挖掘高效用模式的方法。首先提出一种有效的使用增量紧凑效用结构和增量效用树结构的方法，挖掘过程中无须生成候选项集，减小了内存空间。接着为了克服传统挖掘含负项高效用模式挖掘方法的局限性，设计一种索引列表结构，并提出在增量数据集中挖掘含负项高效用模式的方法。为了解决增量高效用模式全集挖掘方法中存在结果集冗余、数量过多、内存消耗过大等问题，提出第三个增量闭合高效用模式挖掘方法，挖掘出满足用户需求的简洁无损的结果集。最后提出在增量数据集中挖掘含负项闭合高效用模式的方法。

第5章面向数据流提出三种高效用模式挖掘方法。第一种是基于投影式模式增长的 top-k 高效用模式挖掘方法，在运行时间上具有极大优势。为了得到无损的模式结果集，提出第二种基于滑动窗口模型的数据流闭合高效用模式挖掘方法。第三种是基于滑动窗口模型的含负项高效用模式挖掘方法，可以在数据流环境下，在同时含有正项和负项的数据集中挖掘高效用模式。

第6章给出使用本书提出方法的案例分析。详细阐述面对不同的问题需求，从数据预处理、模式挖掘、预测分析等方面给出解答的过程。

第2章 相关研究工作

2.1 相 关 概 念

本节为读者提供高效用模式挖掘的初步认识，并给出了高效用模式挖掘相关定义，如定义 2-1～定义 2-21 所示，然后为所提出的概念提供实例。

在表 2-1 中，DBSet$_0$ 为初始数据集，DBSet$_1$ 和 DBSet$_2$ 为增量数据集。令 $I=\{i_1, i_2, \cdots, i_m\}$ 为项的有限集合，DBSet=$\{T_1, T_2, \cdots, T_n\}$ 是由 n 个事务组成的数据集。每个事务 T_i 中的项是 I 的子集。k-项集表示长度为 k 的项集。在高效用模式挖掘中，每个项都有两种效用[11]：

(1)内部效用 $o(i_p, T_q)$，表示事务中项的数量。

(2)外部效用 $s(i_p)$，表示效用表中项 i_p 的单位值(价格或利润)。

在表 2-1 中，事务 T_2 中项 D 的内部效用为 $o(D, T_2)=3$，在表 2-2 中，项 B 的外部效用为 $s(B)=2$。

表 2-1   数据集

数据集	事务标识符	事务	事务效用
初始数据集 DBSet$_0$	T_1	$A(2), B(1), C(1), D(1)$	11
	T_2	$A(2), D(3), E(4)$	25
	T_3	$B(2), C(4), D(3), E(1)$	19
	T_4	$C(5), D(2), E(1)$	16
	T_5	$B(3), C(2), E(6)$	34
	T_6	$D(3), E(2)$	11
增量数据集 DBSet$_1$	T_7	$A(1), C(2), D(1), E(1)$	12
	T_8	$A(2), B(5), D(2), E(3)$	30
增量数据集 DBSet$_2$	T_9	$C(1), D(2), E(1), F(1)$	13
	T_{10}	$B(2), D(5), F(2)$	19

表 2-2   效用表

项	A	B	C	D	E	F
效用	3	2	2	1	4	5

定义 2-1[11]　在事务 T_q 中，项 i_p 的效用表示为 $u(i_p, T_q)$，是其内部效用 $o(i_p, T_q)$ 与外部效用 $s(i_p)$ 的乘积，如式 (2-1) 所示。

$$u(i_p, T_q) = o(i_p, T_q) \times s(i_p) \tag{2-1}$$

例如，在表 2-1 中，项 C 在事务 T_1 中的效用为 $u(C, T_1) = 1 \times 2 = 2$，项 B 在事务 T_3 的效用为 $u(B, T_3) = 2 \times 2 = 4$。

定义 2-2[11]　在事务 T_q 中，项集 X 的效用表示为 $u(X, T_q)$，是指事务 T_q 中项集 X 包含的所有项的效用之和，如式 (2-2) 所示。

$$u(X, T_q) = \sum_{i_p \in X} u(i_p, T_q) \tag{2-2}$$

例如，在表 2-1 中，项集 AD 在事务 T_2 中的效用为 $u(AD, T_2) = u(A, T_2) + u(D, T_2) = 6 + 3 = 9$，项集 BCE 在事务 T_5 中的效用 $u(BCE, T_5) = u(B, T_5) + u(C, T_5) + u(E, T_5) = 6 + 4 + 24 = 34$。

定义 2-3[11]　在数据集 DBSet 中，项集 X 的效用表示为 $u(X)$，是指数据集 DBSet 的所有事务中项集 X 的效用之和，如式 (2-3) 所示。

$$u(X) = \sum_{T_q \in \text{DBSet} \wedge X \subseteq T_q} u(X, T_q) \tag{2-3}$$

例如，在表 2-1 中，在初始数据集 DBSet_0 中，项集 BCD 的效用为 $u(BCD) = u(BCD, T_1) + u(BCD, T_3) = 5 + 15 = 20$。

定义 2-4[11]　事务 T_q 的事务效用表示为 $\text{tu}(T_q)$，是指事务 T_q 中所有项的效用之和，如式 (2-4) 所示。

$$\text{tu}(T_q) = \sum_{i_p \in T_q} u(i_p, T_q) \tag{2-4}$$

例如，在表 2-1 中，事务 T_4 的效用为 $\text{tu}(T_4) = u(C, T_4) + u(D, T_4) + u(E, T_4) = 10 + 2 + 4 = 16$。

定义 2-5[11]　事务加权效用表示为 $\text{TWU}(X)$，是指包含项集 X 的事务的效用之和，如式 (2-5) 所示。

$$\text{TWU}(X) = \sum_{T_q \in \text{DBSet} \wedge X \subseteq T_q} \text{tu}(T_q) \tag{2-5}$$

例如，在表 2-1 中，初始数据集 DBSet_0 中项集 CDE 的事务加权效用为 $\text{TWU}(CDE) = \text{tu}(T_3) + \text{tu}(T_4) = 19 + 16 = 35$。

定义 2-6[11]　令 minutil 表示最小效用阈值，如果项集 X 的效用 $u(X)$ 不小于最小效用阈值，即 $u(X) \geqslant$ minutil，则 X 称为高效用模式。

表 2-3 是扫描初始数据集和增量数据集后，项按 TWU 升序的排序表。表 2-4 是根据表 2-3 排序的重组数据集。

表 2-3　项的 TWU 值（升序）

项	F	A	C	B	D	E
TWU	32	78	105	113	156	160

表 2-4　重组数据集

数据集	事务标识符	事务	事务效用	分区号
	T_1	$A(2),C(1),B(1),D(1)$	11	
	T_2	$A(2),D(3),E(4)$	25	P_1
初始数据集 DBSet$_0$	T_3	$C(4),B(2),D(3),E(1)$	19	
	T_4	$C(5),D(2),E(1)$	16	P_2
	T_5	$C(2),B(3),E(6)$	34	
	T_6	$D(3),E(2)$	11	P_3
增量数据集 DBSet$_1$	T_7	$A(1),C(2),D(1),E(1)$	12	
	T_8	$A(2),B(5),D(2),E(3)$	30	P_4
增量数据集 DBSet$_2$	T_9	$F(1),C(1),D(2),E(1)$	13	
	T_{10}	$F(2),B(2),D(5)$	19	P_5

定义 2-7[16]　T_q/X 表示在事务 T_q 中项集 X 之后的所有项的集合。$S(T_q/X)$ 表示包含所有项的集合大小。

例如，在表 2-4 中，在事务 T_1 中项 C 之后的所有项集合为 $T_1/C=BD$，大小为 $S(T_1/C)=|BD|=2$，在事务 T_3 中项集 BD 之后的所有项集合为 $T_3/BD=E$，大小为 $S(T_3/BD)=|E|=1$。

定义 2-8[16]　事务 T_q 中项集 X 的剩余效用，表示为 ru(X, T_q)，是指在重组数据集的事务 T_q 中，项集 X 之后的所有项的效用之和，如式 (2-6) 所示。

$$\mathrm{ru}(X,T_q)=\sum_{x_i \in (T_j/X)} u(x_i,T_q) \tag{2-6}$$

例如，在表 2-4 中，项 C 在事务 T_1 中的剩余效用为 ru$(C,T_1)=u(BD,T_1)=3$，项集 BD 在事务 T_3 中的剩余效用为 ru$(BD,T_3)=u(E,T_3)=4$。

定义 2-9[16]　数据集 DBSet 中项集 X 的剩余效用，表示为 ru(X)，是指在数据集 DBSet 中，所有事务中项集 X 之后的所有项的效用之和，如式（2-7）所示。

$$ru(X) = \sum_{X \subseteq T_q \in DBSet} ru(X, T_q) \qquad (2\text{-}7)$$

例如，在表 2-4 中，在数据集 DBSet（DBSet = DBSet$_0$ ∪ DBSet$_1$ ∪ DBSet$_2$）中项集 BD 的剩余效用为 ru(BD)=ru(BD, T_3) + ru(BD, T_8) = $u(E, T_3)$+$u(E, T_8)$=16。

定义 2-10[12] 项集 X 的完整扩展项集大小表示为 $c(X)$，是指当项集 X 按 TWU 升序排列后，X 之后的所有项的集合大小。

例如，在表 2-4 中，项集 BD 之后的所有项的集合大小为 $c(BD)$=|{E}|=1，项集 AC 之后的所有项的集合大小为 $c(AC)$=|{BDE}|=3。

定义 2-11[12] 事务 T_q 中项集 X 的完整效用表示为 cu(X, T_q)，是指如果项集 X 的扩展项数量和 T_q 中 X 之后的所有项的集合中包含的项数量相等，则 cu(X, T_q) 等于项集 X 在 T_q 中的效用，如果不相等，则 cu(X, T_q)=0，如式（2-8）所示。

$$cu(X, T_q) = \begin{cases} u(X, T_q), & |X| > 1 \text{ 且 } c(X) = s(T_q / X) \\ 0, & \text{其他} \end{cases} \qquad (2\text{-}8)$$

定义 2-12[12] 事务 T_q 中项集 X 的非完整剩余效用表示为 cru(X, T_q)，是指如果项集 X 的扩展项数量和 T_q 中 X 之后的所有项的集合中包含的项数量相等，则 cru(X, T_q) 等于项集 X 在 T_q 中的剩余效用，如果不相等，则 cru(X, T_q)=0，如式（2-9）所示。

$$cru(X, T_q) = \begin{cases} ru(X, T_q), & |X| > 1 \text{ 且 } c(X) = s(T_q / X) \\ 0, & \text{其他} \end{cases} \qquad (2\text{-}9)$$

例如，在表 2-4 中，项集 BC 之后的所有项的集合大小为 $c(BC)$=|{DE}|=2，在事务 T_3 中项集 BC 之后的所有项的集合大小为 $s(T_3/BC)$=|{DE}|=2，即 $c(BC)$=$s(T_3/BC)$=|{DE}|=2，所以 cu(BC, T_3)=$u(BC, T_3)$ = 12，cru(BC, T_3) = ru(BC, T_3)=7。

定义 2-13[12] 给定项集 X 和扩展项 y，事务 T_q 中项集 Xy 的前缀效用表示为 PU(Xy, T_q)，是指项集 X 的效用，如式（2-10）所示。如果 X=∅，则 PU(Xy, T_q)=0。

$$PU(Xy, T_q) = u(X, T_q) \qquad (2\text{-}10)$$

例如，在表 2-4 中，项集 AB 的前缀效用，即等于项 A 的效用 PU(AB, T_1)=$u(A, T_1)$=6。

定义 2-14[12] 项集 X 在事务 T_q 中的非完整效用，如式（2-11）所示。项集 X 在

事务 T_q 中的非完整剩余效用，如式(2-12)所示。

$$nu(X,T_q) = u(X,T_q) - cu(X,T_q) \qquad (2\text{-}11)$$

$$nru(X,T_q) = ru(X,T_q) - cru(X,T_q) \qquad (2\text{-}12)$$

例如，在表 2-4 中，项集 BC 在事务 T_3 中的非完整效用为 $nu(BC, T_3)=u(BC, T_3) -cu(BC, T_3)=12-12=0$，非完整剩余效用 $nru(BC, T_3)=ru(BC, T_3)-cru(BC, T_3)=7-7=0$。

定义 2-15[35]　项集 X 的事务标识符集合表示为 $TidSet(X)$，是指包含 X 的事务标识符的集合。项集 X 的支持度表示为 $sup(X)$，是指 X 在数据集 DBSet 中出现的次数除以数据集的长度，如式(2-13)所示。

$$sup(X) = |TidSet(X)| / |DBSet| \qquad (2\text{-}13)$$

例如，在表 2-4 中，初始数据集 $DBSet_0$ 中，项 A 的支持度为 $sup(A)=|TidSet(A)|/|DBSet_0|=2/6=0.33$，项集 CD 的支持度为 $sup(CD)=|TidSet(CD)|/|DBSet_0|=3/6=0.5$。

定义 2-16[36]　如果数据集 DBSet 中不存在适当的超集 $Y \supset X$，使得 $sup(X)=sup(Y)$ 且其效用 $u(X) \geq minutil$，则项集 X 是 CHUP。

定义 2-17[37]　假定初始数据集 $DBSet_0$ 和增量数据集 $DBSet_1$、$DBSet_2$ 是插入事务的非空集合，DBSet（$DBSet=DBSet_0 \cup DBSet_1 \cup DBSet_2$）是插入后的整个重组数据集，HSet 是在 $DBSet_0$ 中找到的 HUP 集合，HSet′ 是在 DBSet 中找到的 HUP 集合。增量高效用模式挖掘是指在重组数据集 DBSet 中挖掘 HSet′。

例如，在表 2-4 的初始数据集 $DBSet_0$ 中，minutil=50，HSet={E: 56, BCE: 50, CE: 54}，其中每个项集旁边的数字表示其效用。然后，$DBSet_1$ 插入事务 T_7 和 T_8，$DBSet_2$ 插入事务 T_9 和 T_{10}。因此，在重组数据集 DBSet 中，HSet′={E: 76, ADE: 53, BCE: 50, CE: 68, DE: 68, BE: 60}，在此示例中，更新 2 个项集的效用，即项集 E 的效用从 56 增加到 76，项集 CE 的效用从 54 增加到 68，并且增加了 3 个新的 HUP={ADE: 53, DE: 68, BE: 60}增量挖掘项集，而并非重新遍历整个数据集挖掘。

定义 2-18[38]　假定初始数据集 $DBSet_0$ 和增量数据集 $DBSet_1$、$DBSet_2$ 是插入事务的非空集合，DBSet（$DBSet=DBSet_0 \cup DBSet_1 \cup DBSet_2$）是插入后的整个重组数据集，CSet 是在 $DBSet_0$ 中找到的 CHUP 集合，CSet′ 是在 DBSet 中找到的 CHUP 集合。增量闭合高效用模式挖掘是指在重组数据集 DBSet 中找到 CSet′。

例如，在表 2-4 的初始数据集 $DBSet_0$ 中，minutil=50，CSet={E: 56, CE: 54, BCE: 50}。然后，$DBSet_1$ 插入事务 T_7 和 T_8，$DBSet_2$ 插入事务 T_9 和 T_{10}。因此，在重组数据集 DBSet 中，CSet′={E: 56, ADE: 53, CE: 66, BCE: 50, DE: 68}。在此示例中，

项集 CE 的效用被更新，从 54 增加到 66，并且增加了 2 个新的 CHUP={ADE: 53, DE: 68}增量挖掘项集，而并非重新遍历整个数据集挖掘。

定义 2-19[39]　数据集 DBSet={T_1, T_2, $\cdots$, T_n}可以看作 k 个不重叠的连续分区集合 P={P_1, P_2, $\cdots$, P_k}。每个分区 P_k 都有一个事务块，每个事务块的大小计算为 $[n/k]$。

例如，在表 2-4 中，假设 k=5 和 n=10 的块大小为 2，即每个块包含两个事务。因此，P={P_1, P_2, P_3, P_4, P_5}={{T_1, T_2}, {T_3, T_4}, {T_5, T_6}, {T_7, T_8}, {T_9, T_{10}}}。

定义 2-20[39]　分区 P_k 中项集的效用表示为 up(X, P_k)，是指分区包含的事务 T_q 中，项集 X 中所有项的效用之和，如式(2-14)所示。

$$\mathrm{up}(X, P_k) = \sum_{\forall T_q \in P_k \wedge X \subseteq T_q} u(X, T_q) \tag{2-14}$$

例如，在表 2-4 中，假设 k=5，项集 DE 在分区 P_1、P_2、P_3、P_4、P_5 中的效用分别为 up(DE, P_1)=0+19=19、up(DE, P_2)=7+6=13、up(DE, P_3)=0+11=11、up(DE, P_4)=5+14=19、up(DE, P_5)=6+0=6。

定义 2-21[39]　数据集中分区 P_k 中项集 X 的剩余效用表示为 rup(X, P_k)，是指分区包含的事务 T_q 中，项集 X 之后的所有项的效用之和，式(2-15)所示。

$$\mathrm{rup}(X, P_k) = \sum_{\forall T_q \in P_k \wedge X \subseteq T_j} \mathrm{ru}(X, T_j) \tag{2-15}$$

例如，在表 2-4 中，假设 k=5，项集 CB 在分区 P_1、P_2、P_3 中的剩余效用分别为 rup(CB, P_1)=1、rup(CB, P_2)=7、rup(CB, P_3)=24。

2.2　静　态　挖　掘

2.2.1　精简模式挖掘方法

精简高效用模式挖掘方法的提出解决了高效用模式冗余的问题。精简模式主要包括最大高效用模式、闭合高效用模式、top-k 高效用模式、基于生成器的高效用模式和最小高效用模式等。接下来对几种精简高效用模式挖掘方法进行详细介绍。

高效用模式挖掘结果的表现形式通常分成两类，分别是全集高效用模式和精简高效用模式。精简高效用模式可分为闭合高效用模式、最大高效用模式和 top-k 高效用模式等。其中，闭合高效用模式删除了全集高效用模式中的所有冗余模式，最大高效用模式去除了某些闭合高效用模式中的有用子集，因此最大高效用模式包含于闭合高效用模式中。而 top-k 高效用模式是取效用值最高的 k 个项集作为结果。高效用模式类型之间的关系如图 2-1 所示。

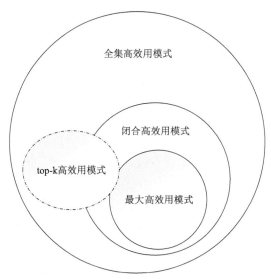

图 2-1　高效用模式类型之间的关系

在模式数量方面，精简高效用模式相比于全集高效用模式数量较少，在常见的精简高效用模式中，闭合高效用模式为无损精简模式，最大高效用模式和 top-k 高效用模式为有损精简模式。在精简高效用模式挖掘过程中，常将精简性与效用作为两个条件，其中，精简性条件引入了支持度的概念，精简高效用模式的类型及特点总结在表 2-5 中。

表 2-5　精简高效用模式的类型及特点

模式类型	存储内容	压缩方式与压缩等级	优点	缺点
top-k 高效用模式	用户设定的效用值最高的 k 个项集	压缩方式：无损压缩 压缩等级：在所提模式类型中最大	灵活地挖掘用户指定数量的高效用模式	结果中存在冗余模式
闭合高效用模式	不存在超集与本身效用值相等，且效用值大于最小效用阈值的项集	压缩方式：无损压缩 压缩等级：小于有损压缩	有效压缩高效用模式，并且没有遗漏任何有用子集	无损压缩，相较于最大高效用模式消耗内存较大
最大高效用模式	不存在超集，且效用值大于最小效用阈值的所有项集	压缩方式：有损压缩 压缩等级：大于闭合高效用模式且小于 top-k 高效用模式	有效压缩高效用模式，可以直观地找到效用值较大的数据	可能遗漏有用子集

1. 最大高效用模式

最大高效用模式(maximal high utility pattern, MaxHUP) [21]是指任意一个高效用模式的超集都是非高效用模式,这最大限度地减少了冗余模式的数量,因此精简程度最大。现从加权和不加权的角度对 MaxHUP 挖掘方法进行分析。

基于加权的 MaxHUP 挖掘方法指的是,在最大频繁项集中添加外部权重,通过挖掘得到 MaxHUP 集合。Yun 等[40]提出了在数据流上的加权最大频繁模式挖掘方法,该方法使用树结构进行挖掘,提出了数组结构来有效减少扫描次数;引入剪裁策略和挖掘策略实现了有效修剪。Lee 等[41]提出了基于数据流滑动窗口模型的加权最大频繁模式挖掘方法,基于滑动窗口模型和数组,仅需一次数据集扫描就能生成条件树。实验结果表明,在运行时间、内存使用和可扩展性方面均表现良好。针对滑动窗口模型下完全加权最大频繁模式挖掘方法存在的冗余运算问题,王少鹏等[42]提出了加权最大频繁模式挖掘方法,该方法减少了冗余运算,引入了基于树的重构判别函数和基于频繁约束的条件优化策略。实验结果表明,与已有方法相比,该方法的时间消耗较低且性能更好。

基于不加权的 MaxHUP 挖掘方法指的是,在数据集或数据流的挖掘过程中,直接加入约束挖掘 MaxHUP。Shie 等[21]提出 GUIDE 方法挖掘数据流中从界标时间到当前时间的 MaxHUP,GUIDE 方法是首次提出挖掘数据流中最大效用项集的一阶段方法,采用最大高效用项集树数据结构维护事务信息,有效查找 MaxHUP。实验结果表明,与两阶段方法相比,该方法具有更优的性能。基于最大项集特性的高效用挖掘方法[43]在阶段一中使用最大项集属性来减少候选项集的数量,在阶段二中使用字典树结构来识别高效用模式。随后,Lan 等[44]提出了基于投影的高效用序列模式挖掘方法,采用了基于投影的修剪策略获得更精确的效用上界,从而避免了大量的候选子序列项集。此外,还设计了一种高效的索引结构,用于快速查找在递归过程中要处理的与前缀相关的定量序列。实验结果表明,该方法在数据集修剪效率和执行效率方面都有较好的表现。

通过对 MaxHUP 挖掘方法的分析,可以得出以下结论。在模式挖掘过程中,MaxHUP 挖掘方法在很大程度上减少了高效用模式的冗余数量,并表现出模式的最大可扩展度,因此 MaxHUP 挖掘方法不存在超集。但是,在实际应用中,模式的过度精简可能会丢失部分有价值的信息。闭合高效用模式是无损精简的,因此可有效解决 MaxHUP 挖掘方法丢失有价值信息的问题。

2. 闭合高效用模式

闭合高效用模式[45]指的是,如果某项集是高效用的且不存在与其支持度相同的超集,那么该项集为闭合高效用模式(closed high utility pattern, CHUP)。其优点是无损精简,可以从精简的 HUP 中完全恢复全集 HUP。下面从一阶段方法和两阶段方法的角度，分析挖掘 CHUP 的几个经典和最新的方法。

两阶段方法是指在第一阶段利用事务加权效用和最小效用阈值进行挖掘，生成候选项集；第二阶段通过候选项集的实际效用与最小效用阈值比较来查找HUP[46]。Wu 等[45]提出了 CHUD 方法，并设计了三种修剪策略，包括基于最大效用的修剪策略、基于全局事务效用表和局部事务效用表的修剪策略；采用项集-事务标识符树数据结构来查找 CHUP；为了从 CHUP 中有效恢复所有 HUP，进一步提出了自顶向下的衍生所有高效用项集的有效方法。Tseng 等[22]提出了基于Apriori 的闭合高效用项集挖掘方法，该方法利用横向扩展数据集的方式，在广度优先搜索中挖掘闭合高效用模式。Fournier-Viger 等[47]提出了高效闭合高效用项集挖掘(efficient of closed high utility itemset mining, EFIM-Closed)方法，它依赖两个新的子树效用值和局部效用值上界，有效地修剪搜索空间；提出了数据集投影和事务合并技术来挖掘用户界面，进一步降低了数据集扫描成本；采用了三种策略来高效挖掘 CHUP，包括闭包跳跃、前向闭包检查和后向闭包检查。与 CHUD 方法相比，EFIM-Closed 方法的速度提高了一个数量级以上，内存消耗减少了一个数量级以上。Singh 等[48]提出了挖掘含负项闭合高效用项集(closed high utility itemset with negative utility, CHN)方法，其依赖模式增长方法，利用事务合并和数据集投影技术来降低数据集扫描成本，采用了基于子树的修剪技术，并利用双向扩展技术对搜索空间进行了精简和闭包检查，实验结果表明，在挖掘较长的事务时，该方法效率极高。Mai 等[49]提出了从一组 HUP 中快速提取 CHUP 及生成器的方法，并引入效用置信度框架和格点概念。实验结果表明，该方法占用了较少的运行时间。以上两阶段方法虽然可以很好地挖掘 CHUP，但是其挖掘过程中候选项集的生成始终需要耗费大量的时间和内存。为克服两阶段方法存在候选项集的局限，研究者提出了一阶段方法。

一阶段方法指的是，在 HUP 挖掘过程中，直接计算项集的实际效用值并与最小效用阈值进行比较判断，不需要产生候选项集就可以直接获得 HUP[50]。Wu 等[35]提出了不产生候选项集的闭合高效用项集挖掘(closed high utility itemset miner without candidates, CHUI-Miner)方法，这是首个一阶段方法。该方法提出了用于维护项集效用信息的新结构，即扩展效用列表 (extended utility list, EU-List)，该结构能够有效计算项集效用和效用单元数组；该方法在不产生候选项集的情况下，可以在数据集中发现完整的 CHUP。实验结果表明，与 CHUD 方法相比时间快了两个数量级以上。Bui 等[51]针对不确定数据集中不生成候选项集的情况，提出了闭合的潜在高效用模式挖掘方法。该方法基于潜在扩展效用列表结构和字典树，采用深度搜索的方法直接挖掘闭合的潜在高效用模式；其特点为，既可挖掘出HUP，还可以挖掘出高占用率的模式。实验结果表明，与 CHUI-Miner 方法相比时间快了几个数量级。随后，Wu 等[52]首次提出闭合和最大高效用项集挖掘方法，实验结果表明,该方法大幅减少了 HUP 的数量,并且比基准方法快了几个数量级。Dam 等[53]提出了闭合高效用项集挖掘（closed high utility itemset miner, CLS-Miner）方法来挖掘 CHUP,采用了链估计效用共现修剪、下枝修剪和 Coverage 等新的缩减搜索空间的策略;引入了检查项集是否是另一个项集的子集的高效方法,从而缩短了发现 CHUP 所需时间。在运行时间方面,CLS-Miner 方法比 CHUD 方法、CHUI-Miner 方法快几个数量级。随后,Dam 等[38]又提出了从增量数据集中挖掘闭合高效用项集(incremental closed high utility itemset, IncCHUI)的方法,该方法采用了增量效用列表结构,只需要扫描一次数据集就可以构建和更新数据;应用新的修剪策略快速构建增量效用列表,并排除未更新的候选项集;使用基于散列的方法来更新或插入找到的新 CHUP。实验结果表明,该方法在运行时间方面显著优于 CHUI-Miner 方法、CLS-Miner 方法和 EFIM-Closed 方法,此外还具有良好的可扩展性。

通过对 CHUP 方法的分析可以得出以下结论:CHUP 方法在项集挖掘过程中,解决了 MaxHUP 可能存在遗漏有用信息的问题,而且其精简方式是无损的。MaxHUP 方法和 CHUP 方法可以解决 HUP 方法的冗余问题,但是 HUP 方法中挖掘出的项集数量不稳定始终是需要克服的一大难题,因此学者提出 top-k 高效用模式。

3. top-k 高效用模式

高效用模式挖掘指的是从数据集或数据流中发现项集的实际效用值不小于用户指定的最小效用阈值,但是设置适当的最小效用阈值对用户来说是一个难题。如果最小效用阈值设置得太低,则会生成过多的 HUP,导致挖掘方法变得低效,甚至耗尽内存;如果最小效用阈值设置得太高,则可能找不到 HUP。通过尝试设置适当的最小效用阈值对用户来说是一个冗长的过程。研究者提出的 top-k 高效用模式,无须设置最小效用阈值,用户直接给定 HUP 的数目 k 进行挖掘。总结相关文献,top-k 高效用模式挖掘方法可以分为有候选项集生成的挖掘方法和无候选项集生成的挖掘方法。

Wu 等[24]首次提出 TKU 方法用于挖掘 top-k 高效用模式,采用了树结构来维护事务信息和 top-k 高效用模式。其框架由三部分组成:①构建效用模式树(utility pattern tree, UP-Tree);②从 UP-Tree 生成候选 top-k 高效用模式;③识别 top-k 高效用模式。在第一部分提出了 MC、PE、NU、MD 四种策略,以提高边界最小效用阈值。在第二部分设计了 SE 策略,以减少已核查的候选项集的数量。Yin 等[54]提出了 top-k 高效用序列项集挖掘方法,该方法提出了一种新的序列边界和序列缩减效用(sequence reduced utilization, SRU)修剪策略,以有效地过滤无希望的候选序列;引入了预插入和排序策略来提高最小效用阈值。Lu 等[55]提出了基于滑动窗口模型的 top-k 高效用项集挖掘方法，将当前窗口的批处理数据以及项的效用信息存储在 HUI-Tree 中，无须再对数据集进行扫描。Zihayat 等[56]提出了在数据流中挖掘 top-k 高效用项集(top-k high utility itemset mining over data stream, T-HUDS)方法，该方法基于精简的树结构，可以通过滑动窗口模型高效地找到候选的 top-k 高效用模式。实验结果表明，在时间和内存使用上该方法与 TKU 方法相比呈数量级减少。Ryang 等[57]提出了利用实际效用和预估效用提升最小阈值的 top-k 高效用模式挖掘方法，采用 PUD、RIU、RSD 和 SEP 四种策略有效提高了最小效用阈值，该策略数量级地减少了候选项集的数量。Zhang 等[58]提出的 ISR-MOEA 方法克服了传统项集挖掘过程中项集高度相似、缺乏多样性的缺点。该方法引入了覆盖率度量来量化整个集合的多样性，从而在一次运行中获得多组 top-k 项集，在效用和多样性之间进行权衡，从而提高了用户的满意度。陈明福[59]提出了缩小候选项集的 top-k 高效用模式挖掘方法，采用了三种基于项集实际效用和高估效用的策略来提高构建 UP-Tree 时的最小效用阈值，从而缩小了树的规模，并节省了运行时间。

在大型数据集或具有长事务的数据集中，产生候选项集的高效用模式挖掘方法的时空效率受到较大影响。因此，研究者提出了不产生候选项集的挖掘方法。王乐等[60]提出了不产生候选项集的 top-k 高效用模式挖掘方法，该方法将事务项集和项集效用信息有效保存到 HUP-Tree 上，不需要产生候选项集便能挖掘出效用值为前 k 个的项集。Tseng 等[61]提出了 TKO 方法，该方法是第一个为 top-k 高效用模式挖掘开发的一阶段方法，它融合了 RUC、RUZ 和 EPB 三种新的策略。在不同类型的数据集中进行的实验表明，该方法在大数据集上具有很好的扩展性。

Duong 等[62]提出了使用共现修剪进行 top-k 高效用项集挖掘(top-k high utility itemset mining using co-occurrence pruning, kHMC)方法，该方法构造了估计效用共现结构（estimated utility co-occurrence structure, EUCS）、共现效用降序排列矩阵（co-occurrence utility descending order matrix, CUDM）和效用列表数据结构，采用了 CUD 和 COV 策略来提高阈值。实验结果表明，该方法在时间和内存使用上都优于 TKO 方法。Dawar 等[63]提出了 Vert_top-k DS 方法，该方法使用倒排表数据结构，挖掘过程中不会产生候选项集。Dam 等[64]首次提出了快速挖掘货架上的 top-k 高效用项集挖掘(fast top-k on-shelf high utility itemset mining, KOSHU)方法，该方法在挖掘过程中同时考虑了正负效用，提出了 EMPRP、PUP 和 CE2P 等新的修剪策略。Singh 等[65]提出了 TKEH 方法，该方法利用事务合并和数据集投影技术来降低数据集扫描成本，采用 RIU、CUD 和 COV 策略来提高最小效用阈值；采用基于 EUCP 和支持度的修剪策略来有效地修剪搜索空间；利用基于数组的效用技术来计算项的效用和线性时间上限。实验结果表明，TKEH 方法的性能优于 TKO 方法、TKU 方法、kHMC 方法且在密集的数据集上表现更优。Kumari 等[66]

提出了 top-k 规则高效用项集挖掘方法，其采用一种新的规则效用列表结构，用于保存每个规则表的规则信息和效用信息。Krishnamoorthy[67]提出了挖掘 top-k 高效用项集(top-k HUI, THUI) 方法，其利用一种新的 LIU 叶项集效用结构和快速提高最小效用阈值的效用下界估计方法提高了挖掘效率。实验结果表明，该方法在大型、密集和长事务平均长度的数据集上表现良好。

通过对 top-k 高效用模式进行总结，可以得出以下结论。top-k 高效用模式在挖掘过程中克服了最小效用阈值设定的问题，通过设置模式数量 k，返回用户所需的模式，然而仍存在模式冗余问题。从以上精简模式可以看出，最大高效用模式和闭合高效用模式可以克服 top-k 模式冗余的局限。

4. 其他精简高效用模式

本节介绍两种其他精简高效用模式挖掘方法，包括基于生成器的高效用模式挖掘方法和最小高效用模式 MinHUP 挖掘方法。在上述精简高效用模式挖掘方法中，主要是 MaxHUP 挖掘方法、CHUP 挖掘方法和 top-k 高效用模式挖掘方法。尽管这些精简的高效用模式挖掘方法非常有用，但无法使用生成器来挖掘精简的高效用模式。生成器是指没有相同支持的适当子集的项集。生成器具有以下优点：生成器与闭合项集结合使用，可以提供闭合项集本身无法提供的其他信息；生成器可以提供更高的分类精度。从许多应用程序可以看出，基于生成器挖掘高效用模式的性能要优于挖掘全集、最大和闭合高效用模式。

Fournier-Viger 等[68]首次提出了使用生成器来挖掘精简高效用模式的框架，进一步提出了高效用生成器挖掘方法和高效用项集生成器挖掘方法。高效用项集生成器挖掘方法可挖掘全集高效用模式。由于需要考虑生成器，所以会消耗更多时间。实验结果表明，该方法非常有效，并且大大减少了冗余高效用模式的数量。此外，高效用生成器挖掘方法比最先进的闭合高效用模式挖掘方法和高效用模式挖掘方法快两个数量级。

对以上几种精简高效用模式挖掘方法进行分析，可以得出以下结论。最大高效用模式的超集不是高效用模式，可处理产生高利润的最大种类商品组合问题。闭合高效用模式没有与其支持度相同的高效用超集。在实际应用中，可表示为高利润的最大项组。但是，最大高效用模式和闭合高效用模式具有明显的缺点，即通常是一个较长的项集，即该项集包含许多项。但是，在现实生活中，大多数顾客不会同时购买整套商品，故零售商对产生高利润的最小商品集合更感兴趣。

为了解决这个问题，Fournier-Viger 等[23]提出了 MinFHM 方法来挖掘产生高利润的 MinHUP。MinFHM 方法扩展了 FHM 方法[69]，使用 EUCS 结构并结合 MinHUP 的属性修剪搜索空间，提高了方法的效率。MinHUP 的目标是在数据集中找到可以产生高利润的最小模式，而不是最大模式。在多个真实数据集上的性能结果表明，挖掘 MinHUP 的速度比挖掘高效用模式、闭合高效用模式快近 2 个数量级，并且减少了高效用模式的数量。

2.2.2　含负项模式挖掘方法

以上讨论的方法都只考虑了正效用，然而，在现实生活中，事务数据集也具有负效用。例如，一家零售商店亏本销售商品，以刺激其他相关商品的销售，或者仅为了吸引顾客。如果使用传统的方法对负项进行挖掘，可能会丢失一些候选项集。为了解决含负项集的问题，Chu 等[70]首次提出挖掘含负项值的高效用项集挖掘(high utility itemset with negative item value mine, HUINIV-Mine)方法。然而该方法产生了大量的候选项集，降低了方法的执行效率。Li 等[71]提出了基于位图向量和基于标识符列表的含负项高效用项集挖掘方法，但是该方法仍然存在产生候选项集过多的问题。随后，Fournier-Viger[72]提出了快速挖掘含负单位利润的高效用项集(faster high utility itemset miner with negative unit profits, FHN)方法，该方法使用深度优先的搜索策略，基于效用列表来有效地修剪搜索空间。实验结果表明，该方法的运行时间减少为 HUINIV-Mine 方法的 0.2%，内存消耗减少为HUINIV-Mine 方法的 0.4%。Lan 等[73]提出了 TS-HOUN 方法，该方法首次提出同时考虑货架时间和含负项高效用模式，采用三阶段方法，在每个时间段挖掘项集，然后合并每个时间段的项集。由于多次扫描数据集，TS-HOUN 方法效率低下。为了解决该问题，快速挖掘货架高效用项集挖掘(faster on-shelf high utility itemset miner, FOSHU)方法[74]使用了基于效用列表的结构，该结构同时挖掘所有时间段的项集。实验结果表明，FOSHU 方法的运行时间减少为 TS-HOUN 方法的 1%以下，内存消耗减少为 TS-HOUN 方法的 10%。Dam 等[64]提出了 FOSHU 的扩展方法——KOSHU 方法。Subramanian 等[75]提出了基于模式增长的含负项高效用项集挖掘方法。2017 年，Xu 等[76]提出了挖掘含负项高效用序列项集的方法。Krishnamoorthy[77]提出了一种广义的同时挖掘正负项的方法，采用并修改了现有的修剪策略 U-Prune 和 LA-Prune[39]。与 FHN 方法的实验结果相比，该方法比 FHN方法快了 1 个数量级。Gan 等[78]提出了一种从不确定数据集中同时挖掘含正负项的高效用项集挖掘方法。Singh 等[79]提出了一种利用模式增长树高效挖掘含负项高效用项集(efficient high utility itemset mining with negative utility, EHIN)方法来挖掘含负项高效用模式，该方法提出了多种有效的数据结构和修剪策略。Singh等[48]提出了 CHN 方法来挖掘含负项闭合高效用模式。Singh 等[80]提出了一种高效的具有负效用和长度约束的高效用项集挖掘方法。下面从基于 Apriori 的挖掘方法、基于树的挖掘方法和基于效用列表的挖掘方法等对含负项 HUPM 方法进行分析与总结。

1. 基于 Apriori 的挖掘方法

基于 Apriori[81]的挖掘方法指的是，首先生成长度为 k 的项集，然后生成长度为 $k+1$ 的项集，在有关于挖掘含负项 HUPM 方法中只有以下两种方法使用基于 Apriori 的挖掘方法。

Chu 等[70]提出了 HUINIV-Mine 方法。这是首次基于 Apriori 的挖掘方法挖掘含负项 HUPM 方法。它是两阶段方法的扩展，采用两阶段模型对高效用模式进行负项挖掘。Chu 等论证了挖掘含负项高效用模式必然至少有一个正项集，否则效用值为负将不是高效用模式。该方法基于 Apriori，因此需要占用大量内存以维护候选项集。

Lan 等[73]提出了 TS-HOUN 方法。这是第一个挖掘含负项和货架时间周期相结合的方法。使用货架上的时间段可以准确地评估时间数据集中项集的实际效用值。大多数方法都认为商品有相同的货架时间，也就是说，所有商品都在同一时间段销售。但在现实生活中，有些商品只在短时间内出售。TS-HOUN 方法扫描数据集三次，有效地从时间数据集中找到利润为负的货架上的高效用模式。TS-HOUN 方法采用基于两阶段方法的修剪策略对搜索空间进行修剪，它是两阶段方法的延伸。因此，TS-HOUN 方法需要大量的运行时间和内存空间来完成挖掘任务并生成大量候选项集。

2. 基于树的挖掘方法

基于树[82]的挖掘方法是基于字典树的概念，候选项集可以使用字典树或枚举树进行研究。基于树的挖掘方法的主要特征是枚举树(或字典树)提供了在许多场景中非常有用的特定探索顺序。假设数据集中的项之间存在字典排序，这种字典排序对于没有重复的高效用项集枚举是必不可少的。该方法从长度为 1 的项集开始挖掘高效用模式，构造它的向上树并递归挖掘。模式增长是通过连接后缀项集和来自 UP-Tree 的高效用模式来实现的。基于树的挖掘方法将查找长项集的问题转化为递归地搜索短项集，然后连接后缀。基于树的挖掘方法总结如下。

Li 等[71]提出了两种方法在连续流事务敏感滑动窗口上挖掘含负项高效用模式。该文献提出了一种高效的 LexTree-2HTU 数据结构，用于维护当前事务敏感滑动窗口中的高事务加权效用 2-项集。该数据结构由两个组件组成：项信息和一组带前缀的树。根据项信息的不同表示方法，提出了基于位图向量和基于列表的含负项高效用项集挖掘方法，前缀是包含在项信息中的条目。这两种方法对高效用模式的挖掘分为三个阶段：窗口初始化阶段、窗口滑动阶段和高效用模式生成阶段，两种方法都采用了基于 TWU 的搜索空间修剪技术。Subramanian 等[75]提出了基于模式增长的含负项高效用项集挖掘方法，该方法使用不生成候选项集的基于树的挖掘方法来挖掘含负项高效用模式。此外，还提出了两个策略：RNU(删

除负项工具)和 PNI(修剪负项集),其中,通过 RNU 策略计算事务效用值。Xu
等[76]提出了首个挖掘含负项高效用序列项集的方法,该方法是 USPAN 方法[83]的
扩展。采用 i-级联和 s-级联机制生成新的候选序列,并根据子节点的超级节点 s
效用计算子节点的效用。Singh 等[79]提出了 EHIN 方法。该方法采用事务合并和
投影技术来减少数据集扫描成本,并提出了基于重新定义子树和重新定义局部效
用的两种修剪策略,证明了 EHIN 方法比最先进的 FHN 方法快 28 倍,内存消耗
却为 FHN 方法的 10%。实验结果表明,EHIN 方法在处理密集数据集时具有较好
的性能。

　　3. 基于效用列表的挖掘方法

　　基于 Apriori 的挖掘方法和基于树的挖掘方法以水平数据格式从一组事务中
挖掘高效用模式。另外,挖掘也可以以 Eclat 方法[84]中提出的垂直数据格式进行。
垂直数据格式首先扫描数据集,构建每个单项的 TidSet。对高效用模式 k-项集的
TidSet 进行运算,计算对应$(k+1)$-项集的 TidSet。这个过程重复进行,直到项集
满足最小效用阈值。该方法在从 k-项集中生成候选$(k+1)$-项集时,不需要扫描数
据集来查找$(k+1)$-项集的效用值。这是因为每个$(k+1)$-项集的 TidSet 携带计数效
用值所需的完整信息。

　　此外,学者还研究了一系列基于效用列表的挖掘含负项集的方法。2014 年,
Fournier-Viger[72]提出了一种 FHN 方法。FHN 方法是 FHM 方法[69]的扩展。它采
用效用列表存储正负效用,基于此,探索项集的搜索空间。它还利用 EUCS 结构
提供了一种有效的修剪策略来限制搜索空间。实验结果表明,FHN 方法比最先进
的 HUINIV-Mine 方法快 500 倍,内存消耗却为 HUINIV-Mine 方法的 0.4%。后来,
基本 FHN 方法的扩展版本[72]于 2016 年被提出。Krishnamoorthy[77]提出了一种
GHUM 方法。该方法提出了一种精简的基于效用列表的数据结构来存储项集信
息,它不使用单独的效用列表来存储项集信息,利用项的支持度对负项进行升序
排列,有效生成了候选项集。GHUM 方法采用并修改了现有的修剪策略 U-Prune
和 LA-Prune。基于列表的方法需要昂贵的连接操作来评估候选项集,因此学者提
出了一种新的 N-Prune 修剪策略来显著减少项集的总数。针对含负项 HUPM,学
者提出了一种基于反单调性的修剪策略。实验结果表明,GHUM 方法较 FHN 方
法有了一个数量级的提升。Gan 等[78]提出了一种从不确定数据集中同时挖掘含正
负项高效用项集的方法。该方法考虑挖掘项的概率值,使用一个垂直的具有正负
利润的概率-效用列表结构来存储正项和负项,还提出了六种修剪策略以减小搜索
空间,在构造该列表时,可以提前修剪一些没有希望的项集。Fournier-Viger 等[74]
提出了 FOSHU 方法,从货架数据集中挖掘含负项高效用模式。货架上的项需要
考虑项的货架时间,它是 FHN 方法的扩展。因此,FOSHU 方法利用效用列表结

构来存储项的信息,是一阶段方法,而且不同时生成所有时间周期内的候选项集,降低了项集合并操作的代价。Dam 等[64]提出了 KOSHU 方法,它是 FOSHU 方法的扩展。KOSHU 方法提出了一个新的研究问题,同时考虑了负项和货架时间项。针对基于货架 HUPM 的最小效用阈值的局限性,KOSHU 方法挖掘 top-k 货架高效用模式。因此,KOSHU 方法允许用户根据需要指定 k 的值,而不是最小效用阈值,k 是要找到的模式的数量。

2.3 增 量 挖 掘

近年来,用于挖掘高效用模式的关键技术得到了广泛的研究。针对用于挖掘不同类型高效用模式的最常见和最先进的关键技术进行分类,包括基于 Apriori、树、列表、投影、垂直/水平数据格式等方法。在实际生活中,产生的数据是不断增加的,静态方法难以满足需求,因此研究者提出动态高效用模式挖掘方法,主要包括增量挖掘、滑动窗口模型、时间衰减模型、界标窗口模型等。

2.3.1 基于 Apriori 的方法

首先描述基于 Apriori 的静态方法,然后描述基于 Apriori 的增量方法,最后总结该方法的优缺点。研究人员提出一个众所周知的向下闭包属性,也称为 Apriori[81]属性,该属性指定频繁项集的所有非空子集都必须是频繁的,并且不频繁项集的任何超集都不是频繁的。基于 Apriori 的静态方法假定数据集是静态的,并且专注于批处理挖掘。但是,在实际应用程序中,数据集的特征随新添加的事务而变化。当新事务添加到数据集时,某些效用较高的项集可能会变得无效,或者某些高效用项集的效用可能会增加[36],因此研究者提出基于 Apriori 的增量方法来解决该问题。

为了将向下闭包属性应用于效用问题,研究者设计了两阶段方法[11],并引入 TWDC 和 TWU 两个属性来发现高效用模式。在第一阶段,该方法使用候选项集生成和测试策略来查找 TWU 不小于 minutil 的所有项集。在第二阶段,该方法扫描数据集以查找在第一阶段找到的项集的实际效用值。TWU 属性不仅限制搜索空间,而且涵盖所有高效用模式。基于上限的潜在高效用模式挖掘方法[85]提出了基于类似 Apriori 的方法和旨在挖掘潜在高效用模式(potential high utility pattern, PHUP)的上限模型。在不确定数据集中,研究人员可以将此方法用作未来工作中最先进的方法之一。

基于 Apriori 的方法也可以应用于增量环境中。FUP-HU 方法[36]是一种基于 Apriori 的增量高效用模式挖掘方法,是将增量频繁模式挖掘方法的概念应用于两阶段的方法。当将新事务插入初始数据集时，该方法根据项集是初始数据集还是新事务中的高事务加权效用项集将其划分为四个部分，然后处理每个部分以维护找到的高效用模式。基于预大概念的高效用模式挖掘方法[86]是 FUP-HU 方法的一种变形，使用两种类型的阈值(上限阈值和下限阈值)，并使用称为预大概念的新概念来预测增量数据上模式的状态变化。预大概念用于减少插入新事务时所需的数据集扫描次数。仅当插入的新事务数大于安全范围时，该方法才会重新扫描初始数据集，可以保证具有比 FUP-HU 方法更优的性能，但这不是一种准确的方法，因为设置下限阈值的方式可能会导致模式丢失。HUIPRED 方法[87]使用预大概念有效地执行模式提取。换句话说，HUIPRED 方法通过两个阈值来减少整个数据集的重新扫描次数。同时，HUIPRED 方法通过所提出的数据结构来有效处理增量数据。时间高效用项集挖掘方法[88]是该领域中第一个在资源受限的环境下将高效用模式挖掘应用于数据流的方法，但是它与基于 Apriori 的方法相似，因此在运行时间和内存消耗方面存在许多缺点。

总之，所有早期的高效用模式挖掘方法都改进了基于 Apriori 的方法。基于 Apriori 的方法使用候选项集生成测试方法。其优点是，使用基于 Apriori 的方法可以提高挖掘有用模式的效率，并且为高效用模式恢复提供良好的性能，还可以减少重新处理整个更新数据集的时间。但是，基于 Apriori 的方法也存在多次扫描数据集和在第一阶段生成大量候选项集并消耗大量内存等问题。

2.3.2　基于树的方法

基于树的方法从静态方法和增量方法两个方面进行概括。这些方法包括三个步骤：

(1)构建树；

(2)使用方法从树生成候选高效用模式；

(3)从候选项集中识别高效用模式。

高效用模式挖掘方法假定数据是集中的、静态的，这在分发数据时会增加通信开销，而在动态的情况下会浪费计算资源[5]。因此，基于树的方法不仅将新的项集包含到树中，而且从效用模式树结构中删除低效用项集。

基于树的方法广泛用于静态数据集中。一种频率约束的高效用模式挖掘方法[89]是在 UP-Growth 方法的基础上进行改进的，在挖掘高效用模式的同时考虑频率因素和效用因素。通过两次扫描数据集来计算效用值，并在 UFCP-Tree 上对事务中的项集进行排序。Kim 等[90]提出了一种在增量事务数据集中挖掘高平均效用项集的方法，该方法设计了增量高效用平均项集树，以维护增量数据库的信息。串型高效用模式挖掘方法[91]采用纯数组结构维护效用信息，并使用前缀树 Trie-Tree

维护序列模式，以增强高效用序列模式挖掘方法对于大规模数据集的处理效果。这两种数据结构有效提高了挖掘过程的时空效率。

随着大数据时代的到来，研究人员使用基于树的方法来解决增量数据集和数据流中的问题。IHUPM 方法[92]使用单个通道构建 IHUP-Tree 结构，并根据传统的高估方法查找所有高效用模式。但是，IHUPM 方法会生成大量候选项集，尤其是在数据集包含大量长事务或设置较低的最小效用阈值的情况下，其挖掘性能降低。增量挖掘高平均效用项集方法[92]提出了增量高平均效用项集树结构，以维护增量数据集的信息，从而无须进行多次数据集扫描即可挖掘平均项集。该方法使用路径调整方法作为重建技术，以保持树结构的紧凑性。快速增量挖掘高平均效用项集方法[93]使用树结构来存储所需的事务信息，当接收到挖掘请求时，首先调整树结构，以最大化节点共享效果；然后从树结构中提取计划数据集；最后利用数据集投影和事务合并技术来有效地发现高效用模式。预大增量高效用模式挖掘方法[94]通过挖掘大模式和预大模式来构建模式树，其中每个节点存储其实际效用和事务加权效用。通过存储在模式树中的大模式、预大模式和新插入的数据来导出更新后的模式树。但是，该方法仍然采用生成和测试方法，产生了许多没有希望的候选项集。基于滑动窗口模型的高效用模式增长挖掘方法[32]使用 SHU-Tree结构，在全局树中有一个节点效用计数器。每个计数器的效用值与当前窗口中的每个批次相关联，即如果当前窗口中有 n 个批次，则节点效用在计数器中为 n。利用减少过高估计效用的更新方法，可以对树结构进行重组，以在当前窗口滑动时保持最新的流信息。

总而言之，基于树的方法的优点是：

(1)对于包含密集数据和稀疏数据且具有长模式的较大数据集，具有更优的性能；

(2)可以有效减少候选项集的数量，避免重复扫描数据集；

(3)树结构中使用的树节点数量很少，并且适合于内存分配。

但是，这些方法的性能瓶颈之一是生成大量条件树，这些树的构造过程在时间和空间上都很昂贵，并且需要花费时间和内存来检查和存储最小的节点效用。

2.3.3　基于列表的方法

首先描述基于列表的静态方法，然后描述基于列表的增量方法，最后总结此方法的优缺点。基于列表的方法的挖掘步骤如下：

(1)在扫描数据集的过程中，为每个项集构建效用列表；

(2)再次扫描数据集并在效用列表中修改事务；

(3)删除小于 minutil 的项集，减小搜索空间。

近年来，在诸如零售市场的销售数据和网络服务的连接信息之类的各种应用中，数据集的容量逐渐增大，并且静态数据集的通用方法不适合处理动态数据集并从中提取有用的信息[95]。增量挖掘方法的主要目标是，将数据连续添加到初始数据集中，初始数据集会变大，整个批次的挖掘都将花费大量的时间，因此如果只挖掘更新的部分会更好。基于列表的方法可以清楚地维护有关事务中项集的信息，并快速计算项集的效用以缩短搜索时间。

静态方法使用效用列表及其扩展列表结构进一步加快了挖掘进程。HUI-Miner 方法[16]使用效用列表存储有关项集的效用信息和用于修剪搜索空间的启发式信息，从而有效地挖掘高效用模式，避免了大量候选项集的生成和效用计算。基于效用列表缓冲区的高效用项集方法[96]使用效用列表缓冲区结构来有效存储和检索列表，并在挖掘过程中重新使用内存。线性时间方法还用于在效用列表缓冲区构造效用列表段。高效用占用模式挖掘方法[97]考虑用户在频率、效用和占用率方面的偏好，并使用效用占用列表和频率效用列表存储数据信息，以挖掘高效用占用模式，允许有效地发现完整的高效用模式集，而不产生候选对象。同时挖掘多个高效用模式的方法[98]使用 IUData-List 的数据结构，该结构存储 1-项集及其在事务中的位置信息，以有效获取初始数据集。另外，该方法同时计算多个有希望的候选项集的效用，从而获得更严格的扩展上限，避免生成冗余项并找到多个有效模式。

在基于列表的结构上，研究人员开发了增量方法等动态方法来适应实际需求。LIHUP 方法[95]通过对数据集的一次扫描来构造全局列表数据结构，根据最佳排序重构数据结构，并在重组步骤中更新效用信息以有效地从增量数据集中挖掘高效用模式。然而，该方法通过剩余效用上限来修剪候选项集，这仍然是松散且昂贵的。基于全局修订头表的高效用模式挖掘方法[99]构造全局修订头表和效用树。全局修订头表用于存储需要处理的当前数据域的项和事务效用，而效用树用于存储事务中项集上的所有效用信息，以避免多次扫描数据集。通过修改全局修订头表来删除冗余项，同时更新效用树以填充新数据。PRE-HAUIMI 方法[100]用于在动态数据集中进行事务插入，依赖平均效用列表结构有效地处理 1-项集。此集合可以起到缓冲作用，以减少意外情况的发生。此外，PRE-HAUIMI 方法使用预大概念来提升挖掘性能，可以确保如果新插入的事务中的总效用在安全范围之内，则初始数据集中的小项集在数据集存储后不会成为大项集。基于列表结构的衰减高效用模式挖掘方法[27]考虑增量数据集中每个事务的到达时间，提出一种新颖的列表结构，可以更有效地存储和处理数据。该方法通过使用阻尼窗口模型有效地执行模式修剪，该模型认为先前输入的数据的重要性低于最近插入的数据的重要性，并识别出高效用模式，对处理时间敏感型数据集很有用。不确定数据流上的潜在高效用项集挖掘方法[101]基于滑动窗口模型来挖掘不确定数据流上挖掘具有高效用和高存在概率项集的潜在高效用模式，是第一个在不确定数据流上查找高效用模式的方法。将模式增长方法与基于列表的方法相结合，可以显著减少候选项集的数量以及总运行时间。

总而言之，基于列表的方法的优点有：利用 HUI-Miner 方法[16]中的垂直效用列表，可以避免多次扫描数据集；效用列表的扩展结构和其他列表结构可以减少内存消耗和效用列表之间的连接操作；为效用挖掘提供新的研究视角。尽管大多数基于列表的方法可以加快挖掘速度，并且在稀疏和密集的数据集上表现良好，但缺点是，列表之间的连接需要高昂的时间成本和过多的内存消耗等。例如，在 HUI-Miner 方法[16]中，$(k+1)$-项集的效用列表和 k-项集的效用列表之间的连接非常耗时，导致运行时间较长。基于效用列表的扩展结构或其他列表结构，存在诸如构造过程复杂、参数的动态调整难等问题。

2.3.4　其他方法

其他方法主要包括基于投影的方法、基于水平结构的方法和基于垂直结构的方法等。基于投影的方法的总体思路是将处理后的数据集递归投影到一些较小子数据集中，然后在每个子数据集中增长项集或子序列片段[102]；基于水平结构的方法是在水平方向上按顺序对事务进行逐条挖掘；基于垂直结构的方法是将相同事务标识符属性进行列表交叉，以加快挖掘进度。

基于前缀的投影可以有效提高效用上限和优化挖掘过程，并将其与事务合并相结合，以进一步提高挖掘性能。EFIM 方法[1]提出数据集映射和事务合并方法，即高数据集映射和高事务合并，是一种单阶段方法，从而降低了数据集扫描的成本。EHIN 方法[79]使用数据集投影和合并技术来减少内存需求，加快了挖掘过程的运行速度。该方法在投影数据集前后执行两次事务合并。在数据集投影过程中，top-k 高效用模式挖掘方法[103]应用事务排序和合并策略来减少运行时间和内存消耗，从而高效地挖掘 top-k 项集。该方法由用户指定高效用模式的个数来代替人为阈值设定，解决挖掘结果不一定满足用户需求的问题。

在基于数据格式的方法中，水平数据结构是最基本的数据结构。短期高效用模式挖掘方法[104]以水平方式挖掘短期高效用模式。短期高效用模式定期出现，具有成本效益，并且可以在约束期间高效使用。类似于用于挖掘频繁项集的 Eclat 方法[84]，HUI-Miner 方法[4]提出具有垂直数据结构的表结构，首先通过构造效用列表检查所有 1-扩展项集，然后从扩展项集中识别并输出高效用模式之后，递归地处理有希望的扩展项集，并逐一删除其他扩展项集。基于事务标识符索引的多阈值高效用模式挖掘方法[105]使用垂直事务标识符索引结构来提高所提出方法的性能。为了计算项集的 TWU，不再需要扫描数据集，因为事务标识符可以与它们的事务加权效用值相关联，而且为了计算扩展项集的实际效用，仅扫描其标识符在该项集的事务标识符索引中的事务，而不是整个数据集。

为了处理动态数据集中的所有高效用模式，设计 EFIM 的扩展方法[106]。它依靠数据集投影和另一种新颖的紧凑型数据集格式来有效地发现所需的项集。因为该方法需要执行几次数据集扫描，以计算局部效用、子树效用和每个项集的效用。对于项集，计算这些值对于确定进一步扩展的次要项集很有必要，该过程非常昂贵。为了解决此问题，改进的 EFIM 扩展方法[106]引入一种称为 P-set 的新颖数据结构，以减少数据集扫描次数和加快寻找扩展项集的速度。SOHUPDS 方法[33]利用数据集投影方法和滑动窗口模型在数据流上挖掘高效用模式，提出一个数据结构 IUDataListSW，它存储当前滑动窗口模型中各项的效用和上限值。此外，该方法提出一种更新策略，以利用从前一个滑动窗口模型中挖掘的高效用模式来更新当前滑动窗口模型中的高效用模式。因此，SOHUPDS 方法能够在单阶段中在数据流上挖掘高效用模式。高效用模式的增量直接发现方法[107]采用垂直结构，通过改进基于相关性的修剪来适应一阶段方法的挖掘。基于上限的修剪策略用于快速更新动态数据集中的高效用模式，基于缺席的修剪和基于遗留的修剪，专门用于增量挖掘。

总之，基于投影的方法的优点是避免数据集的重新扫描并降低了扫描成本，可以实现子序列效用的更准确上限，因此修剪效果和执行效率很好，缺点是会生成大量冗余候选项集。基于数据格式的方法的优势在于，可以减少找到的模式数量，有效地识别数据集中的高效用模式，并避免稀有项问题，缺点是需要多次扫描数据集以挖掘高效用模式，并且内存消耗很大；挖掘具有多个最小效用阈值的高效用模式方法可能对 minutil 的选择不敏感。

2.4　数据流挖掘

面向数据流的高效用模式挖掘方法较少，本节主要侧重于数据流 top-k 高效用模式挖掘方法。

top-k 高效用模式挖掘方法可有效解决由传统高效用模式挖掘方法带来的阈值调整问题，用户不需要面临传统全集挖掘导致模式数量爆炸带来的困扰，只需要设置要挖掘的模式个数 k，克服了 minutil 设定的问题。这极大地方便了用户使用，这些效用值很大的模式在某些情况下对用户可能更有价值。

现有的动态 top-k 高效用模式挖掘一般指从增量数据集或数据流环境挖掘 top-k 高效用模式。Wu 等[108]提出在动态数据集中挖掘增量 top-k 高效用模式的方法，该方法在新事务到来之前首先创建项的全局效用列表结构，而后在效用列表

上挖掘出效用值前 k 大的模式，该过程递归建立各项集的效用列表。对于新增的数据，新事务到来前得到的最小效用阈值被保留下来，在新事务到来后的挖掘过程中被不断更新。新事务中项的顺序沿用增量列表中的存储记录，对于增量列表中暂未记录的项，直接按 TWU 排序后整体添加到增量列表 ITable 的最后。随后按上述顺序重组新事务，即重新建立各项关于新增部分的效用列表，并与对应的原始效用列表合并，开始挖掘进程。该方法采用 4 种不同的策略，在通过效用值降序等阈值提升手段删减更多低效用模式的同时，利用 EUCS 减少效用表的构建，以降低运行时间和内存消耗。

Lu 等[55]提出了基于滑动窗口模型的 top-k 高效用项集挖掘方法在 HUI-Tree 中保存当前窗口的各批次数据以及与项有关的事务信息，项的叶节点存储的是路径信息，使用基于树的模式增长的方法对数据集进行候选项集挖掘，实现在不重复扫描数据集的情况下有效计算效用值。Zihayat 等[56]提出了 T-HUDS 方法，该方法设计了一种效用模型估计前缀效用，对于修剪搜索空间非常有效。同时，其借助树的模式增长方法取得项集的前缀效用，并提出了几种阈值提升策略，用于提升 top-k 缓存区的更新效率，加速 top-k 模式的挖掘。Dawar 等[63]提出了一种用于从数据流中挖掘 top-k 高效用模式的有效方法 Vert_top-k DS。该方法设计了一个基于滑动窗口的效用列表结构，利用此结构使得在批次的插入和删除方面非常高效，之前窗口批次中已存在的效用列表信息会被保留，以便减少计算成本和运行时间，通过列表结构还可以保证在挖掘过程中不生成任何候选项集。此外，阈值提升策略和剩余效用修剪策略也缩小了方法的搜索空间。

2.5 本 章 小 结

从数据特征进行分析，高效用模式挖掘可以分为静态挖掘、增量挖掘和数据流挖掘。静态挖掘是指数据完全存储在数据集中，可多次读取。增量挖掘是指随着时间的推移数据增量产生，需要在对增量数据进行挖掘时不对已经存储的数据进行重复挖掘。数据流挖掘是指数据源源不断地出现，需要实时处理，且由于数据量大、存在概念漂移的特质，需要处理历史数据。本章即从这三个角度介绍了面向不同数据集，高效用模式挖掘的方法、特点、关键技术、模式集合类型等。

第 3 章　静态挖掘方法

高效用模式挖掘旨在找到价值较高或重要的模式，此类方法假定数据集中的每个项有不同的重要性。例如，超市购物数据集中的项集{面包，牛奶}可能非常频繁，但它并不一定满足用户需求，因为它可能会产生较低的利润。而{香槟，鱼子酱}等项集即使不频繁也可能带来较高的利润。模式挖掘常见的问题之一是结果集中存在大量冗余模式，为此研究者提出了精简模式，如闭合模式、最大模式、top-k 模式等。

传统的高效用模式挖掘方法假设所有的项都有正效用值，但在真实的购物数据集中，往往包含带有负效用值的项，这些项的出现是由于商品被亏本出售。例如，为了增加销售额商场经常提供折扣活动：购买三件商品 A，可以免费得到商品 B，此时商品 B 是以亏损的方式出售的，利润值为负数，但商品 A 由于单次购买数量的增加，带来的利润值远远大于商品 B 带来的损失值，商家保持盈利。因此，挖掘带有负效用值的高效用模式是有意义的。近年来，面向静态数据集的高效用模式挖掘方法较多，本章重点介绍两种满足较多约束条件的模式挖掘方法，top-k 闭合高效用模式挖掘和 top-k 含负项高效用模式挖掘。

3.1　top-k 闭合高效用模式挖掘

首先介绍 top-k 闭合高效用模式的研究背景；接着详细介绍 top-k 闭合高效用模式挖掘(top-k closed high utility patterns miner, TKCU-Miner)方法的详细研究过程，包括其使用的效用列表（utility list，uList）结构和方法的相关设计流程，并给出示例解释方法的实现步骤。

3.1.1　研究背景

全集高效用模式有向下闭包属性，会挖掘出过多的高效用模式，甚至会呈指数爆炸规模[4]，这些模式中虽然存储着完整的模式信息，但是同时存在冗余模式。为了挖掘满足用户需求的有趣模式，研究者提出了精简高效用模式，包括 top-k 高效用模式、闭合高效用模式、最大高效用模式等。

针对 top-k 高效用模式挖掘方法，Zihayat 等[56]提出了 T-HUDS 方法，还提出了新的效用估计模型前缀效用，这种效用是在树结构中项的所有父节点的实际效用之和，是一种高估效用，相较于常用的事务加权效用高估效用较低，因此可以有效减少候选项集的数量，并且可以有效修剪搜索空间。同时，Zihayat 等证明了前缀效用的向下闭包属性，通过模式增长方法计算项的前缀效用进行 top-k 模式挖掘，并提出了几种更新最小效用阈值的策略，可以更快速地进行 top-k 缓存区最小效用阈值的更新，从而大大提升了挖掘效率。Tseng 等[22]提出了一种用于 top-k 高效用模式挖掘的新框架，并提出了两种类型的有效方法：TKU（挖掘 top-k 高效用模式）和 TKO（一阶段方法挖掘 top-k 高效用模式）。TKU 是第一个挖掘 top-k 高效用模式项集的两阶段方法，它使用五种策略以有效提高边界最小效用阈值并进一步修剪搜索空间。Dawar 等[63]提出了一种基于滑动窗口的效用列表结构和 Vert_top-k DS 方法，首先，按照 TWU 对项进行排序，该结构记录项集的实际效用和剩余效用，随着结果集的不断更新同时更新 top-k 最小效用阀值（top_k_threshold），为了保证存储的 top-k 高效用的质量，根据实际效用不断更新 top-k 项集列表，该方法具有不产生任何候选项集的单阶段。top-k 模式是基于完全高效用模式的效用最高的 k 个模式，因此尽管有效挖掘压缩了结果集，但是仍存在冗余模式。

闭合高效用模式也是一种精简高效用模式，是一种无损压缩方式。Wu 等[35]提出了 CHUI-Miner 方法，这是第一个解决闭合高效用模式挖掘而不产生候选项集的方法，该方法基于 EU-List，用于存储模式的效用信息，通过该结构可以直接修剪不满足条件的所有后序生成模式，从而大大减小了搜索空间，并且可以直接计算模式的效用而不产生候选模式。Fournier-Viger 等[47]提出了 EFIM-Closed 方法，通过高效用事务合并和高效用数据集投影技术极大地压缩了初始数据集，减少了数据的扫描成本。为了发现闭合高效用模式，使用了三种修剪策略：前向闭包检查，用于检测项集的前序项是否是该项集的闭包；后向闭包检查，用于检查项集的后序项是否被项集闭包；闭合跳跃，用于跳过不满足闭合条件的项。此外，Fournier-Viger 等还引入了新的效用上限，用于进一步减小搜索空间。闭合高效用模式是对完全高效用模式的无损压缩，在不删除有效子集的同时，保留最长的高效用模式，极大地减少了冗余模式，但是需要多次设置最小效用阈值才能获得理想的闭合高效用模式。

在上述描述中，可以发现 top-k 高效用模式存在冗余模式过多的问题，闭合高效用模式存在阈值调试过于烦琐的问题，而 top-k 闭合高效用模式可以有效获得前 k 个效用值最高的模式，并且不产生冗余模式。针对 top-k 闭合高效用模式的挖掘，本节提出 TKCU-Miner 方法，该方法的挖掘任务是在给定存在高效用事务数据集 DBSet 中，挖掘 k 个效用值最高，且不存在与超集和支持度相等的高效用模式，相关研究内容和贡献如下：

（1）基于闭合高效用模式和 top-k 高效用模式两种压缩方式，提出了 top-k 闭合高效用模式的挖掘方法。在挖掘过程中使用验证前缀项-添加后缀项的策略进行闭合高效用模式挖掘以及修剪，并将模式存储在 top-k 缓存区中，实时更新 top-k 缓存区的内容以及 top_k_threshold，从而获得 top-k 闭合高效用模式。

（2）使用 uList 结构，并针对 top-k 闭合高效用模式的特点进行改进，提出一阶段的 TKCU-Miner 方法。uList 中存储模式信息，用于计算效用上限，如果模式的效用上限小于最小效用阈值，那么该模式的超集就不是一个高效用模式，通过此步骤进行搜索空间的修剪，并且使用 uList 可以直接计算模式的效用值，从而直接产生高效用模式，不需要集中判断候选项集。

（3）基于挖掘出的 top-k 闭合高效用模式，研究关联规则生成方法。该方法引入效用矩阵，存储用于计算效用值置信度的效用信息，设计基于索引的规则遍历技术，有效避免了重复规则的判断。

3.1.2　uList 列表的构建

TKCU-Miner 方法使用的相关数据结构为 uList，该结构可以有效减小搜索空间，并使用闭合模式筛选条件和 top-k 高效用模式筛选条件，挖掘 top-k 闭合高效用模式，并实时更新 top_k_threshold，以进一步减小搜索空间。

在效用列表 uList 结构中，存储着项集的实际效用 eu、剩余效用 ru 和事务标识符 TID。其中，模式的实际效用 eu 是指项集在该事务中的实际效用 u，SumEU(X) 是项集 X 在整个列表中的实际效用，SumRU(X) 是项集 X 在整个列表中的剩余效用。事务数据集中项的剩余效用 ru 是指以 TWU 降序对所有项排序后，项 i_j 的所有有用后序项的效用之和。项 i_j 在事务 T_q 中的剩余效用可以用式（3-1）表示。

$$\mathrm{ru}\left(i_i, T_q\right) = \sum_{i_j \in T_r \wedge i_j > i_i \wedge \mathrm{TWU}\left(i_j > \mathrm{top\_k\_threshold}\right)} u\left(i_j, T_q\right) \tag{3-1}$$

项集的剩余效用是指在排序后，项集 X 的所有有用后序项的效用之和。项集 X 在事务 T_q 的效用可以用式（3-2）表示。另外，每个项集都有与其相关联的前序项集 PrevSet、后序项集 PostSet 以及枢纽项 Pivot。其中，枢纽项 Pivot 是指在长度为 k 的 k-项集中所有项按照 TWU 降序排列所获得的项集 $X = \{i_k, i_{k-1}, \cdots, i_1\}$，第一项 I_k 称为 X 的枢轴并表示为 P_x。PostSet 是指如果 $X \subset Y$ 且 $P_x = P_y$，则项集 Y 称为项集 X 的后序项集。

$$\mathrm{ru}\left(X, T_q\right) = \sum_{i_j \in X \wedge i_j > P_x} \mathrm{ru}\left(P_x, T_q\right) \tag{3-2}$$

引理 3-1[42]　　对于任何项集 X, $u(X)+\mathrm{ru}(X) \leqslant \mathrm{TWU}(X)$。

引理 3-2　　如果在所有项以 TWU 降序排列后, 存在一个项集 X, 使得 $u(X)+\mathrm{ru}(X) < \mathrm{top\_k\_threshold}$, 那么该项集的所有后序超集都不是高效用项集。

在事务数据集中, 项集 X 的实际效用 $u(X)$ 是指 X 所存在的事务 $\mathrm{TidSet}(X)$ 中, 所有包含于 X 的项的效用之和, X 的剩余效用 $\mathrm{ru}(X)$ 是指在 TWU 降序排列后, 在 $\mathrm{TidSet}(X)$ 中 X 的所有后续项的效用之和。相比项集 X 的事务加权效用 $\mathrm{TWU}(X)$ 所计算的 $\mathrm{TidSet}(X)$ 中所有项的效用之和, 项集 X 的 $u(X)+\mathrm{ru}(X)$ 在事务加权效用 $\mathrm{TWU}(X)$ 的基础上, 删除了 $\mathrm{TidSet}(X)$ 中不存在于 X 中的所有项的效用, 因此 $u(X)+\mathrm{ru}(X) \leqslant \mathrm{TWU}(X)$。引理 3-1 表明, TKCU-Miner 方法使用的高估效用小于常用的高估效用, 通过缩小高估效用, 使其更接近模式的实际效用, 可以更有效地减少候选项集, 从而提升方法效率。

针对引理 3-2, 由于向下闭包属性, X 的后续超集 Y 的 $\mathrm{TidSet}(Y)$ 一定包含于 $\mathrm{TidSet}(X)$ 中, 那么 Y 的实际效用 $u(Y)$ 一定小于 $\mathrm{TidSet}(X)$ 中 X 的效用值与 $\mathrm{TidSet}(X)$ 中 X 的所有后续项之和, 所以 $u(X)+\mathrm{ru}(X)$ 相对于 X 在 $\mathrm{TidSet}(X)$ 中的任意超集的实际效用是高估的, 由此可以得出引理 3-2 的结论。基于引理 3-2, 通过计算模式的实际效用 eu 和剩余效用 ru, 无须生成不满足条件项集的超集, 从而大大缩小了搜索空间。

在 TKCU-Miner 方法中, 引入了 CHUI-Miner 方法[35]中的 uList 结构, 并改进了基于 top-k 模式的压缩方式。uList 存储项在事务数据集中的效用和事务信息, uList 的构建主要由两次扫描事务数据集来完成。在第一次扫描事务数据集的过程中, 计算项的 TWU。在第二次扫描事务数据集的过程中, 删除 TWU 小于 top_k_threshold 的无用项, 完成 uList 的构建。

在第二次扫描数据集的过程中, 当用户没有设置初始 top_k_threshold 时, 其值为 0, 在效用数据集中没有负效用值, 每个项的 TWU 至少为 0, 因此只有当用户设置初始的 top_k_threshold 为非 0 时, 才进行第一次事务数据集的扫描。在删除无用项后, 在事务 $T_{qi}(0 < i < |\mathrm{DBSet}|)$ 中的有用项按照 TWU 的降序排列, 获得重组好的事务 T_{q1}, 当扫描完整个事务数据集时, 获得完整的重组事务数据集。事务数据集 DBSet 和外部效用列表分别如表 3-1 和表 3-2 所示, 通过数据集重组获得的重组数据集 DBSet_R 如表 3-3 所示。

表 3-1　事务数据集 DBSet

事务标识符	项					事务效用
	A	B	C	D	E	
T_1	0	0	0	2	5	58
T_2	2	0	8	3	0	24

续表

事务标识符	项					事务效用
	A	B	C	D	E	
T_3	0	4	0	2	0	28
T_4	3	1	1	0	0	12
T_5	0	2	0	1	3	44
T_6	2	5	3	0	0	32

表 3-2　外部效用列表

项	A	B	C	D	E
外部效用	2	5	1	4	10

表 3-3　数据集 DBSet 的重组数据集 DBSet$_R$

事务标识符	事务内容
T_1	$D(8)$，$E(50)$
T_2	$D(12)$，$C(8)$，$A(4)$
T_3	$D(8)$，$B(20)$，$C(8)$
T_4	$B(5)$，$C(2)$，$A(6)$
T_5	$D(4)$，$B(10)$，$E(30)$
T_6	$B(25)$，$C(3)$，$A(4)$
T_7	$B(20)$，$C(5)$，$A(6)$
T_8	$D(20)$，$B(20)$，$E(30)$

在构建 uList 时，首先对项进行排序，项集 X 的 uList 表示为 uList(X)，在事务 T_q 中的 uList 结构表示为 uList$(X).T_q$，uList(X) 由项集 X 在多个事务的 uList$(X).T_r$ 中构成。在事务 T_q 中扫描到排序后第一个长度为 1 的项 i 时，存储项 i 的事务标识符 T_q.TID 及其实际效用 i.eu，并在事务效用中减去其效用值，作为其剩余效用 i.ru，并存储在 uList$(i).T_r$ 中。在 T_q 中扫描到其后序的第一个项 j 时，存储其事务 T_q.TID 及其实际效用 j.eu，并在其上一项 i 的剩余效用中减去 j 的实际效用，作为其剩余效用 j.ru，并存储在 uList$(j).T_r$ 中，递归进行以上操作，直到事务 T_q 被完全扫描，再进行事务 T_{q+1} 的扫描，构建 uList 直到事务数据集被遍历完成。

以上是长度为 1 的项的 uList 构建过程，长度大于 1 的模式 X 的 uList(X) 的构建在 construct() 函数中进行，将在 3.1.3 节进行详细介绍。根据 TWU 降序

排列的顺序为 D、B、C、E、A，单个项 B、C 的 uList 结构分别如表 3-4、表 3-5 所示。

表 3-4　uList(B)

事务标识符	实际效用	剩余效用
T_3	20	8
T_4	5	6
T_5	10	30
T_6	25	7
T_7	20	11
T_8	20	30

表 3-5　uList(C)

事务标识符	实际效用	剩余效用
T_2	8	4
T_3	8	0
T_4	2	6
T_6	3	4
T_7	5	6

3.1.3　TKCU-Miner 方法研究

TKCU-Miner 方法中调用了两个子函数，即进行 k-模式($k>1$)的 uList 结构构建的 construct() 函数和存储更新 top-k 模式的 top-k save() 函数，并使用 3.1.2 节中的表 3-1 的事务数据集 DBSet 列举了三个例子，分三种情况详细阐述 TKCU-Miner 方法的相关步骤。

为了满足闭合模式的条件，TKCU-Miner 方法使用了闭包模式的概念(定义 3-1)，并且根据定义 3-1，提出了引理 3-3。闭包模式与闭合模式不同，是在闭合模式挖掘过程中判断模式 X 是否与模式 Y 存在包含关系且支持度相等，它并不是指所有的闭合模式。使用闭包模式的概念可以省去冗余模式的判断过程，修剪搜索空间。

定义 3-1(闭包模式)　设 Y 是模式 X 的超集。如果 Y 为闭合的且 $\sup(Y)=\sup(X)$，则称 Y 为 X 的闭包模式。X 的闭包表示如式(3-3)所示。

$$Y = \text{Closure}(X) = \bigcap_{q \in \text{TidSet}(X)} T_q \tag{3-3}$$

引理 3-3　如果 Y 是 X 的闭包模式，那么 $u(Y) \geqslant u(X)$。

证明　由式(3-3)可知，包含模式 Y 的事务 TidSet(Y) 与包含模式 X 的事务 TidSet(X) 相等，且 $X \subseteq Y$。如果 $X = Y$，那么 $u(Y)=u(X)$，如果 $X \in Y$，那么 Y 中包含 X 中的所有项，且至少有一个项 b，使得 TidSet(b)=TidSet(X)，可得 $u(Y) > u(X)$。综上所述，如果 Y 是 X 的闭包模式，那么 $u(Y) \geqslant u(X)$。

根据引理 3-3，可以得出模式 X 的闭包模式 Y 一定比模式 X 的效用值高，因此在闭合高效用模式挖掘过程中，可以有效筛选效用值较低的模式 X，且保留效用值较高的闭包模式 Y，从而不遗漏有用的高效用闭包模式。在上述操作中，当扩展模式 Y 时，所扩展的模式 Y_1 的效用一定大于 Y，因此不存在随着 top_k_threshold 不断增大，在扩展过程中直接略过子集而遗漏有用的闭合模式的情况。

TKCU-Miner 方法的研究设计主要流程如图 3-1 所示，具体过程主要分为五步，包括获得需要判断是否达到条件的项集、修剪高估效用不满足 top_k_threshold 的项集、判断项集是否闭合、实时更新 top-k 缓存区、扩展生成新项集并判断是否满足条件，其时间复杂度为 $O(n+1) \times O(n^2)$，其中 n 是事务数据集中项的数量。

步骤 1　获得需要判断是否达到条件的项集。使用 3.1.2 节的方法进行两次事务数据集的扫描，获得有用项及其 uList。输入为当前枢纽项 X，以及其后序项集 PostSet(X)、前序项集 PrevSet(X)、top_k_threshold。在挖掘过程中，第一步进行当前枢纽项 X 与其排序后下一项 uList 的构建，X 长度为 k。其中，X 排序后的下一项为 PostSet(X) 中的第一项枢纽项 i_q，进行 $X \cup i_q$ 之后，获得新的 $k+1$ 模式 Y。由于枢纽项的变更，获得的新的 PostSet(X) 需要删除 i_q，并构建 uList(Y)，继承 PrevSet(X)，PrevSet(Y)= PrevSet(X)。在初始过程中，如果 X 为空集，那么 Y 为单个项 i_q，uList(Y) = uList(i_q)。所获得的项集 Y，即为需要判断是否达到条件的项集。

步骤 2　修剪高估效用不满足 top_k_threshold 的项集。如果 sumEU(Y)+ sumRU(Y)<top_k_threshold，由引理 3-3 可知，Y 所有后序项的超集都不是高效用模式，那么继续进行长度为 k 的模式 Y 以及排序后下一项组成的 $k+1$ 模式拓展，此时 Y、PrevSet(Y)、PostSet(Y)、top_k_threshold 作为新的输入，与上述不同的是，需要进行 Y 与新的枢纽项 i_{q+1} 的构建操作，调用 construct() 函数，获得新的项 $Y = Y \cup i_{q+1}$ 的 uList(Y)，其调用函数 construct() 流程图如图 3-2 所示，其中 r 的初始值为 0。如果 sumEU(Y)+sumRU(Y) $\geqslant$ top_k_threshold，那么其超集可能是高效用模式，继续进行闭合模式的判别。

在步骤 2 中，需要调用 construct() 函数，该函数的主要功能是对一个 k-项集进行 $(k+1)$-项集 Y 的扩展。首先将 k-项集 I_p 以及需要扩展的项 i_q 作为函数输入，然后扫描 uList(I_p) 中所有事务 T，如果事务 T_r 中存在 i_q，那么进行 I_p 的扩展，得到项集 $Y = I_p \cup i_q$，并构建 uList(Y, T_r)，uList(Y, T_r).eu 加上项 i_q 在事务 T_r 的效用值，并在 uList(Y, T_r).ru 中减去项 i_q 在事务 T_r 的效用值。如果事务 T_r 中不存在 i_q，

则遍历下一条事务 T_{r+1}，直到 I_p 的所有事务都被遍历完成。其所构成目标的 $k+1$ 项集就为项集 Y。

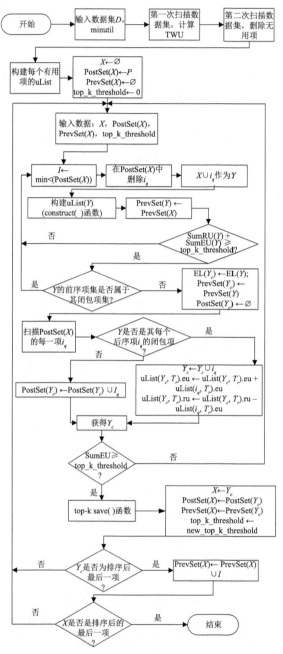

图 3-1　TKCU-Miner 方法的研究设计主要流程

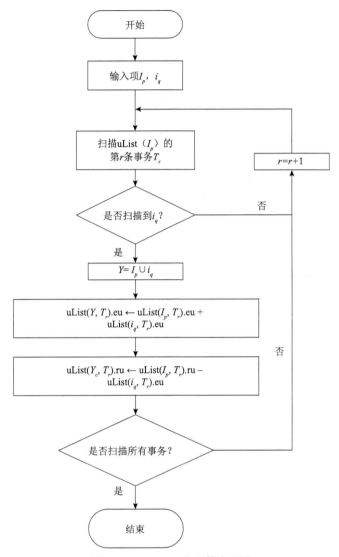

图 3-2　construct ()函数流程图

步骤 3　判断项集是否闭合。在进行闭合模式判别时，进行验证前缀项-添加后缀项的操作。首先进行前序项集的判别，如果前序项集的每个项 i_p 存在的事务 TidSet(i_p) 都包含当前项集 Y 的枢纽项 i 所存在的事务 TidSet(i)，那么由定义 3-1 可知，Y 被其前序项闭包，Y 被纳入 PrevSet(Y) 中，继续进行 Y 下一个枢纽 I_2 项的 $(k+1)$-项集判别。反之，只要 Y 前序项的任意一项不包含 Y 所存在的事务，说明其不被前序项闭包，即可进行后序项集 PostSet(Y) 的扩展。

如果项集的任意后序项集的任意项 i_q 所存在的事务包含 i_q.TID，那么项 i_q 是 Y 的闭包，将 i_q 扩展到 Y 中，即 $Y \cup i_q$，并构建 uList。反之，将其扩展到 Y 的后序项集 PostSet(Y) 中，在扩展更高级别的项集时使用。

　　步骤 4　实时更新 top-k 缓存区。在 Y 扩展完毕之后，使用 uList(Y) 得到 sumEU(Y)，如果 sumEU$(Y) \geqslant$ top_k_threshold，那么调用 top-k save() 函数，该函数的主要流程为：首先检测缓存区，如果 top-k 缓存区已经有 k 个模式，那么删除效用最小的模式，将 Y 加入 top-k 缓存区，并对 top-k 中的项进行排序，其中最小的效用值作为 new_top_k_threshold，其流程图如图 3-3 所示。在此步骤中，直接判断实际效用，省去了生成候选项集和集中判断候选项集的过程。

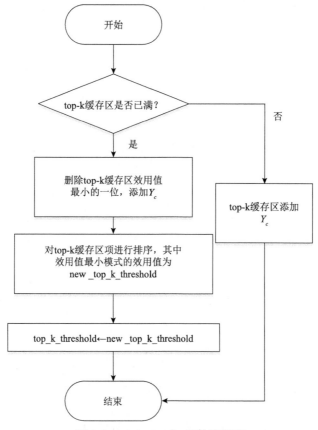

图 3-3　top-k save() 函数流程图

　　步骤 5　扩展生成新的项集并判断是否满足条件。在 PrevSet(X) 为空的所有 Y 遍历完成(即当前枢纽项为排序后最后一项)后，PrevSet(X) = PrevSet$(X) \cup X$，X 取其后序项集中第一位 i_q 的值，使得 $X = i_q$ 并递归进行以上操作，输入为 X、PrevSet(X)、PostSet(X)、new_top_k_threshold。递归进行以上操作直到事务数据集完全遍历完成，获得的 top-k 缓存区的所有模式为 top-k 闭合高效用模式。使用表 3-1 的事务数据集列出以下几个例子。

例 3-1　初始化。首先按排序建立好 D、B、C、E、A 五个项的 uList，在最初输入时，当前枢纽项 X 为空，以及其后序模式 PostSet(X) 为 $\{D、B、C、E、A\}$；前序模式 PrevSet(X) 为空；top_k_threshold 为 0。

首先获得 Y 的枢纽项为 D，PostSet(X) 为 $\{B, C, E, A\}$，PrevSet(X) 为空，top_k_threshold 为 0。在 uList(D) 中，D.sumEU + D.sumRU = 52+180=232，大于 top_k_threshold = 0，因此项 D 及其超集可能为高效用模式。

在闭包检查时，验证其前缀项集是否为其闭包模式，若其 PostSet(Y) 为空，则不存在前缀项是其闭包模式。再扩展其后序项集，分别调用 D、B、C、E、A 的 uList 的 TidSet，其中 D.TidSet 为 $\{T_1, T_2, T_3, T_5, T_8\}$，$B$.TidSet 为 $\{T_3, T_4, T_5, T_6, T_7\}$，$C$.TidSet 为 $\{T_2, T_4, T_6, T_7\}$，E.TidSet 为 $\{T_5, T_8\}$，A.TidSet 为 $\{T_2, T_4, T_6, T_7\}$，其中 E.TidSet 包含于 D.TidSet，没有一个项的 TidSet 包含 Y 的所有事务，因此没有后序项是 Y 的闭包，将所有后序项填入 Y 的 PostSet 中，Postset(Y) = $\{D, B, E, C, A\}$。验证 Y.sumEU = 58，大于 top_k_threshold = 0，将其填入 top-k 缓存区中。

例 3-2　验证前序模式。当前序项 PrevSet(Y) = B，Y = C 时，调用其 PostSet 进行前序模式验证，C 存在的事务为 $\{T_2, T_4, T_6, T_7\}$，而 B 存在的事务为 $\{T_4, T_6, T_7, T_8\}$，C 存在的事务不完全包含 B 存在的事务，说明 B 不闭包于前序项中，进行效用判断后，继续对长度为 2 的模式 Y = $\{CA\}$ 进行扩展，其中 PrevSet(Y) = $\{B\}$，PostSet(X) = $\{EA\}$。在 PrevSet(Y) = $\{B\}$，Y = $\{CA\}$ 时，B 存在的事务为 $\{T_3, T_4, T_5, T_6, T_7, T_8\}$，$CA$ 存在的事务为 $\{T_4, T_6, T_7\}$，CA 存在的事务包含于 B 存在的事务，那么 B 为 CA 的闭包项，再加入下一项，假设下一项为 f，判断 PrevSet(Y) = $\{B\}$，Y = $\{C, A, F\}$，B 是否仍为其闭包项。

例 3-3　更新 top-k 缓存区。初始化 top_k_threshold = 0，当 k=2，top-k 缓存区存在 $\{B: 20\}$ 时，添加 $\{C: 10\}$，top-k 缓存区未满，top_k_threshold 仍为 0，其内容为 $\{C: 10\}$、$\{B: 20\}$，排序以后，其内容为 $\{B: 20\}$、$\{C: 10\}$。当添加新元素时，$\{E: 30\}$，30>top_k_threshold，因此 $\{E: 30\}$ 可以加入 top-k 缓存区中。删除 top-k 缓存区中效用最小的项 $\{C: 10\}$，添加 $\{E: 30\}$，得到 top-k 缓存区为 $\{B: 20\}$、$\{E: 30\}$，进行排序后，得到 top-k 缓存区为 $\{E: 30\}$、$\{B: 20\}$。

3.1.4　实验与分析

TKCU-Miner 方法及 top-k 高效用关联规则生成方法的实验运行环境的中央处理器（central processing unit, CPU）频率为 3.7GHz，内存为 16GB，操作平台是

Windows10 企业版，所有实验采用 Java 语言实现。由于对比方法的代码开源在 SPMF 平台上，在实验中使用 SPMF 开源的数据集，包括 Mushroom、Connect、Retail 数据集。其中，Mushroom 包含各种蘑菇种类的特征信息，Connect 根据加利福尼亚大学欧文分校 connect-4 数据集编写，Retail 包含来自匿名比利时零售商店的零售市场购物篮数据。数据集的基本特征如表 3-6 所示，每一列从左到右分别表示数据集名称、事务数、项数、平均事务长度、数据集密度[98]以及数据集类型。当数据集密度小于 1%时，数据集的性质为稀疏型；当数据集密度不小于 1%时，数据集的性质为密集型。这些数据集是真实的数据集，但具有合成的效用值，内部效用值在[1,10]利用均匀分布生成。

表 3-6 数据集的基本特征

数据集名称	事务数	项数	平均事务长度	数据集密度/%	数据集类型
Mushroom	8124	119	23	19.33	Dense
Connect	67557	129	43	33.33	Dense
Retail	88162	16470	10.3	0.06	Sparse

为了验证 TKCU-Miner 方法的性能，本小节进行了相关实验分析。由于现有 top-k 闭合模式的挖掘方法较少，本小节进行了两组实验分析。第一组使用 TKU 方法与 TKO 方法作为对比方法，对比其运行时间和内存消耗。第二组则使用闭合高效用模式挖掘方法 CHUI-Miner，使用 TKCU-Miner 方法挖掘到的 k 个 top-k 模式的 top_k_threshold 作为 CHUI-Miner 方法的最小效用阈值，记录其获得的高效用模式的数量，并与 TKCU-Miner 方法的挖掘数量进行比较，验证 TKCU-Miner 方法所挖掘的前 k 个闭合高效用模式的完整性。在与 TKU 方法和 TKO 方法比较时，在同一数据集中采用不同长度的 k 个模式，进行不同数据集的运行性能比较，图 3-4、图 3-5 使用的数据集为密集数据集 Mushroom、Connect。

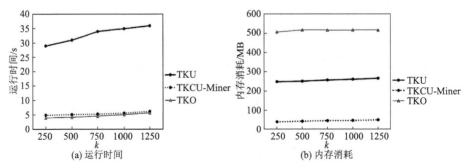

图 3-4　在 Mushroom 数据集中各方法的运行情况

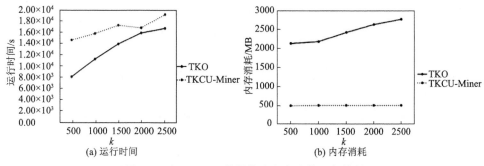

图 3-5　在 Connect 数据集中各方法的运行情况

从图 3-4 可以看出，在密集数据集上，TKCU-Miner 方法的运行时间与内存消耗优于 TKU 方法，且在结果中删减了大量冗余模式。这是由于 TKCU-Miner 方法使用了 uList 结构，直接在第一阶段验证高效用模式并进行大量修剪。由于 top_k_threshold 的不断增大，其满足基于 uList 约束的情况随着 top-k 缓存区的更新不断增多，搜索空间进一步缩小。在图 3-5 中，TKU 方法存在第二阶段集中判断的过程，在 Connect 数据集运行的第一阶段产生了较多的候选项集，导致第二阶段导入候选项集时产生内存溢出错误，因此在图 3-5 中只对比了 TKO 方法与 TKCU-Miner 方法。

从图 3-4、图 3-5 可以看出，TKCU-Miner 方法相比于 TKO 方法，大大减少了内存消耗，这是因为 TKCU-Miner 方法存储的是闭合高效用模式，相较于 TKO 方法，冗余模式的判断大幅度减少，降低了冗余模式 uList 的构建成本。然而该方法需判断闭包模式，且 top-k 缓存区需要对模式进行效用值的排序，因此增加了时间成本。

值得一提的是，在图 3-5(a) 获得的数据中，当 k 为 2000 时，TKCU-Miner 的运行时间明显下降，这是 top_k_threshold 不断变化的特性。而 TKCU-Miner 方法的修剪条件与 top_k_threshold 相关联，在同样的数据集下，k 值与时间不一定呈线性增长关系。当在判断过程中得到较大的 top_k_threshold 时，其修剪条件较容易满足，运行时间有可能下降，内存消耗也会随着多模式 uList 组建的减少而下降。

在稀疏数据集 Retail 上对比方法的运行时间和内存消耗情况，如图 3-6 所示，TKCU-Miner 方法在稀疏数据集上消耗了较多的运行时间，这是因为在稀疏数据集上，TKCU-Miner 方法的主要运行时间消耗在寻找模式中项与项之间的共同事务上。数据集过于稀疏，使得共同事务的获取更加困难。但因添加了闭合高效用模式的判断条件，uList 的构建数量下降，节约了空间成本。

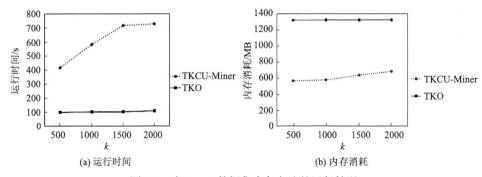

图 3-6　在 Retail 数据集中各方法的运行情况

　　尽管 TKO 方法相较于 TKCU-Miner 方法时间成本较低，但在实际应用中，在 TKO 方法的结果集中往往存在大量冗余模式，且占据 k 个模式中的绝大部分，而 TKCU-Miner 方法既删除了冗余模式，又获取了较全的模式信息。为了验证 TKCU-Miner 方法结果集的完整性，实验使用 CHUI-Miner 方法作为对比方法，记录 TKCU-Miner 方法在数据集 Connect 或 Mushroom 中挖掘到 k 个模式时的最小效用阀值 top_k_threshold，并将其作为 CHUI-Miner 方法的最小效用阈值 minutil。CHUI-Miner 方法使用该最小效用阀值进行闭合高效用模式挖掘，在所得到的结果集中计算模式数量 n，与 k 值相比较，如果 $k=n$，则说明 TKCU-Miner 方法挖掘到的 k 个模式为闭合模式中效用值最大的 k 个模式，且没有遗漏任何有用的闭合高效用模式。

　　在实验设计过程中，使用 TKCU-Miner 方法在 Connect 数据集中分别设定 k 为 500、1000、1500、2000 和 2500，所挖掘到的 top-k 闭合高效用模式中的最小效用值 top_k_threshold 分别为 15654614、15351124、15114284、15014305 和 14800121；在 Mushroom 数据集中分别设定 k 为 500、1000、1500、2000、2500 和 3000，所挖掘到的 top-k 闭合高效用模式中的 top_k_threshold 分别为 243105、199949、173159 和 155799。在 Connect 数据集和 Mushroom 数据集中，分别将不同 k 所对应的 top_k_threshold 作为 CHUI-Miner 方法的最小效用阈值 minutil，进行 n 个闭合模式挖掘。图 3-7 的结果显示，TKCU-Miner 方法的结果集数量 k 与 CHUI-Miner 方法的结果集数量 n 完全相同，这验证了 TKCU-Miner 方法挖掘 top-k 闭合高效用模式的完整性。

　　为了验证 TKCU-Miner 方法的信息量，本小节在实验设计阶段使用了首项数量，首项是指在模式 $X=\{i_1, i_2, \cdots, i_n\}$ 中，第一个项 i_1 为模式 X 的首项。在结果集中，只考虑每个模式的首项，分别计算每个首项的种类数量，比较 TKO 方法和

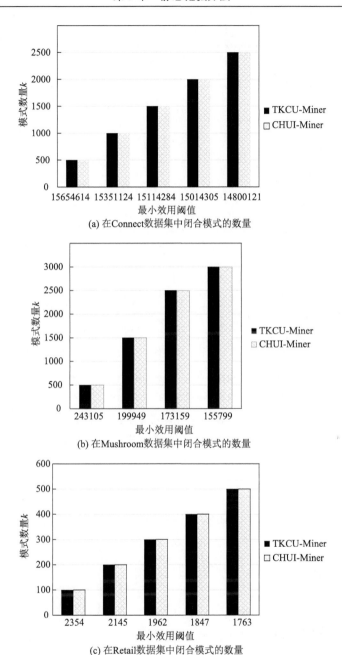

(a) 在Connect数据集中闭合模式的数量

(b) 在Mushroom数据集中闭合模式的数量

(c) 在Retail数据集中闭合模式的数量

图 3-7 TKCU 和 CHUI 方法生成的闭高效用模式数量

TKCU-Miner 方法在 Connect 数据集和 Mushroom 数据集上首项的数量,实验结果如表 3-7 所示。

表 3-7　模式中首项的数量

k	Connect		Mushroom	
	TKCU-Miner	TKO	TKCU-Miner	TKO
500	12	8	29	2
1000	13	10	39	3
1500	13	10	45	3
2000	16	12	47	3
2500	16	12	51	3

从表 3-7 可以看出，在不同的数据集中，挖掘同样数量的高效用模式的情况下，TKCU-Miner 方法产生的首项较多。例如，在 Connect 数据集上，设定 k 为 500，即挖掘 500 个模式，使用 TKCU-Miner 方法共挖掘出 12 种首项模式，按照{首项：项在数据集的个数}可以表示为{121: 4, 34: 16, 100: 22, 13: 113, 79: 17, 69: 38, 103: 12, 49: 87, 82: 87, 52: 1, 31: 99, 10: 4}，其中"121: 4"代表{121, 103, 106, 109, 13, 16}、{121, 85, 88, 91, 72, 75, 37, 127, 109}、{121, 34, 37, 52, 55, 85, 88, 91, 72, 75, 127}、{121, 19, 72, 75, 127, 91}四个以项"121"开头的高效用模式。而在同等条件下，使用 TKO 方法共挖掘出 8 种首项模式，按照{首项：项在数据集的个数}，可以表示为{34: 8, 100: 2, 13: 166, 69: 21, 103: 11, 49: 27, 82: 210, 31: 55}。特别是在 Mushroom 数据集中，TKO 方法只挖掘到 2 种或 3 种首项模式，说明其模式中存在大量冗余模式，而 TKCU-Miner 方法的模式种类数量为 TKO 方法的 10 倍以上，有 29~51 种首项模式。由此实验可以得出，TKCU-Miner 方法并没有遗漏任何闭合高效用模式，且 TKCU-Miner 方法挖掘的模式信息量高于 TKO 方法。

根据以上实验数据可以得出结论：在与 TKU 方法的比较中，TKCU-Miner 方法在内存消耗和运行时间上有明显优势。在与 TKO 方法比较中，TKCU-Miner 方法虽然运行时间成本较高，但是内存消耗较低，尤其是在密集数据集中，TKCU-Miner 方法仅耗费较少的运行时间(约 50%)而减少了内存消耗(约 33%)。在与 CHUI-Miner 方法的对比中，TKCU-Miner 方法没有遗漏任何有效的闭合高效用模式，TKCU-Miner 方法与 TKU 方法和 TKO 方法的首项种类数量对比实验表明，该方法含有较高的信息量。

3.1.5　本节小结

TKCU-Miner 方法用于挖掘事务数据集中的 top-k 闭合高效用模式。该方法使用了基于 uList 结构的一阶段方法来提高挖掘效率，利用实际效用和剩余效用之和有效修剪搜索空间，省去了生成大量候选项集和集中验证候选项集的阶段。使用验证前缀项-添加后缀项的方法压缩高效用模式，并加入 top-k 缓存区，实时更新 top-k 缓存区的内容以及最小效用阈值 top_k_threshold，以获得效用值最高的前 k 个闭合高效用模式。根据以上操作，使结果集满足高效用、闭合、top-k 三个要求。在运行性能上，TKCU-Miner 方法相比于同类两阶段方法 TKU 消耗了较少的运行时间与内存，相比于一阶段方法 TKO，TKCU-Miner 方法以较低的时间成本节约了大量的内存，并在运行结果集的信息量高于 TKU 方法和 TKO 方法。基于 TKCU-Miner 方法，本节提出了基于集合索引的高效用规则方法，引入了效用-置信度框架和效用矩阵，获得了高效用关联规则，并设计实验分析了高效用关联规则分布。

TKCU-Miner 方法的局限性为，在多维数据集上运行时间过长，这是由于该方法需要对事务数据集中的共同事务进行搜索，且搜索次数与属性维度成正比，以致消耗了大量时间。另外，TKCU-Miner 方法无法处理数据流，下一步工作则考虑进一步改进该方法，利用滑动窗口模型在数据流上挖掘高效用 top-k 闭合模式。

3.2 top-k 含负项高效用模式挖掘

top-k 含负项高效用模式挖掘方法用于处理包含负利润/权重/效用的事务数据集。本节详细介绍该方法研究使用的关键技术与执行过程。对提出方法进行的大量实验结果表明，该方法优于已有方法，且在密集数据集中的表现尤为优异。

3.2.1 研究背景

针对传统的高效用模式挖掘方法只能挖掘含正项的局限性，研究人员提出了挖掘单位利润为负项的挖掘方法。但是，在挖掘含负项高效用模式时，很难挖掘满足用户需求的结果集数量。因此，研究者提出了 top-k 高效用模式挖掘方法。

HUINIV-Mine 方法[70]是首次被提出挖掘含负项高效用模式的方法，该方法通过生成较少的高事务加权项集来有效识别高效用模式，从而减少了挖掘高效用模式的运行时间，但是 HUINIV-Mine 方法产生了大量的候选项集。为了解决这一问题，研究人员提出了 FHN 方法[72]，该方法是单阶段 FHM 方法[69]的扩展，利用几种策略来处理单位利润为负的项集，且不产生候选项集。随后，研究人员又提出了 FHN 方法的扩展版本[109]，扩展版本比之前 FHN 方法的性能更优。随后，研究人员提出了 EHIN 方法[79]来挖掘含负项高效用模式，该方法提出了多种有效的数据结构和修剪策略。实验结果表明，EHIN 方法优于所有的含负项高效用模式挖掘方法，在密集数据集上表现尤为优异，但存在无法指定结果集数量的问题。

为了解决这一问题，研究人员提出了 top-k 高效用模式挖掘方法 [24]，该方法通过用户设置 k 值直接挖掘满足用户需求数量的高效用模式。但是，目前所有的 top-k 高效用模式挖掘方法只能挖掘含正项高效用模式，挖掘含负项高效用模式会出现结果集遗漏的问题。为了解决该问题，提出了含负项 top-k 高效用模式挖掘 (top-k high utility pattern mining with negative item, THN) 方法。该方法不需要设置最小效用阈值，只需要设置 k 值，就能得到用户需求效用值最高的项集结果集合。本节的主要贡献如下：

(1)提出 THN 方法。该方法可以解决在挖掘同时含有正项项集和负项项集时不需要设置最小效用阈值的问题。

(2)THN 方法采用模式增长方法，使用重新定义的子树效用和局部效用修剪大量没有希望的候选项集。利用事务合并和数据集投影技术提高了方法的时空性能，为了加快效用计数过程，THN 方法利用效用数组计数技术来计算项集效用。

(3)提出了自动提升最小效用阈值的策略。实验结果表明，该策略可以明显减少运行时间。

3.2.2　THN 方法研究

THN 方法实现步骤的伪代码主要由三部分构成。方法 3-1 为 THN 方法的主方法，在执行过程中使用了多种策略与技术。方法 3-2 为正项集搜索方法。方法 3-3 为负项集搜索方法。在方法 3-1 的步骤 16 中，通过调用方法 3-2 从项集 α 开始递归执行深度优先搜索。在方法 3-2 中，如果扩展正项集 β 的效用大于最小效用阈值，则调用方法 3-3。本节在描述方法的执行过程时详细介绍使用的策略。

方法 3-1　THN 方法

输入　DBSet: 事务数据集，k: 所需的高效用模式的数量。

输出　top-k 高效用模式.

1　α 初始化为空集；

2　ρ 设置为事务数据集 DBSet 中一组含正项的项集；

3　η 设置为事务数据集 DBSet 中一组含负项的项集；

4　top_k_threshold 初始化为 1；

5　创建优先级队列 k 个大为为 k 的项集；

6　扫描事务数据集 DBSet，使用 UA[X]计算所有项集 $X \in \rho$ 的 RLU(α, X)；||RLU 见定义 3-2

7　计算所有项 $k \in I$ 的 RTWU(X)并将这些 RTWU 值存储在 hashMap 中；||RTWU 见定义 3-4

8	使用 RTWU_strategy (hashMap RTWU, k);
9	查找 Secondary(α) = {$X\|X \in \rho \cup$ RLU $(\alpha, X) \geqslant$ top_k_threshold};
10	在 Secondary(α) 上按照 RTWU 升序进行排列;
11	扫描事务数据集 DBSet, 从事务 T_j 中删除 $x \notin$ Secondary(α) 的项, 并删除空事务;
12	对事务数据集 DBSet 中所有剩余事务根据 $\succ T$ 进行排序, 其中根据正项在前、负项在后的原则;
13	为事务数据集 DBSet 中的每条事务分配偏移量;
14	扫描事务数据集 DBSet, 使用 UA[x] 计算每个项 $x \in$ Secondary(α) 的 RSU (α, X); ‖RSU 见定义 3-11
15	查找 Primary(α)={$X\|X \in$ Secondary$(\alpha) \wedge$ RSU$(\alpha, X) \geqslant$ top_k_threshold };
16	搜索正项(η, α, DBSet, Primary(α), Secondary(α), top_k_threshold, k-模式);
17	返回 top-k 高效用模式;
18	结束程序。

方法 3-1 首先将事务数据集 DBSet 和用户定义的高效用模式的数量 k 作为输入。输出是效用值最高的前 k 个高效用模式。

步骤 1～3　首先, 初始化项集 α, 初始化项集 ρ 表示事务数据集 DBSet 中的正项集, 初始化项集 η 表示事务数据集 DBSet 中的负项集。

步骤 4 与 5　首先将 top_k_threshold 初始化为 1。然后, 创建大小为 k 的优先级队列。

步骤 6　扫描事务数据集 DBSet, 同时使用效用数组(utility array, UA)技术计算每个项的 RLU。THN 方法使用 UA 技术计算每个项的 RLU, 这是采用一种基于数组的方法来计算线性时间的上限。定义 3-2 给出了效用数组的基本概念, 并详细介绍了使用数据计算项集重新定义的局部效用和重新定义的子树效用的计算方法, 如定义 3-3 和定义 3-4 所示。

定义 3-2(效用数组[79])　设 I 是事务数据集 DBSet 中出现的一组项, UA 是一个长度为 I 的数组, 其中每个项 $x \in I$ 都有一个表示为 UA[x]的条目, 每个条目称为 UA, 用于存储效用值。

1. 使用 UA 计算 RLU(α)

首先, 将 UA 初始化为 0。其次, 对于事务数据集 DBSet 的每个事务 T_j, 将所有项 $x \in T_j \cap E(\alpha)$ 的 UA [x]计算为 UA [x] = UA [x] + u (α, T) + ru(α, T)。在扫描数据集后, UA [x]包含 RLU(α, k), $\forall k \in E(\alpha)$。

2. 使用 UA 计算 RSU(α)

首先, 将 UA 初始化为 0。其次, 对于事务数据集 DBSet 的每个事务 T_j, 将所有项 $x \in T_j \cap E(\alpha)$ 的 UA[x]计算为 UA[x]=UA[x]+$u(\alpha,T_j)$+$u(x,T_j)$+ $\sum\limits_{i \in T_j \wedge i \in E(\alpha \cup \{x\})} u(i,$

T_j)。在扫描数据集后，UA [x]包含 RSU (α, k)，$\forall k \in E(\alpha)$。

定义 3-3（重新定义的事务效用[74]） 事务 T_j 重新定义的事务效用为 T_j 中外部效用为正项的效用之和，表示为

$$RTU(T_j) = \sum_{X \in T_j \wedge EU(X) > 0} U(X, T_j) \tag{3-4}$$

定义 3-4（重新定义的事务加权效用[74]） 项集 X 重新定义的事务加权效用表示为

$$RTWU(X) = \sum_{X \in T_j \in DBSet} RTU(T_j) \tag{3-5}$$

步骤 7 计算每个项的 RTWU 值，并将结果存储在 hashMap 中。

步骤 8 执行 RTWU_strategy，其主要功能是自动提升 top_k_threshold。该策略的实现过程包括以下几点。首先，扫描一次数据集，计算此过程中所有项的 RTWU (x)。令 RTWU = {$RTWU_1, RTWU_2, \cdots, RTWU_n$}为 I 中项的 RTWU 列表，对 RTWU 列表进行排序。然后，使用 RTWU_strategy 将前面列表中的 top_k_threshold 增加到第 k 个 RTWU 的值，更新 top_k_threshold 的值。例如，假设用户将 k 设置为 5，RTWU 列表中的第五个值是 100，然后 top_k_threshold 自动增加到 100，最后 100 是该方法的新 top_k_threshold。通过使用自我提升最小效用阈值的策略，可以加快方法的运行速度，不需要反复从 0 开始计算最小效用阈值，从而减少了方法的内存消耗。

步骤 9～11 查找项集 α 的次要项，然后考虑项集 α 的扩展项集。然后，根据 RTWU 的升序对项集进行排列。当按 $\succ_T$ 顺序排序时（其中，$\succ$ 为偏序关系），该方法首先考虑正项，然后考虑负项。接着，再次扫描事务数据集 DBSet，删除不是事务数据集中次要项 α 的所有项。

步骤 12 和 13 根据字典排序对事务进行排列，并为每条事务分配偏移量。此时，根据 EFIM 方法[1]的建议，此处执行数据集扫描技术，主要包括数据集投影技术和事务合并技术。事务合并指的是合并数据集中的相同事务，定义 3-5 给出了它的详细定义，定义 3-6 给出了投影事务的概念，定义 3-7 给出了投影数据集的概念，定义 3-8 给出了投影事务合并的概念。

定义 3-5（事务合并[79]） 相同事务为包含相同项的事务，令新的事务 T_M 替代数据集中所有相同事务。

如表 3-8 事务数据集 DBSet 所示，其所有项的外部效用值如表 3-9 所示。其中，事务 T_2 和 T_7 包含的项是相同的。因此，可以使两个事务合并以获得事务 T_{2_7}，表 3-10 显示了事务 T_2 和 T_7 合并后的事务数据集。

表 3-8　事务数据集 DBSet

T_d	事务
T_1	$(A,2)\,(B,2)\,(D,1)\,(E,3)$
T_2	$(B,1)\,(C,5)\,(E,1)$
T_3	$(B,2)\,(C,1)\,(D,3)\,(E,2)$
T_4	$(C,2)\,(D,1)\,(E,3)$
T_5	$(A,2)$
T_6	$(A,2)\,(B,1)\,(C,4)\,(D,2)\,(E,1)$
T_7	$(B,3)\,(C,2)\,(E,2)$

表 3-9　事务数据集 DBSet 的外部效用值

项	A	B	C	D	E
外部效用	2	−3	1	4	1

表 3-10　事务合并后的事务数据集

T_d	事务	效用	重新定义事务效用
T_1	$(A,2)\,(B,2)\,(D,1)\,(E,3)$	4, 6, 4, 3	11
T_{2_7}	$(B,4)\,(C,7)\,(E,3)$	12, 7, 3	10
T_3	$(B,2)\,(C,1)\,(D,3)\,(E,2)$	6, 1, 12, 2	15
T_4	$(C,2)\,(D,1)\,(E,3)$	2, 4, 3	9
T_5	$(A,2)$	4	4
T_6	$(A,2)\,(B,1)\,(C,4)\,(D,2)\,(E,1)$	4, 3, 4, 8, 1	17

定义3-6(投影事务[73])　项集 α 的事务 T 的投影表示为 $\alpha\text{-}T$，如式(3-6)所示。

$$\alpha\text{-}T = \{i \mid i \in T \land i \in E(\alpha)\} \tag{3-6}$$

式中，$E(\alpha)$ 表示可用于根据深度优先搜索扩展 α 的所有项的集合。

定义 3-7(投影数据集[79])　项集 α 的事务数据集 DBSet 的投影表示为 α-DBSet，如式(3-7)所示。

$$\alpha\text{-DBSet} = \{\alpha\text{-}T \mid T \in \text{DBSet} \land \alpha\text{-}T \neq \varnothing\} \tag{3-7}$$

定义 3-8(投影事务合并[79])　将投影数据集 α-DBSet 中相同的事务进行事务合并操作。

本节以项 C 为例，将其与投影事务合并，结果显示在表 3-11 中。由表可以清楚地看到，事务在投影数据集中变得更短了，并且找到了三个相同的事务 T_3、T_4 和 T_6。表 3-12 显示了事务合并后的投影数据集。

表 3-11　项 C 投影数据集

T_d	事务
T_{2_7}	E
T_3	D, E
T_4	D, E
T_6	D, E

表 3-12　事务合并后的投影数据集

T_d	事务
T_{2_7}	E
$T_{3\_4\_6}$	D, E

定义 3-9（事务的总顺序[79]）　在事务数据集 DBSet 中，当向后读取事务时，总顺序 $\succ_T$ 被定义为字典顺序。有关 $\succ_T$ 的更多阐述可以参考文献[79]。

步骤 14　再次扫描数据集，并使用 UA 计算次要项中所有项集 α 的 RSU。

步骤 15　查找项集 α 的主要项。在查找项集 α 的次要项和主要项时，采用了重新定义的方法 3-1 效用和子树效用对搜索空间进行有效修剪，该方法的效率得到了有效提升。RLU(α, x) 指的是在项集 α 中，项 x 重新定义的方法 3-1 效用值，如定义 3-10 所示。RSU(α, x) 指的是在项集 α 中，项 x 重新定义的子树效用值，如定义 3-11 所示。定义 3-12 给出了主要项和次要项的基本定义。

定义 3-10（重新定义局部效用[79]）　对于项集 α，其中项 $x \in E(\alpha)$，项 x 重新定义的局部效用表示为 RLU(α, x)，如式 (3-8) 所示。

$$\mathrm{RLU}(\alpha, x) = \sum_{(\alpha \cup \{x\}) \in T_j} \left[u(\alpha, T_j) + \mathrm{ru}(x, T_j) \right] \tag{3-8}$$

属性 3-1（基于重新定义局部效用的高估[73]）　对于项集 α 和项 x，其中 $x \in E(\alpha)$，令 x 是 α 的扩展，即 $x \in X$。因此，RLU$(\alpha, x) \geq u(X)$ 始终成立，证明见文献[79]。

这是使用重新定义的局部效用修剪搜索空间的方法。对于项集 α 和项 x，$x \in E(\alpha)$，如果 RLU$(\alpha, x) <$ minutil，则单个子项 x 的所有扩展项集以及包含项 x 的

项集 α 在子树中均无效。另外，对于所有探索 α 的子树，项 x 将被忽略。

定义 3-11(重新定义子树效用[79])　对于项集 α，其中，项 $x \in E(\alpha)$，项 x 重新定义的子树效用表示为 $\mathrm{RSU}(\alpha, x)$，如式(3-9)所示。

$$\mathrm{RSU}(\alpha, x) = \sum_{(\alpha \cup \{x\}) \in T_j} \left[u(\alpha, T_j) + u(x, T_j) + \sum_{i \in T_j \wedge i \in E(\alpha \cup \{x\})} u(i, T_j) \right] \quad (3\text{-}9)$$

属性 3-2(基于重新定义子树效用的高估[79])　给定项集 α 和项 x，其中 $x \in E(\alpha)$，则关系 $\mathrm{RSU}(\alpha, x) \geq u(\alpha \cup \{x\})$ 成立。更一般地，对于 $\alpha \cup \{x\}$ 的任何扩展项集 X，$\mathrm{RSU}(\alpha, x) \geq u(X)$ 成立。

使用 RSU 修剪搜索空间，设项集 α 和项 x，其中 $x \in E(\alpha)$，如果 $\mathrm{RSU}(\alpha, x)$ < minutil，则将项集扩展为单项($\alpha \cup \{x\}$)，并扩展低子树效用值。此外，在集合枚举树中修剪 $\alpha \cup \{x\}$ 的子树，可以修剪项集 α 的子树。从前面的描述可以看出，这大大减少了子树的数量。因此，其可以修剪大量的搜索空间。

定义 3-12(主要项和次要项[79])　对于项集 α，其主要项表示为 $\mathrm{Primary}(\alpha)$，如式(3-10)所示。项集 α 的次要项表示为 $\mathrm{Secondary}(\alpha)$，如式(3-11)所示。其中，$\mathrm{RLU}(\alpha, x) \geq \mathrm{RSU}(\alpha, x)$，因此 $\mathrm{Primary}(\alpha) \subseteq \mathrm{Secondary}(\alpha)$。

$$\mathrm{Primary}(\alpha) = \{x \mid x \in E(\alpha) \wedge \mathrm{RSU}(\alpha, x) \geq \text{minutil}\} \quad (3\text{-}10)$$

$$\mathrm{Secondary}(\alpha) = \{x \mid x \in E(\alpha) \wedge \mathrm{RLU}(\alpha, x) \geq \text{minutil}\} \quad (3\text{-}11)$$

步骤 16 和 17　通过调用方法 3-2 从项集 α 开始的递归过程来执行深度优先搜索，找到 top-k 高效用模式。

步骤 18　程序结束。

方法 3-2 为正项搜索过程，输入为以下几项，η 代表负项集，α 代表当前可扩展项集，α-DBSet 代表投影数据集，$\mathrm{Primary}(\alpha)$ 代表项集 α 的主要项，$\mathrm{Secondary}(\alpha)$ 代表项集 α 的次要项，top_k_threshold 表示最小效用阈值，k-模式表示为 k 个项的优先级队列。输出的事务仅扩展了正项集 α 的高效用模式。在步骤 1 和 2 中，项 x 是属于项集 α 的主要项，并且项集 α 的每个项都以项集 β 的形式扩展。步骤 3 是扫描投影数据集 α-DBSet，计算 $u(\beta)$，并创建投影数据集 β-DBSet。步骤 4 是项集 β 的效用值不小于 top_k_threshold，然后添加了优先级队列 k-模式。步骤 7 是当项集的效用大于 top_k_threshold 时，将调用方法 3-3 来扩展负项集。否则，它将进入步骤 8，扫描投影数据集 β-DBSet，并计算每个项的 RSU 和 RLU。然后，获得项集 β 的主要项和次要项。最后，使用深度优先搜索重复方法来扩展项集 β。

方法 3-2　正项搜索过程

输入　η: 一组有希望的负项集，α: 当前可扩展项集，α-DBSet: 投影数据集，Primary(α): α 的主要项，Secondary(α): α 的次要项，top_k_threshold: 最小效用阈值，k-模式: k 个项集的优先级队列。

输出　具有正项 α 扩展的前 k 个高效用模式的集合。

1　　对于每个项 $x \in$ Primary(α)；

2　　$\beta = \alpha \cup \{x\}$；

3　　扫描投影数据集 α-DBSet，计算 $u(\beta)$，并创建投影数据集 β-DBSet；

4　　如果 $u(\beta) \geqslant$ top_k_threshold，则把该项集增加至 k-模式 β 中，并将 top_k_threshold 提升到优先级队列元素的效用值顶部；

5　　如果 $u(\beta) >$ top_k_threshold，则搜索负项$(\eta, \beta, \beta$-DBSet, top_k_threshold)；

6　　扫描投影数据集 β-DBSet，项 $x \in$ Secondary(α)，用两次效用数组，计算 RSU(β, x) 和 RLU(β, x)；

7　　查找 Primary$(\beta) = \{x \in$ Secondary$(\alpha) |$RSU$(\beta, x) \geqslant$ top_k_threshold$\}$；

8　　查找 Secondary$(\beta) = \{x \in$ Secondary$(\alpha) |$RLU$(\beta, x) \geqslant$ top_k_threshold$\}$；

9　　搜索正项$(\eta, \beta, \beta$-DBSet, Primary(β), Secondary(β), top_k_threshold, k-模式)；

10　　循环结束；

11　　结束程序。

　　方法 3-3 为负项搜索过程，输入为以下几项，η 是负项集，α 是项集，α-DBSet 是投影数据集，top_k_threshold 为最小效用阈值，k-模式表示为 k 个项集的优先级队列。输出是带有负项的扩展高效用模式。仅当具有项集的效用值大于 top_k_threshold 时，方法 3-3 的调用条件才成立。步骤 2 是用负项扩展项集。步骤 4 指出项集 β 的效用值不小于 top_k_threshold，然后添加 k 个优先级队列模式。步骤 5 扫描投影数据集 β-DBSet，并使用 UA 来计算负项集的 RSU。此后，该方法将进行递归调用，直到未找到满足 top_k_threshold 负项的所有扩展项集。

方法 3-3　负项搜索过程

输入　η: 一组有希望的负项集，α: 一个项集，α-DBSet: 投影数据集，top_k_threshold: 最小效用阈值，k-模式: k 个项集的优先级队列。

输出　具有负项 α 扩展的前 k 个高效用模式的集合。

1　　对于每个 $x \in \eta$；

2　　$\beta = \alpha \cup \{x\}$；

3　　扫描投影数据集 α-DBSet，计算 $u(\beta)$，并创建投影数据集 β-DBSet；

4　　如果 $u(\beta) \geqslant$ top_k_threshold，则把该项集增加至 k-模式 β，并将 top_k_threshold 提升到优先级队列元素的效用值顶部；

5　　扫描一次投影数据集 β-DBSet，使用负效用数组，计算所有项 $x \in \eta$ 的 RSU(β, x)；

6　　查找 Primary$(\beta) = \{x \in$ Secondary$(\alpha) |$RSU$(\beta, x) \geqslant$ top_k_threshold$\}$；

7　　查找 Secondary$(\beta) = \{x \in$ Secondary$(\alpha) |$RLU$(\beta, x) \geqslant$ top_k_threshold$\}$；

8　　搜索负项$(\beta, \beta$-DBSet, Primary(β), top_k_threshold, k-模式)；

9　　循环结束；

10　　结束程序。

下面给出整个方法流程的说明性实例，以展示 THN 方法如何从事务数据集中找到含负项 top-k 高效用模式。假设如表 3-13 所示的 7 条事务，并且有 5 个项的内部数量出现。同时，表 3-14 显示每个项的外部效用值。此外，最终挖掘出的效用项集的数量 k 设置为 20。THN 方法从事务数据集中挖掘高效用模式，THN 方法首先计算事务中每一项的效用，并找到该事务的效用。例如，事务 T_2 中有三个项：B、C 和 E，它们的内部效用值分别是 1、5 和 1。表 3-14 中的 B、C 和 E 的外部效用分别为 -3、1 和 1。那么 T_2 中 B、C 和 E 的效用值可以分别计算为 $1 \times (-3) = -3$、$5 \times 1 = 5$ 和 $1 \times 1 = 1$。经过上述过程，可以计算出 T_2 的事务效用为 $-3 + 5 + 1 = 3$。所有事务的事务效用值结果如表 3-15 所示。为了过高估计效用，THN 方法使用 RTU。为了找到 RTU，THN 方法只计算正效用值为 5+1，即在 T_2 中为 6。同样，所有 RTU 都可以计算出来。所有事务的 RTU 如表 3-16 所示。RLU 是使用深度优先搜索计算的，运行示例中项 A 的 RTWU 值出现在三个事务 (T_1、T_5 和 T_6) 中，它们的 RTU 值分别为 11、4 和 17。因此，项 A 的 RTWU 值可计算为 $11 + 4 + 17 = 32$。每个项的 RTWU 如表 3-17 所示。根据项的 RLU 不小于 top_k_ threshold，找到次要项，Secondary = $\{A, B, C, D, E\}$，在这之后，所有的项都按照 RTWU 升序排列，负项总是在正项之后。

表 3-13　事务数据集

T_d	事务
T_1	$(A,2)\ (B,2)\ (D,1)\ (E,3)$
T_2	$(B,1)\ (C,5)\ (E,1)$
T_3	$(B,2)\ (C,1)\ (D,3)\ (E,2)$
T_4	$(C,2)\ (D,1)\ (E,3)$
T_5	$(A,2)$
T_6	$(A,2)\ (B,1)\ (C,4)\ (D,2)\ (E,1)$
T_7	$(B,3)\ (C,2)\ (E,2)$

表 3-14　外部效用值

项	A	B	C	D	E
外部效用	2	-3	1	4	1

表 3-15　事务效用

T_d	事务	效用	事务效用
T_1	$(A,2)\ (B,2)\ (D,1)\ (E,3)$	4, -6, 4, 3	5
T_2	$(B,1)\ (C,5)\ (E,1)$	-3, 5, 1	3
T_3	$(B,2)\ (C,1)\ (D,3)\ (E,2)$	-6, 1, 12, 2	9

续表

T_d	事务	效用	事务效用
T_4	$(C,2)$ $(D,1)$ $(E,3)$	2, 4, 3	9
T_5	$(A,2)$	4	4
T_6	$(A,2)$ $(B,1)$ $(C,4)$ $(D,2)$ $(E,1)$	4, −3, 4, 8, 1	14
T_7	$(B,3)$ $(C,2)$ $(E,2)$	−9, 2, 2	−5

表 3-16　重新定义事务效用

T_d	事务	事务效用	重新定义事务效用
T_1	$(A,2)$ $(B,2)$ $(D,1)$ $(E,3)$	5	11
T_2	$(B,1)$ $(C,5)$ $(E,1)$	3	6
T_3	$(B,2)$ $(C,1)$ $(D,3)$ $(E,2)$	9	15
T_4	$(C,2)$ $(D,1)$ $(E,3)$	9	9
T_5	$(A,2)$	4	4
T_6	$(A,2)$ $(B,1)$ $(C,4)$ $(D,2)$ $(E,1)$	14	17
T_7	$(B,3)$ $(C,2)$ $(E,2)$	−5	4

表 3-17　重新定义事务加权效用

项	A	B	C	D	E
重新定义事务加权效用	32	53	51	52	62

　　然后，不属于次要项集的项被删除，因此没有从示例数据集中删除任何项。同时，如果从事务中删除了所有项，则删除空事务。然后对剩余的事务按总顺序 $\succ_T$ 进行排序。之后，利用本节所提方法再次扫描数据集，计算所有项集的 RSU。RSU 不小于 top_k_threshold 的项位于主要项中。因此，Primary = $\{A, C, D, E\}$。只使用主要项集的项进行深度优先搜索，所有次要项集 $\{A, C, D, E, B\}$ 的项作为每个子树的子代节点。为此，使用深度优先搜索来查找子树中的下行节点。使用方法 3-1 和方法 3-2 对节点进行挖掘。递归地调用方法 3-1 来扩展所有正项，然后调用方法 3-3 来扩展负项。在运行的示例中，假设 k 值为 20，最终的 top-k 高效用模式如表 3-18 所示。运行示例的高效用模式是 $\{A\}$：12，$\{C\}$：14，$\{A, C, D\}$：16，$\{C, D\}$：31，$\{A, C, D, B\}$：13，$\{C, D, B\}$：16，$\{A, C, D, E\}$：17，$\{C, D, E\}$：37，$\{A, C, D, E, B\}$：14，$\{C, D, E, B\}$：19，$\{A, D\}$：20，$\{C, E\}$：23，$\{A, D, B\}$：11，$\{D\}$：28，$\{A, D, E\}$：24，$\{D, E\}$：37，$\{A, D, E, B\}$：15，$\{D,E,B\}$：15，$\{A, E\}$：12，$\{E\}$：12，其中每个项集旁边的数字表示其效用值。对于用户，指定适当的最小效用阈值并不是一项容易的任务。因此，引入 top-k 高效用模式挖掘方法 THN，

在 top-k 高效用模式挖掘方法中指定 k 值很容易。

表 3-18　运行示例 k=20 时 top-k 高效用模式

项集	效用	项集	效用
{A}	12	{C}	14
{A,C,D}	16	{C,D}	31
{A,C,D,B}	13	{C,D,B}	16
{A,C,D,E}	17	{C,D,E}	37
{A,C,D,E,B}	14	{C,D,E,B}	19
{A,D}	20	{C,E}	23
{A,D,B}	11	{D}	28
{A,D,E}	24	{D,E}	37
{A,D,E,B}	15	{D,E,B}	15
{A,E}	12	{E}	12

3.2.3　实验与分析

为了测试 THN 方法的性能，本节做了大量实验。通过扩展 SPMF[110]平台上的开源 Java 库，可以完成该实验。该实验运行环境的 CPU 频率为 3.00GHz，内存为 256GB，操作平台是 Windows10 企业版。该实验使用了六个真实的数据集 Mushroom、Chess、Accidents、Pumsb、Retail 和 Kosarak，所有数据集都是从 SPMF 平台上下载的。Mushroom 数据集和 Retail 数据集的基本特征见表 3-6，其余数据集的基本特征如表 3-19 所示。Chess 数据集根据加利福尼亚大学欧文分校国际象棋数据集编写；Accidents 数据集来自匿名交通事故数据；Pumsb 数据集是来自公共用途微数据样本的普查数据；Kosarak 数据集是来自匈牙利新闻门户网站的点击流数据。对于所有的数据集，项的内部效用值是在 1～5 随机生成的，项的外部效用值使用对数正态分布在–1000～10000 生成。为确保结果的稳健性，本节所有的实验都进行了 10 次，并统计了平均结果。

表 3-19　数据集参数

数据集	事务数	项数	平均事务长度	数据集密度/%	数据集类型
Accidents	340183	468	33.8	7.22	密集
Chess	3196	75	37	49.33	密集
Pumsb	49046	2113	74	3.50	密集
Kosarak	990002	41270	8.09	0.02	稀疏

1. 实验设计

本节为了评估所提出技术在 THN 方法中的影响,检验了 THN(RSU-Prune) 和 THN(TM) 的性能。THN 方法同时使用了事务合并技术和修剪策略。 THN(RSU-Prune) 仅在事务合并技术被禁用的情况下使用修剪策略。类似地, THN(TM) 在修剪策略被禁用的情况下,仅使用事务合并技术。本节提出的 THN 方法是第一个挖掘含负项 top-k 高效用模式的方法。因此,找不到具有相同性能 的另一方法进行比较。传统上,测试新正项的 top-k 高效用模式挖掘方法是将其 与挖掘相同结果集并设置最佳最小效用阈值的非 top-k 高效用模式挖掘方法进行 比较。对于新提出的 THN 方法,本节通过查找相关文献[64]得出,FHN 方法是挖 掘含负项最先进的高效用模式挖掘方法。HUINIV-Mine 方法[32]也是产生负项的 高效用模式挖掘方法,但由于所需的运行时间与内存消耗较大,所以 HUINIV-Mine 方法的运行时间在部分图中未给出。HUINIV-Mine 方法和 FHN 方法作为非 top-k 类型的对比方法,均被用于挖掘含负项高效用模式。为了评估 性能,本节通过提高 k 值来执行所有数据集上的所有变化,直到运行时间过长 或内存消耗不足。

2. 数据集运行时间性能

本节评估 THN 方法和对比方法在所有数据集中的运行时间。图 3-8 显示了 THN 方法和对比方法在所有数据集中的运行时间情况。从图中可以清楚地看到, 在 Mushroom、Chess、Accidents 和 Pumsb 密集数据集中,THN 方法的运行时间 远少于 HUINIV-Mine 方法、FHN 方法。因为 HUINIV-Mine 方法在 Chess、Accidents 及 Pumsb 密集数据集中,即使 k 值设置为 1,也需要耗费长达数小时的运行时间, 所以未在图中标出。

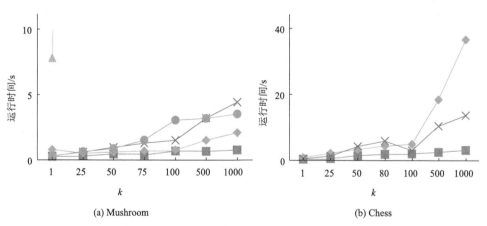

(a) Mushroom　　　　　　　　　　(b) Chess

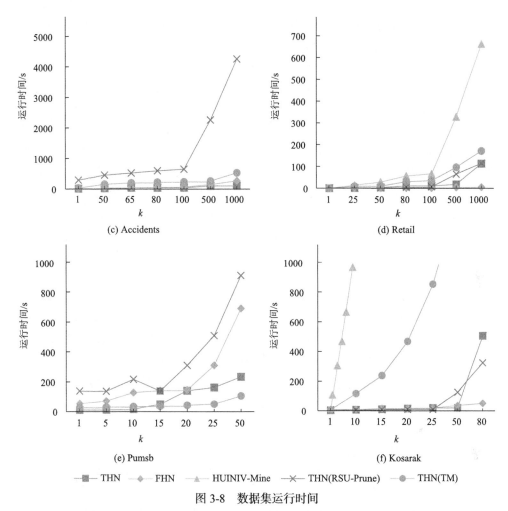

图 3-8　数据集运行时间

　　当 k 值设置得较大时，THN 方法与 HUINIV-Mine 方法、FHN 方法之间的运行时间间隔变大。当 k 值小于 100 时，THN 方法和 FHN 方法的运行时间没有太大差异。当 k 值大于 500 时，HUINIV-Mine 方法、FHN 方法中的运行时间激增，而 THN 方法的运行时间相对稳定。从中可以看出，数据集扫描技术与基于重新定义的子树效用相结合在密集数据集中得到了很好的应用。但是在 Mushroom 数据集、Chess 数据集、Accidents 数据集上 THN（TM）和 THN（RSU-Prune）方法总是比 THN 方法运行时间长，但是在 Pumsb 数据集上 THN（TM）比 THN 方法运行时间短，这表明，事务合并在具有大量不同项和项的平均长度较大的数据集上表现良好。从密集数据集中可以看出，当 k 值设置较大时，本节方法与 FHN 方法之间的差距较大，说明本节方法比 FHN 方法运行时的 k 值更大。FHN 方法的性能并不好，因为它加入了较小项集的效用列表，以生成较大的项集。FHN 方法考虑没有出现在数据集中的项集，因为它们通过合并较小的项集来探索项集的搜索空间，而不扫描数据集。密集的数据集包含大量的长项和事务，因此 THN 方法性能更好。事务合并在密集数据集中表现良好。事务的平均长度值更接近于事务的最大长度值，因此 THN 方法在密集数据集上的性能更优。如果事务的平均长度很大，那么就有更多的机会找到相同的事务。因此，事务合并和投影技术可以合并更大的事务。此外，对于密集数据集，THN 方法的性能总是优于 FHN 方法。

如图 3-8 所示，在 Retail 数据集和 Kosarak 数据集上，FHN 方法的运行时间少于 HUINIV-Mine 方法和 THN 方法。在 Retail 数据集上，随着 k 值的增大，FHN 方法的运行时间几乎不变。在 Retail 数据集上，当 k 值小于 500 时，在 Kosarak 数据集上，当 k 值小于 50 时，THN 方法的运行时间和 FHN 方法的运行时间几乎持平。在 Retail 数据集上，当 k 值小于 100 时，THN（RSU-Prune）方法的运行时间少于 THN 方法，Retail 数据集有大量不同的项，并且比所有其他数据集有更宽的最大长度。结果表明，事务合并技术不适用于 Retail 数据集。在数据集高度稀疏的情况下，THN 方法可以放弃事务合并技术，有效地挖掘高效用模式。因此，在 Retail 和 Kosarak 稀疏数据集中，THN（TM）方法的性能远差于 FHN 方法。因为稀疏数据集具有大量不同的项，几乎没有相同的事务，所以在稀疏数据集中，事务数据集中具有相同项的事务的概率显著降低，事务合并策略开销很大。THN 方法提出的事务合并技术在高度稀疏的数据集中表现不佳，稀疏数据集中的相同事务较少，因此浪费了大量时间，效率很低。

3. 数据集内存消耗性能

本节评估了 THN 方法与 HUINIV-Mine 方法和 THN 方法在不同数据集中内存消耗性能。图 3-9 显示了 Mushroom 数据集、Chess 数据集、Accidents 数据集、Pumsb 数据集、Retail 数据集和 Kosarak 数据集在所有方法上的内存消耗情况。从图 3-9 中可以清楚地看到，在所有密集数据集上，THN 方法的内存消耗远低于 HUINIV-Mine 方法和 FHN 方法。在 Chess 数据集、Accidents 数据集和 Pumsb 数据集上，THN（TM）和 THN（RSU-Prune）的内存消耗远低于 HUINIV-Mine 方法和 FHN 方法。随着 k 值的增大，FHN 方法的内存消耗迅速增加。对于 Mushroom 数据集，THN 方法的内存消耗远低于 HUINIV-Mine 方法和 FHN 方法。但是，THN（TM）方法和 THN（RSU-Prune）方法的内存消耗高于 FHN 方法。在 Chess 数据集和 Accidents 数据集上，随着 k 值的增大，THN 方法的内存消耗呈缓慢上升趋势，而 FHN 方法的内存消耗是 THN 方法内存消耗的 3 倍。对于所有密集数据集，在 THN 方法中，事务合并技术和 RSU 修剪策略可以更好地结合在一起。因此，THN 方法比其他方法使用更少的内存。HUINIV-Mine 方法和 THN 方法在大多数情况下都需要高内存，其中，FHN 方法将所有的效用列表存储于内存中以便于连接，因此需要消耗大量的内存空间。

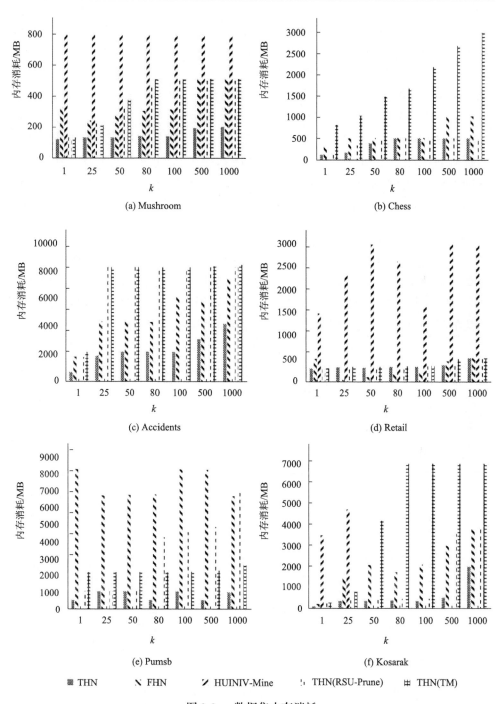

图 3-9 数据集内存消耗

从图 3-9 中可以清楚地看到，在 Kosarak 数据集上，THN 方法的内存消耗远小于 HUINIV-Mine 方法和 THN 方法。THN(RSU-Prune)方法的内存消耗也小于 HUINIV-Mine 方法和 THN 方法，可得出 THN 方法中 RSU 修剪策略的有效性。但是，THN(TM)方法的内存消耗大于 THN 方法，可以得出在 Kosarak 数据集上，事务合并技术无法有效改善内存消耗。在 Retail 数据集上，THN 方法的内存消耗远小于 HUINIV-Mine 方法。但是，在 k 值小于 500 时，THN 方法及其 THN(TM) 方法和 THN(RSU-Prune)方法的内存消耗比 FHN 方法多。因为，Retail 数据集是高度稀疏的，本节所提方法对高度稀疏数据集无效。THN 方法采用的事务合并技术不适用于 Retail 等高度稀疏数据集。

4. 可扩展性

本节从方法的可扩展性角度对所有方法进行实验，实验选取密集数据集 Accidents 和稀疏数据集 Retail，实验数据大小从 20%~100%不等，k 值设置为 100。通过以上设置可以更好地展示所有方法的可伸缩性。图 3-10 显示，THN 方法的运行时间随着数据集大小的增加而线性增加。图 3-11 显示，THN 方法随着数据集大小的增加内存消耗也逐渐增加。但在 FHN 方法中，内存消耗急剧增加。以上实验结果表明，THN 方法在不同数据集大小和参数下具有可扩展性。

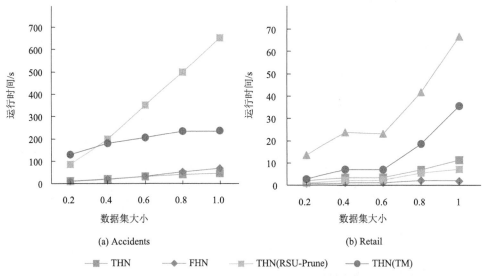

(a) Accidents (b) Retail

■ THN ◆ FHN ■ THN(RSU-Prune) ● THN(TM)

图 3-10　不同方法在 Accidents 和 Retail 数据集中运行时间的可扩展性

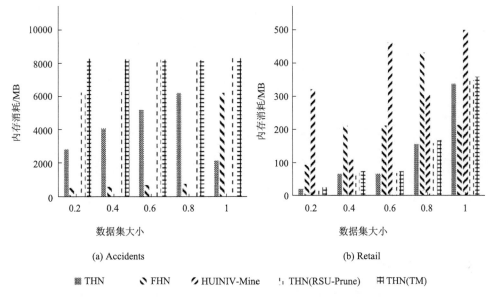

图 3-11　不同方法在 Accidents 和 Retail 数据集中内存消耗的可扩展性

5. 实验小结

　　THN 方法在四个密集数据集和两个稀疏数据集上进行了实验，对比方法使用了本身的变形方法 THN(TM) 和 THN(RSU-Prune)，还有含负项高效用模式挖掘方法 HUINIV-Mine 方法[32]和 FHN 方法[64]。为了确保挖掘出相同的结果集，本节为 HUINIV-Mine 方法和 FHN 方法选择了最佳 minutil，以便于以相同数量的相同结果集的模式进行性能比较。

　　THN 方法在最高 k 值对 THN(RSU-Prune) 方法、THN(TM) 方法、FHN 方法和 HUINIV-Mine 方法的运行时间和内存消耗改进性能如表 3-20 所示。HUINIV-Mine 方法在 Accidents、Chess、Pumsb 和 Kosarak 数据集上，因为需要太长的运行时间和太大的内存消耗而崩溃。因此，其运行时间和内存消耗没有在表中显示。例如，在 Mushroom 数据集上，THN 方法的运行时间比 HUINIV-Mine 方法和 FHN 方法分别快了 1182.9 倍和 2.7 倍。对于 Accidents 数据集，THN 方法的运行时间比 THN(RSU-Prune) 方法快 39.3 倍。在内存消耗方面，THN 方法对 Accidents 数据集上的内存消耗分别是 THN(TM) 方法和 FHN 方法的 2.013 倍和 1.77 倍。从实验结果可以看出，THN 方法在所有数据集上的性能均优于对比方法，且 THN(TM) 方法在密集数据集上表现更优。此外，从 THN 方法在可扩展性的比较中可以看出，该方法具有良好的可扩展性。

表 3-20　　THN 方法相对于 FHN 方法、HUINIV-Mine 方法、THN(RSU-Prune)方法和
THN(TM)方法的运行时间和内存消耗改进

数据集	运行时间/s				内存消耗/MB			
	FHN	HUINIV-Mine	THN(RSU-Prune)	THN(TM)	FHN	HUINIV-Mine	THN(RSU-Prune)	THN(TM)
Mushroom	2.7	1182.9	5.729	4.58	2.5	67.6	2.5	2.5
Chess	11.625	—	4.344	1186.17	2.02	—	1.006	8.775
Accidents	2.497	—	39.3	4.937	1.77	—	1.972	2.013
Retail	0.048	5.849	1.012	1.512	1.007	10.415	1.0001	1.0001
Pumsb	2.957		3.89	0.456	6.63		6.82	2.57
Kosarak	1.012	—	6.47	41.88	1.897	—	1.958	5.393

3.2.4　本节小结

THN 方法是首次提出的含负项 top-k 高效用模式挖掘方法。当用户挖掘含负项高效用模式时,可以直接设置所需的项集数 k,而无须反复调整 minutil 的大小来寻找高效用模式的个数。THN 方法是一阶段高效用模式挖掘方法。为了提高THN 方法的性能,利用事务合并技术和数据集投影技术来降低数据集扫描成本,THN 方法采用了重新定义子树效用和重新定义局部效用策略对搜索空间进行修剪。此外,THN 方法还利用了基于效用数组的效用计数技术来提高性能。实验结果表明,THN 方法的性能明显优于对比方法,并且该方法在密集数据集中的表现尤为出色。但是,该方法在稀疏数据集的运行时间上效果较差,未来的工作将克服此缺陷,并采取相应的策略来减少 THN 方法在稀疏数据集上的运行时间。尽管 THN 方法在稀疏数据集上需要更长的运行时间,但其仍然是第一个挖掘含负项 top-k 高效用模式的方法。因此,THN 方法有一定的改进空间。最后,还对 THN 方法进行了可扩展性测试,结果表明,该方法具有良好的可扩展性。

第 4 章　增量挖掘方法

随着移动终端和无线网络的广泛应用，现实中的许多应用会不断产生数据，如社交网络中的微博数据、电子商务领域中的顾客交易数据、城市交通控制系统中的过车数据、环境监测领域中的传感器数据等。静态场景下的模式挖掘方法需要对整个数据集进行反复扫描，而实际数据的动态性和增量性要求方法对传入的数据扫描一次并提供实时响应。因此，为了更好地处理不断累加的数据并发现高效用模式，研究人员提出增量挖掘方法。本章详细描述采用增量挖掘方法挖掘全局模式、含负项模式、闭合模式和含负项闭合模式的过程。

4.1　全集高效用模式挖掘

本节首先介绍增量高效用模式挖掘的研究背景，然后研究增量高效用模式挖掘方法，并介绍其详细步骤，包括使用的列表结构和方法的相关设计流程，举例进行方法的解释。最后通过实验对方法的效率进行验证。

4.1.1　研究背景

增量挖掘方法仅处理新输入数据而无须额外的数据集扫描，并将其反映到先前的处理中而没有任何错误。HUI-LIST-INS 方法[111]采用传统的效用列表结构，分别构建单个项的效用列表。在效用列表结构中，效用列表分为两部分：一部分用于初始数据集；另一部分用于增量数据集。但是，HUI-LIST-INS 方法必须扫描数据集两次以构建其列表。有效的增量高效用项集挖掘 (efficient incremental high-utility itemset miner，EIHI) 方法[37]采用效用列表结构和 HUI-trie 从增量数据集中挖掘高效用模式，传统的效用列表结构对效用上限没有太多的限制，会产生大量的候选项集，占用更多的内存。

针对这些问题，本节提出增量高效用模式挖掘 (incremental high utility pattern mining, IHUPM) 方法，并提出增量紧凑效用列表 (incremental compact utility list, iCUL) 和增量效用树 (incremental utility tree, IU-tree) 两种结构，前者用于存储效用信息，后者用于更新高效用模式的效用，以更有效地处理增量数据。这两种结构使 IHUPM 方法无须再次分析整个数据集，就可以将增加的数据反映到以前的分析结果中，相关研究内容和主要贡献如下：

（1）IHUPM 方法提出增量紧凑效用列表来存储项集信息，在一次数据集扫描中即可构建此结构，在控制效用上限和检查候选项集等方面有显著优势。

（2）提出 IU-tree 结构来添加新增项集或更新已存在项集的效用信息。在此结构中，高效用模式以字典顺序插入，以避免单项顺序因新增事务而变化的问题，从而降低了插入成本。

（3）提出一种有效的方法，即 IHUPM 方法，使用增量紧凑效用列表结构和 IU-tree 结构从增量数据集中挖掘高效用模式，无须生成候选项集，并减少了内存消耗。

（4）通过对各种真实数据集和综合数据集的性能评估测试，证明了本章所提方法优于传统方法。

4.1.2 IHUPM 方法研究

IHUPM 方法使用增量紧凑效用列表保存项集信息，IU-tree 更新项集效用，以减少候选项集数量。本节首先构建增量紧凑效用列表结构，然后构建 IU-tree 结构，最后详细描述 IHUPM 方法的挖掘过程。

图 4-1 显示 IHUPM 方法的整体架构。IHUPM 方法首先扫描初始数据集 $DBSet_0$ 一次，以构造全局增量紧凑效用列表（global incremental compact utility list，GiCUL）结构。根据 TWU 升序重组列表结构，然后扫描增量数据集 $DBSet_n$ 构造局部增量紧凑效用列表（partial incremental compact utility list，PiCUL）结构，如果全局列表中已存在项集 X' 的列表结构，则插入条目，如果不存在，则将局部列表插入全局列表中。此外，IHUPM 方法仅扫描新增数据一次，根据添加的数据来更新构造和重构的数据结构，在此过程中重新计算全局列表结构中项的 TWU 值，并

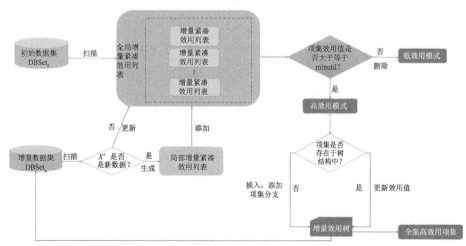

图 4-1　IHUPM 方法的整体架构

按 TWU 升序重组列表。其次，在全局列表结构中挖掘高效用模式，如果项集效用值大于等于 minutil，则为高效用模式，否则，为低效用模式。最后，将获取的高效用模式插入 IU-tree 中，如果项集已经存在于树结构中，则更新项集的效用值，如果不存在，则在树结构中添加项集分支。

1. 增量紧凑效用列表的构建

IHUPM 方法采用增量紧凑效用列表挖掘高效用模式，列表中的每个条目包含事务标识符(transaction identifier, TID)、非完整效用(non-complete utility, NU)、非完整剩余效用(non-remaining utility, NRU)和前缀效用(prefix utility, PU)。具体描述如下：

（1）TID 表示事务标识符。

（2）$nu(X, T_j)$ 表示在事务 T_j 中，项集 X 的非完整效用，见定义 2-14，解释为项集 X 的效用减去项集 X 的完整效用。

（3）$nru(X, T_j)$ 表示在事务 T_j 中，项集 X 的非完整剩余效用，见定义 2-14，解释为项集 X 的剩余效用减去项集 X 的完整剩余效用。

（4）$PU(X, T_j)$ 表示在事务 T_j 中，项集 X 的前缀效用，见定义 2-13，解释为 k-项集($k \geqslant 2$)的前缀效用是 $(k-1)$-项集的效用。

其中，静态紧凑效用列表结构引入完整效用和非完整效用，以紧凑地存储效用值。在数据集中，完整效用确定事务是否包含给定项集的所有项扩展，并将项集信息紧凑地存储在列表中。如果找到这样的事务，则将效用信息累积并全局存储[12]，即给定项集的所有 k-扩展项集都在一次迭代中处理，并将项集信息紧凑地存储在列表中[12]。该方法将完整效用和非完整效用运用到增量数据集中，以便进一步控制效用上限。

对于初始数据集 $DBSet_0$，IHUPM 方法首先构造全局增量紧凑效用列表结构，按项的 TWU 值的升序对列表结构进行排列。IHUPM 方法从第一个事务中的第一个项开始插入全局结构中，如果该结构中不存在变量项集 X 的数据结构 iCUL，则创建该项的局部增量紧凑效用列表，并将相关条目{TID, nu, nru, PU}插入列表中，如果存在 $iCUL(X)$，则在相应列表结构中添加条目。图 4-2 显示根据表 2-1 中初始数据集 $DBSet_0$ 构建的 GiCUL。对于增量数据集 $DBSet_n$，IHUPM 方法只读取新增部分而不是整个数据集，并将它们反映到先前构建的全局列表中。重新计算项的 TWU 值，并按新的升序重组列表结构，用相同的方法更新全局列表或创建局部列表。扫描完增

A				C				B				D				E			
TID	nu	nru	PU	TID	nu	nru	PU	TID	nu	nru	PU	TID	nu	nru	PU	TID	nu	nru	PU
T_1	6	5	0	T_1	2	3	0	T_1	2	1	0	T_1	1	0	0	T_2	16	0	0
T_2	6	19	0	T_3	8	11	0	T_3	4	7	0	T_2	3	16	0	T_3	4	0	0
				T_4	10	6	0	T_5	6	24	0	T_3	3	4	0	T_4	4	0	0
				T_5	4	30	0					T_4	2	4	0	T_5	24	0	0
												T_6	3	8	0	T_6	8	0	0

图 4-2　根据表 2-1 中初始数据集 $DBSet_0$ 构建的 GiCUL

量数据集后，得到完整的全局结构。图 4-3 显示根据表 2-1 中更新数据集 DBSet(DBSet=DBSet$_0$∪DBSet$_n$)构建的 GiCUL。

F				A				C				B				D				E			
TID	nu	nru	PU	TID	nu	nru	PU	TID	nu	nru	PU	TID	nu	nru	PU	TID	nu	nru	PU	TID	nu	nru	PU
T_9	5	8	0	T_1	6	5	0	T_1	2	3	0	T_1	2	1	0	T_1	1	0	0	T_2	16	0	0
T_{10}	10	9	0	T_2	6	19	0	T_3	8	11	0	T_3	4	7	0	T_2	3	16	0	T_3	4	0	0
				T_7	3	9	0	T_4	10	6	0	T_5	6	24	0	T_3	3	4	0	T_4	4	0	0
				T_8	6	24	0	T_5	4	30	0	T_8	10	14	0	T_6	3	8	0	T_5	24	0	0
								T_7	4	5	0	T_{10}	4	5	0	T_7	1	4	0	T_6	8	0	0
								T_9	2	6	0					T_8	2	12	0	T_7	4	0	0
																T_9	2	4	0	T_8	12	0	0
																T_{10}	5	0	0	T_9	4	0	0

图 4-3 更新数据集 DBSet 构建的 GiCUL

例 4-1 根据表 2-4 中的初始数据集 DBSet$_0$ 构建一组 GiCUL。首先，IHUPM 方法考虑第一个事务 T_1={A, C, B, D}。全局列表结构的初始状态为空，因此 IHUPM 方法为项 A 创建 iCUL(A)，并将新条目插入列表中，{TID, nu, nru, PU}={T_1, 6, 5, 0}，项 A 的事务标识符为 T_1，非完整效用值为项 A 的效用值，即 nu(A, T_1)=u(A, T_1)=6，非完整剩余效用值为项 A 的剩余效用值，即 nru(A, T_1)=ru(A, T_1)=5，这里的前缀效用用于多项集，因此单项之前没有更多的先前项，前缀效用值都为 0。考虑下一项 C，IHUPM 方法为项 C 创建 iCUL(C)，并将新条目添加到列表中，{TID, nu, nru, PU}={T_1, 2, 3, 0}，项 C 的事务标识符为 T_1，nu(C, T_1)=u(C, T_1)=2，nru(C, T_1)=ru(C, T_1)=3，前缀效用值为 0。其余两个项 B 和 D 以相同的方式处理。在第二个事务中，T_2={A, D, E}，因为项 A 的全局列表结构已经存在，所以将第二个条目添加到列表中，而不是生成一个新列表，{TID, nu, nru, PU}={T_2, 6, 19, 0}，项 A 的事务标识符为 T_2，nu(A, T_2)=u(A, T_2)=6，nru(A, T_2)=ru(A, T_2)=19，前缀效用值为 0。其余事务中的项按相同步骤处理。

例 4-2 增量数据集 DBSet$_1$ 包含事务 T_7 和 T_8，增量数据集 DBSet$_2$ 包含事务 T_9 和 T_{10}。其中，T_9={F, C, D, E}，因为在全局列表结构中不存在项 F 的结构，所以创建 iCUL(F)，并将新条目插入列表中，{TID, nu, nru, PU}={T_9, 5, 8, 0}，项 F 的事务标识符为 T_9，nu(F, T_9)=u(F, T_9)=5，nru(F, T_9)=ru(F, T_9)=8，前缀效用值为 0。考虑下一项 C，因为项 C 的全局列表已存在，因此添加条目到结构中，不构建新的列表，{TID, nu, nru, PU}={T_9, 2, 6, 0}，项 C 的事务标识符为 T_9，nu(C, T_9)=u(C, T_9)=2，nru(C, T_9)=ru(C, T_9)=6，前缀效用值为 0，其余事务中的项以相同的方式处理。

例 4-3 从 1-项集 iCUL 迭代生成 2-项集 iCUL。以项 A 的扩展项集为例，多项集的效用值计算为 nu(XY, T_j)=nu(X, T_j)+nu(Y, T_j)−PU(X, T_j)，从 X 和 Y 的各个效用中减去前缀效用值(PU)，因为它们被计数了 2 次[12]。在数据集 DBSet 中，考虑构建项集 AB 的 iCUL(AB)，在初始数据集 DBSet$_0$ 中，项 A 和项 B 相同的事务标

识符为 T_1，因此 nu(AB, T_1)=nu(A, T_1)+nu(B, T_1) −PU(A, T_1)=6+2−0=8，nru(AB, T_1)=nru(B, T_1)=1，PU(AB, T_1)=nu(A, T_1)=6。在增量数据集 DBSet$_1$ 中，项 A 和项 B 相同的事务标识符为 T_8，因此项集 AB 的增量紧凑效用列表又新增一条条目，nu(AB, T_8)=nu(A, T_8)+nu(B, T_8) −PU(A, T_8)=6+10−0=16，nru(AB, T_8)=nru(B, T_8)=14，PU(AB, T_8)=nu(A, T_8)=6，如图 4-4(a) 所示。项集 AC 的 iCUL(AC) 也按相同的步骤构建，如图 4-4(b) 所示。根据项集 AB 和 AC 的列表结构，构造项集 ACB 的 iCUL(ACB)，例如，在初始数据集 DBSet$_0$ 中，项集 AB 和项集 AC 相同的事务标识符为 T_1，因此 nu(ACB, T_1)=nu(AB, T_1)+nu(AC, T_1) −PU(AB, T_1)=8+8−6=10，nru(ACB, T_1)=nru(AB, T_1)=1，PU(ACB, T_1)=nu(AC, T_1)=8。在增量数据集 DBSet$_n$ 中，没有相同的事务标识符，因此不能构造 iCUL(ABC)，如图 4-5 所示。

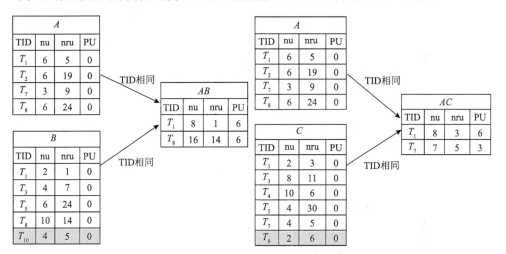

(a) 项集 AB 的增量紧凑效用列表　　　　(b) 项集 AC 的增量紧凑效用列表

图 4-4　2-项集的增量紧凑效用列表

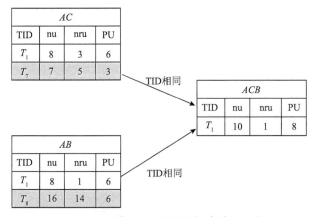

图 4-5　3-项集 ACB 的增量紧凑效用列表

2. IU-tree 结构的构建

IHUPM 方法采用 IU-tree 结构来存储高效用模式，以便能够快速更新目标项集的效用和添加新的分支。在 IU-tree 结构中，每个节点 N 由 $N.name$、$N.parent$、$N.nodelink$ 组成，每个节点代表一个项。每个项集由从树的根部开始到内部节点或叶节点结束的路径表示，具体描述如下：

(1) $N.name$ 是 N 的项名称；

(2) $N.parent$ 用于连接到父节点；

(3) $N.nodelink$ 用于连接具有相同项名称的节点，以便于 IHUPM 方法有效地遍历树结构。

IU-tree 结构仅由一个根节点、多个常规节点和多个尾节点组成。此外，高效用模式中最后一个项对应的节点存储效用信息。如果不同高效用模式之间具有相同的前缀项，则与该前缀项对应的节点将在树结构上共享，这种操作可以将在许多项集中出现的项保留在树的上部，实现树的紧凑性。如果新增项集在 IU-tree 结构中已经存在，则更新项集中最后一个项对应节点的效用信息。如果新增项集不存在于 IU-tree 结构中，则在树结构中插入项集的分支，在节点处添加效用信息。如果父节点不包含效用信息，则直接传递到子节点，直至子节点中包含效用信息；如果父节点包含效用信息，则直接在此节点处添加效用信息。假设用户设置的 minutil 值增大，则需要删除不符合条件的项集，即删除其相对应的路径。在 IU-tree 结构中，若节点在路径中共享，则只删除其子节点。如果节点不共享，则直接在树结构中删除项集对应的路径。

令 minutil=50，在初始数据集 $DBSet_0$ 中，高效用项集 HSet={E: 56, BCE: 50, CE: 54}，按照字典顺序排列项，将它们作为分支插入 IU-tree 结构中。首先，在 IU-tree 结构中创建根节点 root，然后，创建节点 E，效用值为 56；其次，项集 CE 按字典顺序为 C、E，父节点为 C，子节点为 E，且子节点 E 连接到父节点 C，路径为{CE}，并在子节点 E 处添加效用值 54，表示项集 CE 的效用值为 56；最后，项集 BCE 按字典顺序为 B、C、E，父节点为 B，次子节点为 C，子节点为 E，子节点 E 连接到次子节点 C，再连接到父节点 B，路径为{BCE}，并在子节点 E 处添加效用值 50，表示项集 BCE 的效用值为 50，如图 4-6 所示。

在扫描完增量数据集 $DBSet_1$ 和 $DBSet_2$ 后，有 2 个项集效用增加，项集 E 的效用从 56 增加到 76，项集 CE 的效用从 54 增加到 66，并且新增两个高效用模式 HUP={DE: 68, ADE: 53}，因此完整的高效用模式集合为 HSet'={E: 76, ADE: 53, BCE: 50, CE: 66, DE: 68}。在图 4-6 的基础上，从根节点开始探索，找到节点 E，更新效用值为 76，同理，探索节点 C 的路径，找到子节点 E，更新效用值为 66。因为新增两个项集，首先项集 DE 按字典顺序为 D、E，父节点为 D，子节点为 E，且子节点 E

连接到父节点 D，路径为{DE}，并在子节点 E 处添加效用值 68，表示项集 DE 的效用值为 68，最后，项集 ADE 按字典顺序为 A、D、E，父节点为 A，次子节点为 D，子节点为 E，子节点为 E 连接到次子节点 D，再连接到父节点 A，路径为{ADE}，并在子节点 E 处添加效用值 53，表示项集 ADE 的效用值为 53，如图 4-7 所示。

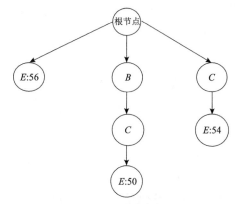

图 4-6　扫描完初始数据集的 IU-tree 结构

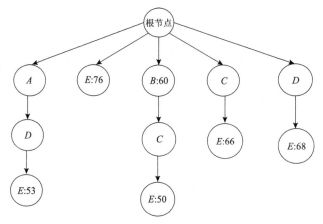

图 4-7　扫描完增量数据集的 IU-tree 结构

如果用户提高 minutil，设置为 60，则在 IU-tree 结构中执行删除操作，删除项集 ADE 和 BCE，首先删除项集 ADE，子节点 E 处的效用值为 53，小于 minutil，向上探索路径，删除相对应的分支，按相同的步骤删除项集 BCE，减少项集的数量。

3. IHUPM 方法

方法 4-1 显示了 IHUPM 方法的细节，主要步骤如下。首先，IHUPM 方法初始化 GiCUL、PiCUL 和 IU-tree 结构（第 1 行）。IHUPM 方法仅扫描一次初始数据集 $DBSet_0$ 和增量数据集 $DBSet_n$，以建立相应的全局增量紧凑效用列表 GiCUL 和 PiCUL（第 2～11 行）。对于每项 $i \in T$，如果在 GiCUL 中不存在其列表，则创建其

PiCUL，并添加到 GiCUL 中。然后，IHUPM 方法创建事务 T 的元组并插入项 i 的列表中（第 4～6 行）。如果在 GiCUL 中存在其列表，则直接创建事务 T 的元组并插入项 i 的列表中（第 7～8 行）。在该过程中，不断更新项的 TWU 值（第 9 行）。读取所有事务后，IHUPM 方法根据项的 TWU 值升序重新建立总顺序，重构 GiCUL（第 12～14 行）。如果有用户的挖掘请求，则调用方法 4-1，递归挖掘高效用模式，在 IU-tree 结构中输出结果（第 15～18 行）。

方法 4-2 给出构造增量紧凑效用列表的主要步骤。项集 Pxy 初始化为空。项集 Pxy 的增量紧凑效用列表是通过将项集 Px、Py 和 P 的列表相交构建的。P 是前缀项集，x 和 y 是项。对于全局列表结构中项集 Px 列表 iCUL(Px).GiCUL 中的每个元素，该过程都会检查某个元素在 iCUL(Py).GiCUL 中是否具有相同的事务标识符。如果是，则查找具有相同事务标识符的元素。另外，多项集的效用值计算为 nu$(XY, T_j)=$nu$(X, T_j)+$nu$(Y, T_j)-$PU(X, T_j)（第 2～14 行）。在扫描增量数据集时，对 GiCUL(Pxy) 进行不断更新（第 11 行）。

方法 4-3 给出挖掘 HUP 的详细信息，主要步骤如下。首先，对于 P 的每个扩展项集 Px，调用方法 4-2 来构造项集 Px 的增量紧凑效用列表，如果在初始数据集 DBSet$_0$ 和增量数据集 DBSet$_n$ 中，Px 的效用总和 sunEU 和剩余效用总和 sumRU 相加的值大于或等于 minutil，则对 Px 的扩展项集进行进一步的探索，将项集 y 与项集 Px 合并得到项集 Pxy，调用方法 4-2 来构造项集 Pxy 的增量紧凑效用列表（第 3～9 行）。然后，如果高效用模式 Pxy 存在于 IU-tree 结构中，则更新其效用，如果不存在，则在 IU-tree 结构中添加 Pxy（第 11～16 行）。最后，使用 Pxy 递归调用 Mine-HUI 过程，探索其扩展项集（第 18 行）。

方法 4-1　IHUPM 方法

输入　初始数据集 DBSet$_0$，增量数据集 DBSet$_n$，最小效用阈值 minutil。

输出　高效用模式。

1	初始化全局列表 GiCUL、局部列表 PiCUL 和 IU-tree 结构；
2	对于初始数据集 DBSet$_0$ 和增量数据集 DBSet$_n$ 中的每一个事务 T，
3	对于事务 T 中的每一项 i，
4	如果在全局列表 GiCUL 中不存在其列表，
5	创建其局部列表 PiCUL，并添加到全局列表中；
6	创建事务 T 的元组，插入到项 i 的列表 GiCUL(i) 中；
7	否则，
8	直接创建事务 T 的元组并插入项 i 的列表中；
9	更新项的 TWU 值；

10	结束循环;
11	结束循环;
12	令 I 为单个项的列表集合;
13	设 $\succ$ 为 I 中项的总顺序(TWU 值的升序);
14	根据 $\succ$ 对 GiCUL 进行排序;
15	如果用户发出挖掘请求,
16	调用方法 Mine-HUI(P, GiCUL);
17	在 IU-tree 中输出结果;
18	结束挖掘请求。

方法 4-2　Construct_iCUL

输入　项集 Px 的增量紧凑效用列表 iCUL(Px); 项集 Py 的增量紧凑效用列表 iCUL(Py)。

输出　项集 Pxy 的增量紧凑效用列表 iCUL(Pxy)。

1	项集 Pxy 的列表 iCUL(Pxy)初始化为空;
2	对于 iCUL(Px).GiCUL 中的每一个元组 exn;
3	如果 eyn $\in$ iPUL(Py).GiPUL 且 eyn.TID = exn.TID,
4	如果 iCUL(P) $\neq \varnothing$,
5	查找 iCUL(P)中具有与 exn 相同事务标识符的元素 en;
6	exyn $\leftarrow$ (exn.TID; exn.nu + eyn.nu – e.PU; eyn.nru; exn.nu, 0);
7	nu = nu + nu(eyn, TID) – PU(en, TID);
8	否则,
9	exyn $\leftarrow$ (exn.TID; exn.nu + eyn.nu; eyn.nru; exn.nu, 0);
10	结束条件判断;
11	iCUL(Pxy).GiCUL $\leftarrow$ iCUL(Pxy).GiCUL $\cup$ exyn;
12	结束条件判断;
13	结束循环过程;
14	返回 iCUL(Pxy)。

方法 4-3　Mine-HUI

输入　项集 P, P 的待扩展项集合 ExtensionsOfP。

输出　高效用模式。

1	令扩展项集为 $Px \leftarrow P \cup x$;

2　　　　调用 Construct_iCUL(Px);

3　　　　对于项集 P 的扩展项集 Px,

4　　　　　　如果(sumEU(Px_{DBSet_0}) + sumRU(Px_{DBSet_0}) + sumEU(Px_{DBSet_n}) + sumRU(Px_{DBSet_n}))≥minutil,

5　　　　　　　　将 P 的待扩展项集合置为空;

6　　　　　　　　对于 P 的待扩展项集合中的项 y, 并且 $y \succ x$,

7　　　　　　　　　　生成扩展项集 $Pxy \leftarrow Px \cup y$;

8　　　　　　　　　　构建 iCUL(Pxy);

9　　　　　　　　　　结束循环过程;

10　　　　　　结束条件判断;

11　　　　　　如果项集 Pxy 是一个 HUP,

12　　　　　　　　如果项集 Pxy 在 IU-tree 中,

13　　　　　　　　　　更新项集 Pxy 的效用值;

14　　　　　　　　否则,

15　　　　　　　　　　将项集插入 IU-tree 中;

16　　　　　　　　结束条件判断;

17　　　　　　结束外部条件判断;

18　　　　　　调用 Mine-HUI;

19　　　　结束循环过程。

　　从构造全局数据结构分析 IHUPM 方法的时间复杂度,令 N_{DBSet_0} 和 N_{DBSet_n} 分别为初始数据集 $DBSet_0$ 和增量数据集 $DBSet_n$ 中的事务数,N_m 为不同项的数量。扫描一次构造全局列表结构或更新数据结构, 必须处理 N_m 个项才能将每个事务插入数据结构中, 所以事务插入初始数据集的时间复杂度为 $O(N_{DBSet_0} \times N_m)$, 插入增量数据集的时间复杂度为 $O(N_{DBSet_n} \times N_m)$, IHUPM 方法的整体时间复杂度为 $O((N_{DBSet_0} + N_{DBSet_n}) \times N_m)$。

4.1.3　实验与分析

　　本节将进行各种实验来对比 IHUPM 方法和 EIHI 方法[37]、HUI-LIST-INS 方法[111]之间的性能。在评估测试中, 所有方法均以 Java 语言实现。使用的数据集为 SPMF①平台上提供的 Retail、Mushroom、Foodmart、Kosarak、Chess、BMS 数

---

① http://www.philippe-Fournier-Viger.com/spmf/

据集。其中，数据集 Retail 和 Mushroom 的基本特征见表 3-6，数据集 Kosarak 和 Chess 的基本特征见表 3-19。Foodmart 数据集是从 SQL-Server 2000 获得并转换的零售商店的顾客事务数据集；BMS 来自 KDD-Cup 2000 中使用的网络商店的点击流数据，已经包含内部效用和外部效用，除 BMS 外的其他数据集通过对数正态分布生成项的外部效用，并在 1～5 范围内随机生成项的数量[11]，以上两个数据集的基本特征如表 4-1 所示。

表 4-1　数据集的基本特征

数据集	事务数	项数	平均事务长度	数据集密度/%	数据集类型
BMS	59601	497	2.5	0.14	稀疏
Foodmart	4141	1559	4.4	0.28	稀疏

1. 运行时间比较

图 4-8～图 4-13 显示随着最小效用阈值的增加，IHUPM 方法与对比方法（HUI-LIST-INS 方法[111]和 EIHI 方法[37]）之间运行时间性能的比较。运行时间随着最小效用阈值的增加而减少，因为当最小效用阈值设置较高时，构建的列表结构较少，所需运行时间也较少；当最小效用阈值设置较低时，对比方法较 IHUPM 方法需要更多的运行时间。可以看出，在 Foodmart 数据集和 Retail 数据集上，IHUPM 方法和 EIHI 方法之间的差距不是很大；在 BMS 数据集上，与 HUI-LIST-INS 方法和 EIHI 方法相比较，IHUPM 方法有明显的优势，原因在于 BMS 数据集中平均事务的长度较短，故运行时间较短。在密集数据集 Chess 和 Mushroom 上，对比方法性能不好的原因有：其一，HUI-LIST-INS 方法和 EIHI 方法生成大量没有希望项集的列表，运行时间增加；其二，HUI-LIST-INS 方法和 EIHI 方法均采用效用列表，应用的修剪策略效果不佳。因此，它们的运行时间差距较小，运行时间较长。但是 IHUPM 方法使用增量紧凑效用列表结构，将效用值紧凑地存储在 iCUL 中，故运行速度比对比方法快。

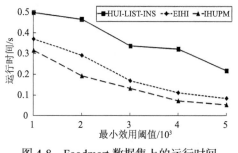

图 4-8　Foodmart 数据集上的运行时间
（高效用模式挖掘）

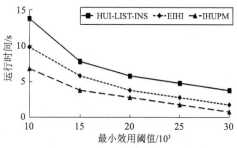

图 4-9　BMS 数据集上的运行时间
（高效用模式挖掘）

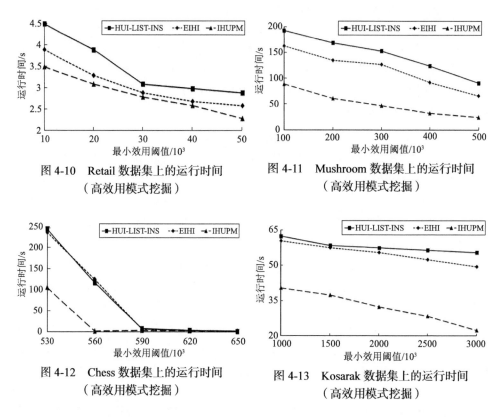

图 4-10 Retail 数据集上的运行时间
（高效用模式挖掘）

图 4-11 Mushroom 数据集上的运行时间
（高效用模式挖掘）

图 4-12 Chess 数据集上的运行时间
（高效用模式挖掘）

图 4-13 Kosarak 数据集上的运行时间
（高效用模式挖掘）

2. 内存消耗比较

图 4-14～图 4-19 显示随着最小效用阈值的增加，IHUPM 方法与对比方法（HUI-LIST-INS 方法[111]和 EIHI 方法[37]）之间内存消耗性能的比较。HUI-LIST-INS 方法和 EIHI 方法都使用传统的效用列表结构，并且 HUI-LIST-INS 方法必须扫描数据集两次来建立列表结构，在这一过程中，将产生较大的内存消耗。IHUPM 方法保证如图所示的最有效的内存消耗性能，因为该方法引入完整效用[36]概念将效用信息压缩到增量紧凑效用列表结构中，从而减少了内存消耗，并且不提取任何候选对象。在内存消耗方面，EIHI 方法与 HUI-LIST-INS 方法的内存消耗非常相似，因为两者都扩展了 FHM 方法[2]。HUI-LIST-INS 方法遍历整个数据集进行效用计算后才进行修剪，故方法性能有所下降。EIHI 方法因修剪策略不佳，内存消耗性能次之。IHUPM 方法中的修剪策略表现良好，通过计算效用来丢弃低效用项集，而无须遍历整个效用列表，与 EIHI 方法相比，其内存消耗有所减少。

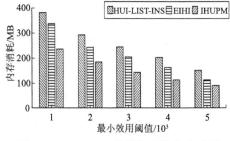

图 4-14　Foodmart 数据集上的内存消耗
（高效用模式挖掘）

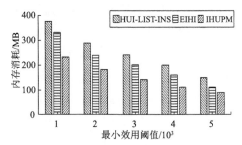

图 4-15　BMS 数据集上的内存消耗
（高效用模式挖掘）

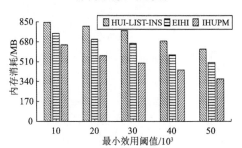

图 4-16　Retail 数据集上的内存消耗
（高效用模式挖掘）

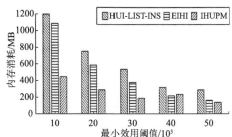

图 4-17　Mushroom 数据集上的内存消耗
（高效用模式挖掘）

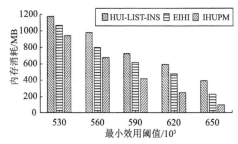

图 4-18　Chess 数据集上的内存消耗
（高效用模式挖掘）

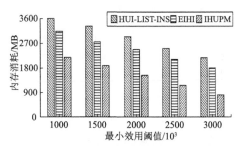

图 4-19　Kosarak 数据集上的内存消耗
（高效用模式挖掘）

3. 可扩展性测试

本节将进行可扩展性测试。首先将 20% 数据集中的事务作为初始数据集，然后将剩余部分作为增量数据集，图 4-20~图 4-25 展示测试结果。EIHI 方法和 IHUPM 方法的运行时间是指处理每个递增部分的时间。从图中可以看到，当数据集逐渐增多时，这两种方法都需要更多的运行时间。

在运行时间和内存消耗方面，在 3 个数据集上 IHUPM 方法的性能都比 EIHI 方法要好，因为增量紧凑效用列表结构可以控制效用上限，并可以一次得到扩展项集。控制效用上限不仅可以减少低效用项集，同时可以减少构建列表的数量，降低内存消耗，并且 EIHI 方法需要更多的内存来存储效用列表。一次得到扩展项集可以缩短寻找高效用模式的时间，按照字典顺序插入高效用模式到 IU-tree 结构中，可以节省插入时间。总而言之，与对比方法相比，IHUPM 方法随着数据集的增多显示出最佳的可扩展性。

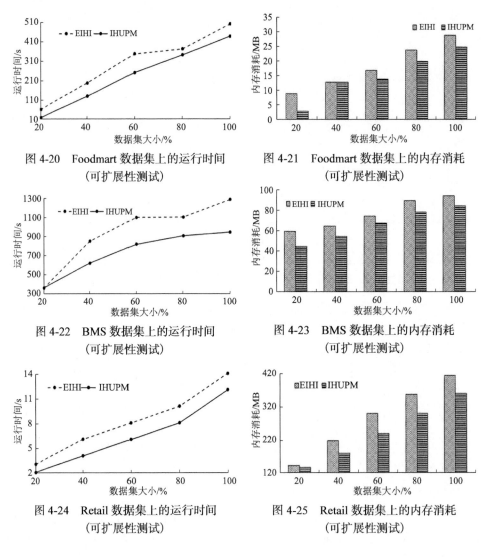

图 4-20　Foodmart 数据集上的运行时间
（可扩展性测试）

图 4-21　Foodmart 数据集上的内存消耗
（可扩展性测试）

图 4-22　BMS 数据集上的运行时间
（可扩展性测试）

图 4-23　BMS 数据集上的内存消耗
（可扩展性测试）

图 4-24　Retail 数据集上的运行时间
（可扩展性测试）

图 4-25　Retail 数据集上的内存消耗
（可扩展性测试）

4.1.4　本节小结

本节提出 IHUPM 方法用于在增量数据集上挖掘高效用模式全集。通过增量紧凑效用列表和增量效用树结构，解决了由候选项集过多而导致内存溢出等问题。增量效用树结构中按字典顺序添加高效用模式，也解决了插入成本高的问题。

来自各种数据集的实验结果证明，与以前的方法相比，IHUPM 方法可以从增量数据集中更有效地挖掘高效用模式。但是，随着增量数据集中的数据不断增加，如果最小效用阈值较低，会产生大量的高效用模式，增量效用树也会越来越大，内存可能溢出。因此，下一步研究将动态调整阈值或将项集的紧凑表现形式作为结果集。

4.2　含负项高效用模式挖掘

本节首先介绍含负项高效用模式挖掘的研究背景与现状，并指出现有方法的不足。然后介绍本章所提方法，包括使用的索引列表结构、修剪策略以及方法的描述。最后进行大量的实验来验证方法的有效性及高效性。

4.2.1　研究背景

传统的高效用模式挖掘方法假定所有数据项的效用值均为正，但在实际生活中，许多数据集都是随时间变化的，并且交易数据集中经常会包含负项。例如，零售商店为了吸引顾客增加销售额，会降低某些商品的售价，从与之配套销售的商品中获得更高的利润，这对商家来说是一种常见的销售策略。这时，亏损出售的商品就带有负的利润值，即负效用值。例如，当顾客在超市购物时，购买 2 个水杯可获得 1 个免费的收纳袋。对超市来说，出售一个水杯的利润值为 10 美元，赠送一个收纳袋的损失为 2 美元，当使用此折扣活动时，超市虽然因为免费的收纳袋损失了 2 美元，但是最终收获了 18 美元的净利润值。学者研究证明，如果数据集中包含负项，则传统的高效用模式挖掘方法会挖掘出一组不完整的高效用模式。为了解决这一问题，用于挖掘含负项高效用模式的方法被提出。HUINIV- Mine 是第一个考虑负效用的方法，但由于其基于两阶段模型，所以会存在多次扫描数据集、生成过多候选项集等问题。

迄今，现有的可以挖掘含负项高效用模式的方法都针对静态数据集。Sun 等[112]提出的 THN 方法是目前处理含负项 top-k 高效用模式的最新方法，该方法中提出了一种自动提升阈值的机制，只需要指定 k 值，即可挖掘出效用值最高的 k 个模式。Singh 等[79]提出的 EHIN 方法为静态数据集中挖掘含负项高效用模式的方法之一，利用 2 个新的上限进行修剪，分别为重新定义的子树和重新定义的局部效用。为了减少数据集扫描，THN 方法和 EHIN 方法都使用了事务合并技术和数据集投影技术。FHN 方法[109]也可以用于挖掘含负项高效用模式，该方法采用传统的效用列表，在项集合并时耗费了大量的运行时间和空间。

为了突破传统含负项高效用模式挖掘方法的局限性，本节设计一种索引列表结构，并提出在增量数据集中挖掘含负项高效用模式的方法，本章的主要贡献如下：

（1）首次提出在增量数据集中挖掘含负项的高效用模式（mining high utility pattern with negative items in incremental dataset, HUPNI）方法，解决了先前可挖掘含负项高效用模式方法只能处理静态数据集的问题。该方法在新数据插入时，只需要扫描新增数据，而不需要再次扫描初始数据集，在先前已构建的结构中添加新增数据的信息。

（2）提出索引列表结构（index list structure, ILS），依据结构中的索引值信息快速访问项集信息，并在数据集动态变化时快速更新项集信息。HUPNI 方法还同时利用了内存重用策略，将分配给没有希望的项集的空间回收，重新用于下一个有希望的候选项集。

（3）大量的实验证明，HUPNI 方法具有可行性，并且在运行时间和内存消耗上均表现出良好的性能。

4.2.2　HUPNI 方法研究

HUPNI 方法使用了索引列表结构，利用索引值来加快项集之间的合并操作，并利用内存重用策略减少内存消耗。本节首先介绍索引列表结构，然后介绍 HUPNI 方法在挖掘过程中使用的策略以及关键技术，最后描述 HUPNI 方法的挖掘过程。

1. 索引列表结构

索引列表包括数据段和索引段，数据段中包含项的效用值信息，而索引段则包含列表在数据段中的索引位置，详细介绍在定义 4-1 和定义 4-2 中给出，定义 4-3 介绍了内存重用策略，相关示例数据集及其外部效用值如表 4-2 和表 4-3 所示。

定义 4-1（数据段）　数据段定义为(TID, Iutil, Inutil, Rutil)形式的元组，其中，TID 表示事务标识符；Iutil 表示项集中正项的效用值之和；Inutil 表示项集中负项的效用值之和；Rutil 表示项集中正项的剩余效用值之和。项集 X 的数据段表示为 ILS.data(X)。

为了快速访问存储在数据段中的信息，还创建了一组索引段，索引段指示关于项的信息存储在数据段中的何处，允许快速访问存储在数据段中的数据。

定义 4-2（索引段）　索引段定义为具有(Item, StartPos, EndPos, SumIutil, SumINutil, SumRutil)形式的元组，每个项都有这样一个索引段结构。其中，StartPos 和 EndPos 分别表示项在数据段中的起始索引和结束索引；SumIutil 和 SumRutil 分别存储项集中正项的 iutil 总和以及 rutil 的总和，而 SumINutil 则存储项集中负项的效用值之和。当将来自搜索空间的项集视为潜在的高效用模式以及可以扩展为查找其他高效用模式的项集时，通过读取 ILS 中从 StartPos 到 EndPos 位置的值来快速访问此项集。项集 X 的索引段表示为 ILS.index(X)。

定义 4-3(内存重用策略)　　当项集被标识为不是高效用模式或无须被扩展时，数据段元组将会重新用于存储下一个候选项集的列表信息。

在执行项集合并操作时，使用 ILS 与使用传统效用列表的优势体现在以下两方面：

(1)ILS 可以依据索引值快速查找相应项的信息，而传统效用列表必须在内存空间中顺序或二分查找项的列表。

(2)当判定项集需要修剪时，ILS 会将分配给没有希望的项集的内存空间重新用于存储下一个候选项集的信息，而传统效用列表则不做任何操作。

表 4-2　示例数据集

数据集	事务标识符	事务
	T_1	$(A, 3)$ $(D, 5)$
DBSet$_0$	T_2	$(A, 1)$ $(D, 1)$ $(E, 1)$
	T_3	$(B,1)$ $(C, 2)$ $(D, 6)$ $(E, 1)$
	T_4	$(B, 1)$ $(C, 1)$ $(E, 2)$
DBSet$_1$	T_5	$(A, 2)$
	T_6	$(A, 3)$ $(D, 1)$

表 4-3　示例数据集的外部效用值

项	A	B	C	D	E
外部效用	5	−3	−2	6	10

在表 4-2 的数据集以及表 4-3 所示的数据集的外部效用值中，HUPNI 方法首先扫描初始数据集 DBSet$_0$，为 DBSet$_0$ 中的事务构建数据段，并为每个项构建索引段。如图 4-26 所示，为扫描 DBSet$_0$ 之后所构建的 ILS。在索引段中指示了各个项在数据段中的位置，例如，项 A 的开始索引以及结束索引分别为 0 和 2，则项 A 对应数据段中的元组为{1, 15, 0, 30},{2, 5, 0, 16}，同时，项 A 的正效用值之和为 20，负效用值之和为 0，正剩余效用值为 46。

2. 维护更新机制

当有增量数据插入时，HUPNI 方法扫描增量数据，并以此来更新 ILS。具体更新方法为：扫描增量数据集，得到每个项的事务及效用值信息。对于增量数据集中排好序的每个项 X，HUPNI 方法检查索引段中是否已存在 X，若不存在，则在当前数据段最后插入 X 的数据段元组，并新建 X 的索引段，更新索引值信息及效用值信息；若已存在 X，则找到 X 的结束索引，在 X 的结束索引对应的数据段位置后插入新增 X 的数据段元组，并更新 X 以及 X 之后索引段中的索引值信息和效用值信息。

例如，在图 4-26 的基础上，当插入增量数据集 DBSet$_1$ 时，更新后的 ILS 结构如图 4-27 所示。当插入项 A 的数据段元组信息时，经判断，项 A 的索引段已存在，找到项 A 的结束索引为 2，则在数据段索引位置为 2 的地方插入项 A 的增量数据段元组 $\{5, 10, 0, 0\}$，$\{6, 15, 0, 6\}$，同时，更新项 A 索引段中的索引值信息以及效用值信息，更新索引段中 A 之后所有项的索引值信息。剩余项插入时同理。

ILS.data:

1	2	2	3	1	2	3	3	3
15	5	10	10	30	6	10	0	0
0	0	0	0	0	0	0	−3	−4
30	16	11	36	0	0	36	0	0

ILS.indexs:

Item=A	Item=E	Item=D	Item=B	Item=C
StartPos=0	StartPos=2	StartPos=4	StartPos=7	StartPos=8
EndPos=2	EndPos=4	EndPos=7	EndPos=8	EndPos=9
SumIutil=20	SumIutil=20	SumIutil=46	SumIutil=0	SumIutil=0
SumINutil=0	SumINutil=0	SumINutil=0	SumINutil=−3	SumINutil=−4
SumRutil=46	SumRutil=47	SumRutil=36	SumRutil=0	SumRutil=0

图 4-26　扫描 $DBSet_0$ 之后的 ILS 结构

ILS.data:

1	2	5	6	2	3	4	1	2	3	6	3	4	3	4
15	5	10	15	10	10	20	30	6	10	6	0	0	0	0
0	0	0	0	0	0	0	0	0	0	0	−3	−3	−4	−2
30	16	0	6	11	36	0	0	0	36	0	0	0	0	0

ILS.indexs:

Item=A	Item=E	Item=D	Item=B	Item=C
StartPos=0	StartPos=4	StartPos=7	StartPos=11	StartPos=13
EndPos=4	EndPos=7	EndPos=11	EndPos=13	EndPos=15
SumIutil=45	SumIutil=40	SumIutil=52	SumIutil=0	SumIutil=0
SumINutil=0	SumINutil=0	SumINutil=0	SumINutil=−6	SumINutil=−6
SumRutil=52	SumRutil=47	SumRutil=36	SumRutil=0	SumRutil=0

图 4-27　插入增量数据集 $DBSet_1$ 后的 ILS 结构

项集在执行合并操作时，会首先查找相应项的索引值，随后依据索引值快速找到在数据段中对应的数据段元组；最后，查找两项集之间相同的事务并合并。项集合并的过程如图 4-28 所示，图中为项 A 和项 E 的合并过程。

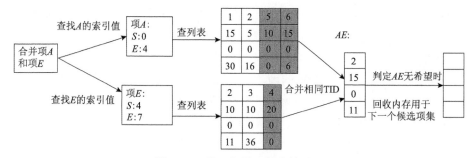

图 4-28   项 A 和项 E 的合并过程

3. 属性及修剪策略

在本小节中，将介绍所提方法在处理负项时所用到的属性，详细的属性证明请参考文献[83]。

属性 4-1（高效用模式可能包含具有负外部效用的项） 高效用模式可能包含具有负外部效用的项，例如，在捆绑销售的商品中，虽然打折出售的商品使得其带有负的利润值，但是捆绑销售之后的利润大于用户指定的利润，因此被捆绑销售的商品集依旧为高利润集。

属性 4-2（高效用模式至少包含一个具有正外部效用的项） 尽管高效用模式可能包含也可能不包含外部效用值为负的项，但高效用模式至少需要包含一个外部效用值为正的项，否则其效用值将为负，并且不是高效用模式。

属性 4-3（项集中正效用和负效用之间的关系） 对于任意项集 X，设 iutil(X) 和 inutil(X) 分别表示事务（或数据集）中 X 的正效用和负效用之和，使得 $u(X)=$ iutil$(X)+$inutil(X)，以下关系成立：inutil$(X) \leqslant u(X) \leqslant$ iutil(X)。

解释：X 中效用值为正的项只能增加 X 的效用值，而效用值为负的项只能减小 X 的效用值，因此 inutil$(X) \leqslant u(X) \leqslant$ iutil(X) 的属性成立。

当同时包含负项和正项时，项集 X 的正效用值总是不小于 X 的实际效用值，而负效用值正好相反。因此，正效用值是项集 X 效用的上限，导致以下属性成立。

属性 4-4（使用项集中正效用的和作为上限） 对于项集 X，$u(X) \leqslant$ iutil(X)。

解释：该属性是由于 $u(X)-$iutil$(X)=$inutil(X)，并且负项只能降低 X 的效用值。

属性 4-5（向下闭包带有负项的扩展） 令 X 为一个项集，z 为一个负项，使得 $z \notin X$。因此，$u($iutil$(X \cup \{z\})) \leqslant u($iutil$(X))$。

解释：显然，iutil$(X)=$ iutil$(X \cup \{z\})$，此外，包含 $X \cup \{z\}$ 的事务数只能少于等于包含 X 的事务数，并且 z 是负项，因此 iutil$(X \cup \{z\})$ 的效用值只能是等于或小于 iutil(X)；但是 $u(X)$ 可能更小、更大或等于 $u(X \cup \{z\})$。

在该方法中主要用到的修剪策略有三种：RTWU 修剪、ILS 修剪搜索空间以及 EUCS 结构修剪，详细介绍如下。

策略 4-1（RTWU 修剪）　令 X 为项集，如果 RTWU(X) < minutil，则项集 X 及其所有超集都是低效用项集。

策略 4-2（ILS 修剪搜索空间）　令 X 为项集，X 的扩展是可以通过将项 y 附加到 X（其中 $y \succ i$，$\forall i \in X$）获得的项集，如果 ILS.Indexs（X）中 SumIutil$_{DBSet}$ 和 SumRutil$_{DBSet}$ 值的总和小于 minutil，则 X 及其扩展都是低效用项集。

策略 4-3（EUCS 结构修剪）　令 X 为深度优先搜索过程中遇到的项集，如果在构造 EUCS 结构的过程中，2 项集 $Y \subseteq X$ 的 RTWU 值小于最小效用阈值，那么 X 不是一个高效用模式，它的子节点中不存在高效用模式。因此，X 及其子节点可以被修剪，而不必构建 X 及其子节点的数据段。

HUPNI 方法首先计算每个项 x 的 RTWU 值，当 RTWU(X) < minutil 时，使用策略 4-1 对搜索空间进行修剪，直至遍历完数据集中所出现的所有项。随后，将会为未修剪的项构建 ILS。在合并项集的过程中，HUPNI 方法依据策略 4-2 来判断项集是否应该继续扩展。在持续扩展的过程中，HUPNI 方法依据策略 4-3 对搜索空间进行修剪，当 2 项集 X 的 RTWU(X) < minutil，HUPNI 方法将停止对 X 进行扩展。

4. HUPNI 方法描述

HUPNI 方法将包含效用值和最小效用阈值的事务数据集 DBSet 作为输入，输出则为高效用模式。HUPNI 方法主要过程的伪代码如方法 4-4 所示。首先扫描数据集以计算每个项的 RTWU（第 4 行），项的 RTWU 值用于建立项的总顺序 $\succ$，即 RTWU 值的升序。然后执行第二次数据集扫描，根据 $\succ$ 对事务中的项进行重新排序（第 5 行），依据数据信息构建 ILS 结构和 EUCS 结构（第 7 行），EUCS 存储所有项对 $\{A, B\}$ 的 RTWU，以使 $u(\{A, B\}) \neq 0$。然后，通过调用递归挖掘过程 IIMining()，开始对项集进行递归搜索。

为了正确挖掘含负项的高效用模式，在第 4 行中，项的总顺序 $\succ$ 与传统的高效用模式挖掘有所区别，具体来说：$\succ$ 中正项在前，负项在后，且正负项之内还是按照 RTWU 值的升序来排列。

方法 4-4　HUPNI 方法

输入　最小效用阈值 minutil，事务数据集 DBSet={DBSet$_0$, DBSet$_1$, …, DBSet$_k$}，其中，DBSet$_0$ 是初始数据集，其余是增量数据集。

输出　高效用模式。

1　　　初始化 ILS；

2　　　对于每个存在于 DBSet 中的 DBSet$_x$；

3　　　　　对于 DBSet$_x$ 中的每个事务 T_k；

4　　　　　　　扫描事务并更新每个项中的 RTWU；

5　　　　　　　按 RTWU 升序对 T_k 排序；

6	结束循环；
7	再次扫描 DBSet$_x$ 以创建或更新项的 ILS 以及 EUCS；
8	如果用户发出挖掘请求，
9	令 I* 表示 DBSet$_x$ 中的项；
10	IIMining($\varnothing$, I*, minutil, EUCS, ILS)；
11	结束挖掘；
12	结束外部循环。

　　挖掘过程的伪代码如方法 4-5 所示，在挖掘过程中，依据索引段中的 SumIutil 和 SumINutil 来判断项集是否为高效用模式，具体方法为计算 SumIutil 与 SumINutil 的和是否大于等于 minutil，如果是，则输出为高效用模式（第 2～3 行）；而判断项集是否应该继续扩展的方法为：判断索引段中 SumIutil 和 SumRutil 的值是否不小于 minutil，如果是，则扩展项集并递归地挖掘高效用模式（第 4～13 行）。

方法 4-5　IIMining

输入　前缀 P，P 的待扩展项集合 ExtensionOfP，最小效用阈值 minutil，估计效用共现结构 EUCS，索引列表结构 ILS。

输出　高效用模式。

1	对于 ExtensionOfP 中的每个项集 Px，
2	如果 Px.SumIutils + Px.SumINutils $\geq$ minutil，
3	输出项集 Px；
4	如果 Px.SumIutils + Px.SumRutils $\geq$ minutil，
5	将 Px 的待扩展项集合置为空；
6	对于 P 的待扩展项集合中的项 Py，并且 $y \succ x$，
7	如果 EUCS 中存在(x, y, c)，且 $c \geq$ minutil，
8	$Pxy \leftarrow Px \cup Py$；
9	$Pxy \leftarrow$ Construct(P, Px, Py)；
10	ExtensionOfPx $\leftarrow$ ExtensionOfPx $\cup Pxy$；
11	结束条件判断；
12	结束循环过程；
13	调用 IIMining(Px, ExtensionOfPx, minutil, EUCS, ILS)；
14	结束条件判断；
15	结束循环过程。

4.2.3　实验与分析

为了测试 HUPNI 方法的性能,本节通过扩展 SPMF 平台[113]上的开源 Java 库做了大量实验,实验运行环境的 CPU 为 3.00GHz,内存为 256GB,操作平台是 Windows10 企业版。实验使用四个真实的数据集 Mushroom、Chess、Retail 和 Kosarak,所有数据集都是从 SPMF 平台上下载的,且均含负项。Mushroom 数据集和 Retail 数据集的基本特征见表 3-6,Chess 数据集和 Kosarak 数据集的基本特征见表 3-19。

1. 实验设计

本节提出的 HUPNI 方法是第一个在增量数据集中挖掘含负项高效用模式的方法,因此找不到具有相同条件的另一方法作为对比。

迄今,现有的可以挖掘含负项高效用模式的方法都针对静态数据集。因此,本节将 HUPNI 方法与静态数据集中的方法进行比较,包括 EHIN 方法[79]和 FHN 方法[109]。THN 方法[112]挖掘含负项的 top-k 模式,本节以 Java 语言实现 THN 方法,并在不影响关键技术及数据结构的基础上,只留下处理负项的技术,并将其在对比方法中命名为 THN-N。

在动态数据集中没有可挖掘负项的方法,为此本节在增量方法 EIHI[37]中进行了进一步改进,在不改变数据结构和关键技术的基础上,将其改进为可以同时处理含正项和含负项的高效用模式挖掘方法,将改进后的方法命名为 EIHI-N。为了验证索引列表结构的有效性,还在 EIHI-N 方法中做了进一步改进,即将 EIHI 方法中的普通效用列表替换为 ILS,并将方法命名为 EIHI-II-N。同样地,IncCHUI 方法[38]可以在增量数据集中挖掘闭合高效用模式,且处理增量数据的方式与 EIHI 方法一致,都需要在每次挖掘之后,将初始数据集的效用列表和新增事务效用列表合并。本节在不影响其数据结构以及关键技术的基础上去掉了闭合约束,同时加入了处理负项的技术以与本节所提方法进行比较,且将该版本命名为 IncCHUI-N。

因此,本节实验中的对比方法有:THN-N 方法、EHIN 方法、FHN 方法、EIHI-N 方法、EIHI-II-N 方法、IncCHUI-N 方法,实验将在不同的 minutil、不同的插入率下进行,以比较所有方法的性能。实验的前提条件为,本节所提出的增量方法(HUPNI 方法、EIHI-N 方法、EIHI-II-N 方法)与静态方法(EHIN 方法、FHN 方法)在处理相同的含负项的数据集时,所得模式结果集(包括模式集以及模式的效用值)都相同,且增量方法可实现增量插入。

2. 最小效用阈值的影响

一般来说,不同的 minutil 将导致不同的运行性能,本小节将在表 4-4 所列出的不同数据集中，以各种不同的 minutil 运行对比方法，以评估不同 minutil 对方法运行时间及内存消耗的影响，结果如图 4-29～图 4-32 所示。

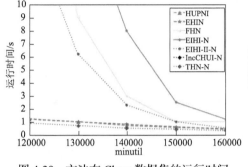

图 4-29　方法在 Chess 数据集的运行时间
（含负项高效用模式挖掘）

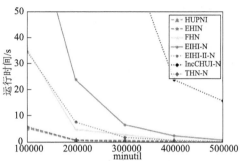

图 4-30　方法在 Mushroom 数据集的运行时间
（含负项高效用模式挖掘）

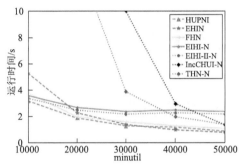

图 4-31　方法在 Retail 数据集的运行时间
（含负项高效用模式挖掘）

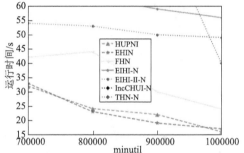

图 4-32　方法在 Kosarak 数据集的运行时间
（含负项高效用模式挖掘）

　　如图 4-29 所示，在 Chess 数据集上，THN-N 方法以微弱优势领先，HUPNI 方法与 EHIN 方法的运行时间所差无几，而 FHN 方法需要更多的运行时间；与 EIHI-N 方法相比，EIHI-II-N 方法的运行时间显著减少，并少于静态方法 FHN 方法，证明所提出的索引列表结构在减少运行时间方面有显著效果。因为 IncCHUI-N 方法所需运行时间更多，且与其余方法相差较多，所以 IncCHUI-N 方法的运行时间曲线未在图中画出。在 Mushroom 数据集上运行所有方法，EIHI-N 方法的运行时间最多，利用索引结构加快列表之间的连接操作可减少方法的运行时间，所以 EIHI-II-N 方法的运行时间要比 EIHI-N 方法少；当 minutil 较小时，使用索引列表的方法优势更加明显，而随着 minutil 的增大，方法的运行时间都在逐渐减少，如图 4-30 所示。HUPNI 方法与 EHIN 方法以及 THN-N 方法的运行时间只相差零点几秒，因此在图中几乎成为一条直线。如图 4-31 所示，Retail 数据集的特征为稀疏，平均事务长度较短，因而项集之间的连接操作变少，导致在相同的 minutil

条件下，HUPNI 方法的运行时间与静态方法几乎相同。但相对于增量方法 EIHI，使用了索引列表之后的 EIHI-II-N 方法依旧减少了运行时间。IncCHUI-N 方法的平均运行时间最长，其未使用 EUCS 策略，使得在稀疏数据集中表现较差。在 Kosarak 数据集中，如图 4-32 所示，EIHI-N 方法和 THN-N 方法与其余方法的运行时间相差较多。Kosarak 数据集的平均事务长度短，索引列表的优势没有充分体现出来，因此当以不同的 minutil 条件运行时，EHIN 方法以略微优势获胜。

增量方法不可避免地会比静态方法占用更多的内存，因此本节比较了增量方法 HUPNI、EIHI-N、EIHI-II-N 以及 IncCHUI-N 的内存消耗，图 4-33～图 4-36 展示了对比方法在数据集中的内存消耗。

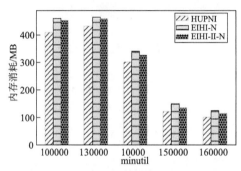

图 4-33　方法在 Chess 数据集的内存消耗
（含负项高效用模式挖掘）

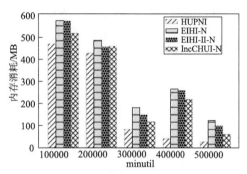

图 4-34　方法在 Mushroom 上的内存消耗
（含负项高效用模式挖掘）

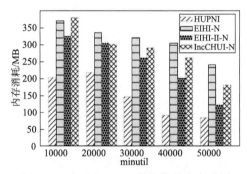

图 4-35　方法在 Retail 数据集的内存消耗
（含负项高效用模式挖掘）

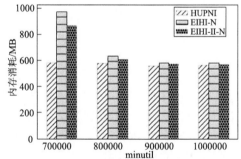

图 4-36　方法在 Kosarak 数据集的内存消耗
（含负项高效用模式挖掘）

由图中数据可知，在不同的 minutil 条件下，HUPNI 方法的内存消耗最少，EIHI-N 方法的内存消耗最多，且随着 minutil 的减少，方法的内存消耗差距更大，索引列表的优势更明显。由此证明，使用内存重用策略可减少内存消耗。IncCHUI-N 方法的内存消耗未在某些数据集中画出，该方法在运行过程中耗时过久而自动停止，因此未统计其内存消耗。

3．插入率的影响

本节将所提出方法与增量方法 EIHI-N、EIHI-II-N 和 IncCHUI-N 在不同插入率条件下比较运行时间，其中每个数据集的 minutil 值设置为之前实验中的中值。同样地，IncCHUI-N 方法没有列在某些图中是因为其运行时间过长。

对比增量方法在 Chess 数据集中的运行时间，如图 4-37 所示，随着插入批次的增多，方法的运行时间都逐渐增加。其中，HUPNI 方法的运行时间最短，相比于 EIHI-N 方法优势更加明显，且批次数越多，优势越明显。在 Mushroom 数据集中，IncCHUI-N 方法的运行时间较长，无法显示在一张图内，因此图 4-38 中没有画出在不同批次下 IncCHUI-N 方法的运行时间。从图中可以看出，在为 EIHI 方法加入索引列表之后，方法的运行时间减少，但依旧要比 HUPNI 方法性能差。原因是 EIHI 方法在挖掘过程中建立了两个效用列表，并且挖掘完之后还需将两个列表合并，成本高且费时。图 4-39 为增量方法在 Retail 数据集上的运行时间，相较于密集数据集，在稀疏数据集中，EIHI-II-N 方法和 EIHI-N 方法的运行时间相差不大，但依旧会减少，且在不同的插入率下，HUPNI 方法都有更少的运行时间。如图 4-40 所示，在 Kosarak 数据集

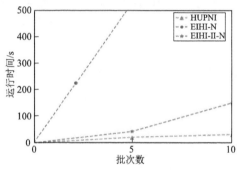

图 4-37 增量方法在 Chess 数据集的运行时间
（含负项高效用模式挖掘）

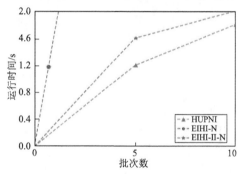

图 4-38 增量方法在 Mushroom 数据集的运行
时间（含负项高效用模式挖掘）

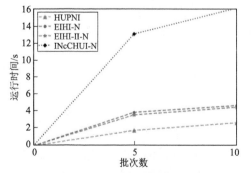

图 4-39 增量方法在 Retail 数据集的运行时间
（含负项高效用模式挖掘）

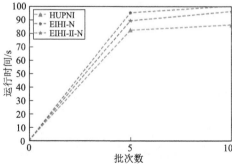

图 4-40 增量方法在 Kosarak 数据集的运行
时间（含负项高效用模式挖掘）

中，HUPNI 方法使用最少的运行时间，EIHI-II-N 方法次之，EIHI-N 方法则使用更长的运行时间，批次数越多，运行时间的差距越明显。

图 4-41～图 4-44 为增量方法在不同插入率下的内存消耗，在每个数据集中，随着批次数的增加，方法的内存消耗都在增加，因为插入批次数的增多会导致方法进行多次增量挖掘操作。从结果可以看出，在不同的插入率下，HUPNI 方法内存消耗最少，其次是 IncCHUI-N 方法，而 EIHI-N 方法内存消耗最多。原因是 HUPNI 方法中的内存重用策略可以在方法断定项集不需要再扩展时重用内存，以存储下一个有希望的候选项集，而 EIHI 方法利用 HUI-trie 来维护新挖掘的高效用模式的成本很高，因而 EIHI-N 方法在挖掘过程中需要更多的内存消耗。

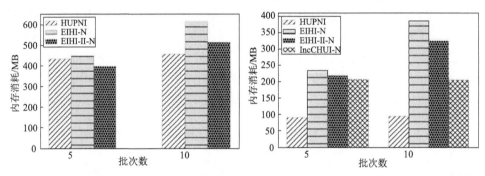

图 4-41　增量方法在 Chess 数据集的内存消耗　　图 4-42　增量方法在 Mushroom 上的内存消耗

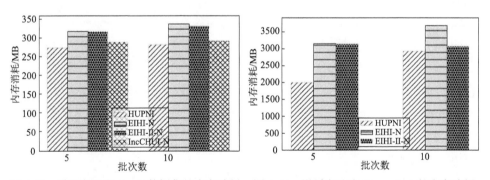

图 4-43　增量方法在 Retail 数据集的内存消耗　　图 4-44　增量方法在 Kosarak 上的内存消耗

4. 实验总结

本节在多种密集数据集和稀疏数据集上比较了各种方法的运行时间和内存消耗。对所有方法来说，当其他条件固定，minutil 逐渐变小时，方法的运行时间以及内存消耗随之增多，其中，HUPNI 方法综合表现最好。EIHI 方法和 IncCHUI 方法会耗费更多的时空性能，因为它们需要分别为初始数据集和增量数据集建立效用列表，并在挖掘完之后将其合并成一个列表。

对于增量方法,当其余条件固定,插入率不断变化时,方法的运行时间及内存消耗随着插入批次数的增多而不断增加。在所有增量方法中,HUPNI 方法表现出优异的性能,IncCHUI-N 方法次之,EIHI-II-N 方法表现相对较差,但依旧优于EIHI-N 方法,批次数越多,性能差距越明显。

综上,本节所提出的索引列表结构优于传统的效用列表结构,利用索引机制可有效加快项集之间的合并操作,而内存重用策略可以减少方法在运行过程中的内存消耗,且能在动态数据集中高效挖掘含负项高效用模式。

4.2.4 本节小结

传统高效用模式挖掘方法大多假定数据集中项的效用值均为正,但在现实生活中,商品可能会因产生亏损而带有负效用值。为了解决传统的含负项模式挖掘方法只能应用在静态数据集中的问题,本节设计了一种索引列表结构,可在数据动态插入时快速更新项的正负效用值信息。进一步依据 ILS 提出了第一种在增量数据集中挖掘含负项高效用模式的方法 HUPNI。进行了广泛的实验评估,结果证明索引列表结构优于传统效用列表,且本节所提方法在运行时间和内存消耗两方面都表现出了优异的性能,在密集数据集中表现更优。

4.3 闭合高效用模式挖掘

为了解决增量高效用模式全集挖掘方法中存在结果集冗余、数量过多、内存消耗过大等问题,本节提出增量闭合高效用模式挖掘方法,挖掘出满足用户需求的简洁无损的结果集。本节首先介绍增量闭合高效用模式挖掘方法的研究背景,并介绍其详细步骤,包括使用的列表结构和融合修剪策略;然后描述方法的相关设计流程;最后通过实验对方法效率进行验证。

4.3.1 研究背景

尽管已经提出许多有效的高效用模式挖掘方法,但是当 minutil 降低时,高效用模式的数量急剧增加,并且在这些项集中存在冗余项集,方法的性能会迅速下降。一个简单的示例是,在一个长度只有 100 的事务数据集中,如果 minutil 设置非常低,则将生成 2^{100-1} 个高效用模式[114]。为了克服传统高效用模式挖掘方法的缺点,引入闭合高效用模式,即 CHUP。CHUP 方法仅挖掘没有适当超集且具有相同支持度的高效用模式。因为挖掘 CHUP 可以比挖掘高效用模式的结果小几个数量级,同时又保持了完整性,即从这个简洁的结果集中生成所有高效用模式很简单[114]。

　　但是，在各种现实应用中，数据集不断增长，因此用于静态数据集的现有方法可能不再适合处理或提取有用的信息[99]。也就是说，静态方法在增量数据集上表现不佳，而且在增量数据集中，挖掘完整高效用模式的方法较多，结果集分析可能对用户来说比较费时。因此，IncCHUI 方法[38]是第一个研究增量闭合高效用模式挖掘的方法，通过调整传统的效用列表在初始数据集和增量数据集中存储所有单项的关键信息来引入增量效用列表结构。该方法提出了一种有效的基于哈希的方法来更新或插入找到的新闭合项集。但是在挖掘过程中，该方法并没有采用有效的修剪策略来减少列表的数量，导致大量的列表占用内存空间。

　　针对这些问题，本章提出增量闭合高效用模式挖掘(incremental closed high utility pattern mining, ICHUPM)方法，使用增量分区效用列表(incremental partition utility list, iPUL)结构和一种融合修剪策略，来加快挖掘进程和减少列表的数量。ICHUPM 方法的主要贡献如下：

　　(1)提出增量分区效用列表结构，利用分区的概念处理增量数据，有效维护列表中闭合项集的信息。

　　(2)提出融合修剪策略，在构造列表的过程中，修剪没有希望的项集，进一步控制效用上限，减少构建列表的数量。

　　(3)提出一种有效的方法，即 ICHUPM 方法，使用增量分区效用列表结构和融合修剪策略从增量数据集中挖掘闭合高效用模式，从而为用户提供一种简洁的结果表示来满足用户的需求。

　　(4)将 ICHUPM 方法与静态方法和增量闭合方法在各种数据集上进行实验，以评估 ICHUPM 方法与对比方法的效率。可以发现，ICHUPM 方法在运行时间和内存消耗两方面都有较优的性能。

4.3.2　ICHUPM 方法研究

　　ICHUPM 方法利用增量分区效用列表结构来挖掘 CHUP，并采用融合修剪策略来修剪构建列表的数量。本节首先介绍增量分区效用列表结构的构建过程，然后介绍融合修剪策略，最后详细描述方法的挖掘过程。

　　ICHUPM 方法与 4.1 节中的 IHUPM 方法相比较，具有相似的挖掘项集和构建列表结构的过程，其不同点有：

　　(1)两个方法提出的列表结构不同，ICHUPM 方法构造新的增量分区效用列表，新提出的融合修剪策略中增量 U-修剪和增量 LA-修剪应用于列表中的效用和剩余效用两个属性，增量 PU-修剪应用于分区号和分区中的效用和剩余效用之和两个属性，进一步控制效用上限，减少项集的列表数量。

（2）用于更新项集效用信息的结构不同，ICHUPM 方法使用哈希表更新闭合项集的支持度和效用值，提高了更新速度。

1. 增量分区效用列表的构建

为了将项集的关键信息存储在初始数据集以及增量数据集中，在传统的分区效用列表[26]的基础上，提出增量分区效用列表，如定义 4-4 所示。

定义 4-4（增量分区效用列表）　令 $\text{TID}_{\text{DBSet}_0}$ 为初始数据集 DBSet_0 中的事务标识符集，$\text{TID}_{\text{DBSet}_n}$ 为增量数据集中的事务标识符集，$\text{TID}_{\text{DBSet}}$（$\text{TID}_{\text{DBSet}}=\text{TID}_{\text{DBSet}_0} \cup \text{TID}_{\text{DBSet}_n}$）为更新后的整个数据集 DBSet 中的事务标识符集，数据集 DBSet 中项集 X 的增量分区效用列表表示为 $\text{iPUL}(X)$，包括两个列表：全局增量分区效用列表和局部增量分区效用列表。

全局增量分区效用列表（global incremental partition utility list, GiPUL）：为当前数据集中的每个项集 X 构建增量分区效用列表结构。每个 $\text{GiPUL}(X)$ 由多个条目组成，用于存储与 X 相关的事务信息。$\text{TID}_{\text{DBSet}}$ 表示 DBSet 中的事务标识符；$u(X, \text{TID}_{\text{DBSet}})$ 表示项集 X 在 DBSet 事务中的效用；$\text{ru}(X, \text{TID}_{\text{DBSet}})$ 表示项集 X 在 DBSet 事务中的剩余效用；$\text{Pk}(X)$ 表示项集 X 在 DBSet 中所属事务的分区号；$u(X, \text{Pk})+\text{ru}(X, \text{Pk})$ 表示分区的效用和剩余效用之和，表示为式（4-1）。

$$\text{GiPUL}(X) = \bigcup_{X \in \text{TID}_{\text{DBSet}}} \begin{matrix} (\text{TID}_{\text{DBSet}}; u(X, \text{TID}_{\text{DBSet}}); \text{ru}(X, \text{TID}_{\text{DBSet}}); \\ \text{Pk}(X); u(X, \text{Pk}) + \text{ru}(X, \text{Pk})) \end{matrix} \tag{4-1}$$

局部增量分区效用列表（partial incremental partition utility list, PiPUL）：为增量数据集中的新增项集 X' 构建的增量分区效用列表结构。$\text{PiPUL}(X')$ 由多个条目组成，用于存储与 X' 相关的事务信息。$\text{TID}_{\text{DBSet}_n}$ 表示 DBSet_n 中的事务标识符；$u(X', \text{TID}_{\text{DBSet}_n})$ 表示项集 X' 在 DBSet_n 事务中的效用；$\text{ru}(X', \text{TID}_{\text{DBSet}_n})$ 表示项集 X' 在 DBSet_n 事务中的剩余效用；$\text{Pk}(X')$ 表示项集 X' 在 DBSet_n 中所属事务的分区号；$u(X', \text{Pk})+\text{ru}(X', \text{Pk})$ 表示分区的效用和剩余效用之和，表示为式（4-2）。

$$\text{PiPUL}(X') = \bigcup_{X' \in \text{TID}_{\text{DBSet}_n}} \begin{matrix} (\text{TID}_{\text{DBSet}_n}; u(X', \text{TID}_{\text{DBSet}_n}); \text{ru}(X', \text{TID}_{\text{DBSet}_n}); \\ \text{Pk}(X'); u(X', \text{Pk}) + \text{ru}(X', \text{Pk})) \end{matrix} \tag{4-2}$$

全局增量分区效用列表结构初始为空。当读取初始数据集时，构建每个项的列表结构，添加到全局增量分区效用列表结构中。当读取增量数据集时，首先对新增事务中的项进行 TWU 升序排列，即 $\text{Tnew}'=\{X_1, X_2, \cdots, X_n\}$，然后对第一个项构建列表，如果 $\text{iPUL}(X_1)$ 在 GiPUL 中不存在，则创建其 PiPUL，并将其添加到全局增量分区效用列表中。如果 $\text{iPUL}(X_1)$ 在 GiPUL 中已存在，则在其全局增量分区效用列表中插入新条目 {TID, u, ru, Pk, $u(X_1,\text{Pk}) + \text{ru}(X_1,\text{Pk})$}。

例 4-4　设 minutil=50，首先，在初始数据集 DBSet_0 中（表 2-4），项 D 的效用 $u(D)$=12<minutil，效用和剩余效用之和 $u(D) + \text{ru}(D) = u(D, P_1) + \text{ru}(D, P_1) + u(D, P_2) + \text{ru}(D, P_2) + u(D, P_3) + \text{ru}(D, P_3) = 4+16+5+8+3+8 = 44 <$ minutil，因此项 D 在初始数据集中为低效用项集。扫描增量数据集 DBSet_1 和 DBSet_2，项 D 的效用 $u(D)$=22<minutil，但是，效用和剩余效用之和 $u(D)+\text{ru}(D)=44+u(D, P_4) + \text{ru}(D, P_4) + u(D, P_5) + \text{ru}(D, P_5) = 44+3+16+7+4 = 74>$ minutil，因此项 D 的扩展项集视为潜在高效用模式。然后，在项 D 和项 E 的列表中，探索具有相同事务标识符的事务，生成 2-项集 DE，效用值 $u(DE)$=68>minutil，因此项集 DE 为高效用模式。在 DE 的增量分区效用列表结构中，第一个条目<$\text{TID}_{\text{DBSet}}, u(X, \text{TID}_{\text{DBSet}})$, $\text{ru}(X, \text{TID}_{\text{DBSet}}), \text{Pk}(X), u(X, \text{Pk}) + \text{ru}(X, \text{Pk})$>分别为<$T_2, 19, 0, P_1, 19$>，因为项集 DE 所在的具有相同标识符的第一个事务为 T_2，项集 DE 在事务 T_2 的效用 $u(DE, T_2)$=19，项集 DE 在事务 T_2 的剩余效用 $\text{ru}(DE, T_2)=\text{ru}(E, T_2)=0$，所在分区号为 P_1，分区的效用和剩余效用之和 $u(DE, P_1)+\text{ru}(DE, P_1)=19$，之后条目的构造过程相似。项集 ADE 的构造过程与项集 DE 的构造过程相似，本节不再详细描述。综上，项集 DE 和项集 ADE 列表的构造过程如图 4-45 所示。

例 4-5　设 minutil=10，讨论闭合高效用模式。项集 ADE 的子集有 AD、AE、DE，因为项集 ADE 的支持度 $\sup(ADE)$=0.3，项集 AD 的支持度 $\sup(AD)$=0.4>$\sup(ADE)$=0.3，项集 AE 的支持度 $\sup(AE)$=0.3=$\sup(ADE)$=0.3，项集 DE 的支持度 $\sup(DE)$=0.7>$\sup(ADE)$=0.3，所以项集 AD、DE 为闭合高效用模式，项集 AE 不是闭合高效用模式，删除 AE。同理，项集 AD 的子集有 A、D，因为项集 AD 的支持度 $\sup(AD)$=0.4，项集 A 的支持度 $\sup(A)$=0.4= $\sup(AD)$= 0.4，项集 D 的支持度 $\sup(D)$=0.9>$\sup(AD)$=0.4，所以项集 D 为闭合高效用模式，项集 A 不是闭合高效用模式，删除 A，此过程如图 4-46 所示。

2. 融合修剪策略构建

本节提出一种融合修剪策略来修剪没有希望的项集。首先，构造 k-项集的增量分区效用列表，应用增量 U-修剪策略[38]来修剪项集，列表中所有效用值和剩余效用值的总和提供有关是否应修剪该项集的关键信息[16]；其次，构造 k-项集（$k\geqslant$ 2）的扩展项集的增量分区效用列表过程中，应用增量 PU-修剪策略修剪扩展项集，该策略应用分区概念提供是否修剪该扩展项集的关键信息；最后，在满足增量 PU-修剪策略的基础上，增量 LA-修剪策略为扩展项集提供更严格的效用上限[26]，从而减少构建的列表数量，以提高方法的性能。

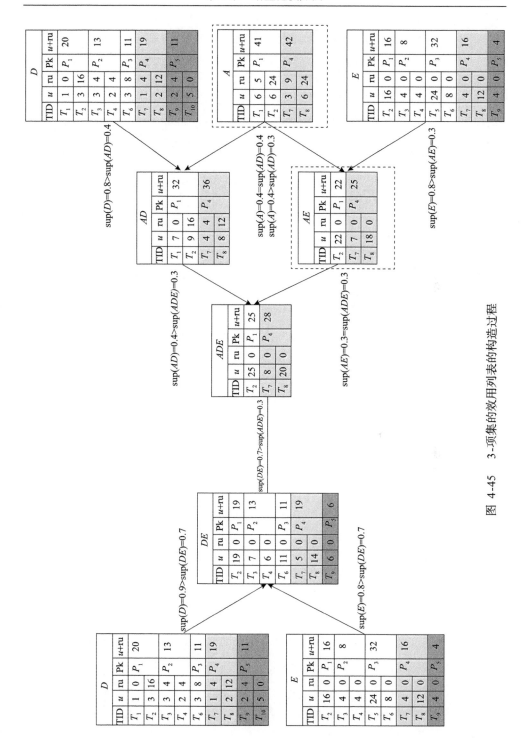

图 4-45　3-项集的效用列表的构造过程

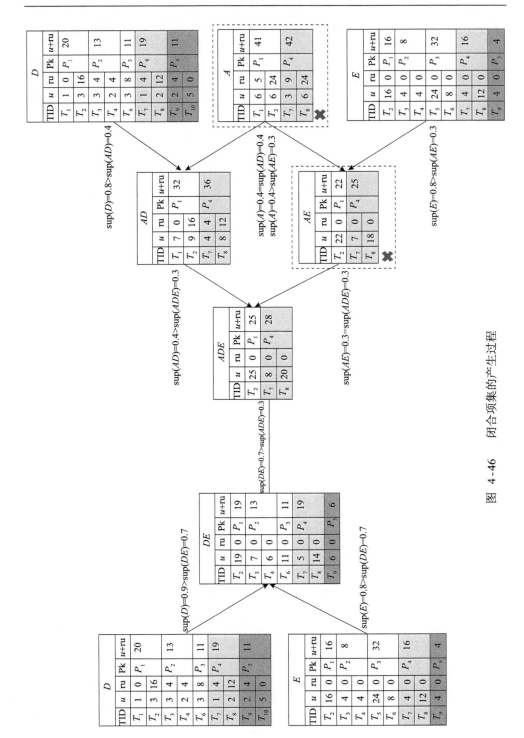

图 4-46　闭合项集的产生过程

策略 4-4(增量 U-修剪策略[9]) 在更新后的整个数据集 DBSet 中，项集 X 的效用 $u(X_{\mathrm{DBSet}})$ 和剩余效用 $\mathrm{ru}(X_{\mathrm{DBSet}})$ 的和等于初始数据集 DBSet_0 中项集 X 的效用值 u 和剩余效用值 ru 加上增量数据集 DBSet_n 中项集 X 的效用值 u 和剩余效用值 ru 的总和，如式(4-3)所示。如果 $u(X_{\mathrm{DBSet}}X_D)+\mathrm{ru}(X_{\mathrm{DBSet}}X_D)$ 的和小于 minutil，则 X 及其扩展项集是低效用项集。

$$
\begin{aligned}
u(X_{\mathrm{DBSet}})+\mathrm{ru}(X_{\mathrm{DBSet}}) = & \sum_{X\in\mathrm{TID}_{\mathrm{DBSet}_0}}\Big(u(X,\mathrm{TID}_{\mathrm{DBSet}_0})+\mathrm{ru}(X,\mathrm{TID}_{\mathrm{DBSet}_0})\Big) \\
& + \sum_{X\in\mathrm{TID}_{\mathrm{DBSet}_n}}\Big(u(X,\mathrm{TID}_{\mathrm{DBSet}_n})+\mathrm{ru}(X,\mathrm{TID}_{\mathrm{DBSet}_n})\Big)
\end{aligned}
\tag{4-3}
$$

策略 4-5(增量 PU-修剪策略) 在初始数据集 DBSet_0 和增量数据集 DBSet_n 中，给定两个项集 X 和 Y，如果项集 Y 所在的分区效用大于 0，则项集 X 所在相对应的分区效用与剩余效用总和 SUM 小于 minutil，项集 XY 及其超集都不是高效用模式，如式(4-4)所示。

$$
\begin{aligned}
\mathrm{SUM} = & \sum_{\mathrm{up}(Y,\mathrm{Pk}_{\mathrm{DBSet}_0})>0}\Big(\mathrm{up}(X,\mathrm{Pk}_{\mathrm{DBSet}_0})+\mathrm{rup}(X,\mathrm{Pk}_{\mathrm{DBSet}_0})\Big) \\
& + \sum_{\mathrm{up}(Y,\mathrm{Pk}_{\mathrm{DBSet}_n})>0}\Big(\mathrm{up}(X,\mathrm{Pk}_{\mathrm{DBSet}_n})+\mathrm{rup}(X,\mathrm{Pk}_{\mathrm{DBSet}_n})\Big)
\end{aligned}
\tag{4-4}
$$

策略 4-6(增量 LA-修剪策略) 在初始数据集 DBSet_0 和增量数据集 DBSet_n 中，给定两个项集 X 和 Y，如果项集 X 的效用和剩余效用总和减去包含 X 却不包含 Y 的事务中项集 X 的效用和剩余效用之和的值 SUM′小于 minutil，则项集 XY 及其扩展项集都不是高效用模式，如式(4-5)所示。该属性为包含 Y 的所有项 X 提供更严格的效用上限。

$$
\begin{aligned}
\mathrm{SUM}' = & \left(\sum_{\forall T_i\in\mathrm{DBSet}_0}u(X,T_i)+\mathrm{ru}(X,T_i)-\sum_{\forall T_j\in\mathrm{DBSet}_0,X\subseteq T_j\ \wedge\ Y\not\subset T_j}u(X,T_j)+\mathrm{ru}(X,T_j)\right) \\
& + \left(\sum_{\forall T_i\in\mathrm{DBSet}_n}u(X,T_i)+\mathrm{ru}(X,T_i)-\sum_{\forall T_j\in\mathrm{DBSet}_n,X\subseteq T_j\ \wedge\ Y\not\subset T_j}u(X,T_j)+\mathrm{ru}(X,T_j)\right)
\end{aligned}
\tag{4-5}
$$

例 4-6 假设 minutil=50，首先扫描初始数据集 DBSet_0，考虑项 D 及其扩展项集。如图 4-45 所示，$u(D_{\mathrm{DBSet}_0})+\mathrm{ru}(D_{\mathrm{DBSet}_0})=20+13+11=44<50$，应用策略 4-4 修剪 D 且不探索其扩展项集，然后扫描增量数据集 DBSet_1 和 DBSet_2，$u(D_{\mathrm{DBSet}_0})+\mathrm{ru}(D_{\mathrm{DBSet}_0})+u(D_{\mathrm{DBSet}_n})+\mathrm{ru}(D_{\mathrm{DBSet}_n})=(20+13+11)+(19+11)=44+30=74>50$，应用策略 4-4 无法修剪 D。探索项 D 的扩展项集 DE，应用策

4-5，可得

$$\sum_{\text{up}(Y,\text{Pk}_{\text{DBSet}_0})>0}(\text{up}(X,\text{Pk}_{\text{DBSet}_0})+\text{rup}(X,\text{Pk}_{\text{DBSet}_0}))=74>50$$

因此无法修剪 DE。应用策略 4-6，有

$$\sum_{\forall T_i\in\text{DBSet}_0}u(X,T_i)+\text{ru}(X,T_i)-\sum_{\forall T_j\in\text{DBSet}_0,X\subseteq T_j\wedge Y\not\subset T_j}u(X,T_j)+\text{ru}(X,T_j)=74-1-5=68>50$$

因此，项集 DE 在初始数据集中不是高效用模式，但是在扫描 DBSet_1 和 DBSet_2 后，项集 DE 为高效用模式。

3. ICHUPM 方法设计与实现

ICHUPM 方法利用增量分区效用列表结构来挖掘 CHUP，并采用融合修剪策略来修剪构建列表的数量，包括以下四个步骤。

步骤 1　方法仅扫描一次初始数据集 DBSet_0 和增量数据集 DBSet_n，以建立相应的 GiPUL 和 PiPUL。对于每个项 i，如果在 GiPUL 中不存在其列表，则方法创建其 PiPUL，并添加到 GiPUL 中。然后，该方法创建事务 T 的元组并插入项 i 的列表中。如果在 GiPUL 中存在其列表，则直接创建事务 T 的元组并插入项 i 的列表中。在 GiPUL 中递归构建 1-项集的 k 个分区，使用增量 PU-策略来有效修剪低效用项集。如果有用户的挖掘请求，则调用 CHUI-Miner 方法，递归挖掘闭合高效用模式。然后，方法从闭合的哈希列表（closed hash table，CHT）中输出结果。

步骤 2　在项集 Px 和 Py 的全局列表中，对于每个元组，寻找相同的事务标识符，构造项集 Pxy 的增量分区效用列表，在此过程中，应用增量 U-修剪策略删除低效用项集。增量 LA-修剪策略在构造单个列表时应用，以检查事务 T_i 是否包含 Px 但不包含 Py。如果发现此检查是正确的，则该方法会减去相关事务的效用值。如果在挖掘过程中结果值降至 minutil 以下，则终止 Pxy 的列表构造。

步骤 3　探索 Px 的扩展项集，首先评估 Px 是否满足增量 U-修剪策略，然后调用"先前检查"过程来检查 Px 是否包含在先前找到的闭合项集中。如果是，则不需要探索 Px 的超集，否则，搜索过程将 Px 与每个项 y 结合（y 属于后缀项集），以形成项集 Pxy，构造 Pxy 的增量分区效用列表。在此过程中，评估项集 Pxy 是否满足增量 PU-修剪策略。另外，判断项集 Px 和 Pxy 的支持度，如果项集 Px 的支持度 $\sup(Px)>\sup(Pxy)$，则项集 Px 是闭合高效用模式，检查在闭合列表 CHT 中是否存在 Px。如果存在，则更新其效用和支持度，否则，将其放入 CHT，项集 Px 不是闭合高效用模式。

步骤 4　然后递归调用 CHUI-Miner 方法，以继续探索 *Pxy* 的扩展项集，判断项集的支持度和效用值来获取所有的 CHUP。

方法 **4-6**　CHUI-Miner

输入　项集 *P*，*P* 的前缀扩展项集集合 PreSet(*P*)；*P* 的后缀扩展项集集合 PostSet(*P*)。

输出　闭合高效用模式。

1	对于每个属于 PostSet(*P*)的项 *x*，
2	$Px \leftarrow P \cup x$；
3	构建 GiPUL(*Px*)；
4	如果(sumEU(Px_{DBSet_0}) + sumRU(Px_{DBSet_0}) + sumEU(Px_{DBSet_n}) + sumRU(Px_{DBSet_n})) ≥ minutil，
5	如果 IsSubsumedCheck(*Px*, PreSet(*P*)) = False，
6	对于 PostSet(*P*)中的每个项 *y*，其中 $y \succ x$，
7	如果 TidSet(*Px*) ⊆ TidSet(*y*)，
8	对于 GiPUL 中 *Px* 之后的每个增量区分列表 *y*，
9	如果 up(*y*, Px_{DBSet_0})>0 或者 up(*y*, Px_{DBSet_n})>0，
10	如果 up(*Px*, Px_{DBSet_0})+rup(*Px*, Px_{DBSet_0})+ up(*Px*, Px_{DBSet_n})+rup(*Px*, Pk_{DBSet_n})≥minutil，
11	$Pxy \leftarrow Px \cup Py$；
12	构建 iPUL(*Pxy*)；
13	结束条件判断；
14	结束条件判断；
15	结束循环过程；
16	结束条件判断；
17	结束循环过程；
18	如果 sup(*Pxy*)<sup(*Px*)，
19	*Px* 是闭合高效用的；
20	如果 *Px*∈CHT；
21	更新 *Px* 的支持度和效用；
22	否则，
23	*Px* 放入 CHT 中；
24	结束条件判断；
25	如果 sup(*Pxy*) ≥ sup(*Px*)，

26	Px 不是闭合高效用的;
27	结束条件判断;
28	PreSet(Pxy) ← PreSet(P)，PostSet(Pxy) ←postSetInner;
29	调用 CHUI(Pxy, PreSet(Pxy), PostSet(Pxy));
30	结束条件判断;
31	结束循环过程。

方法 4-7　IsSubsumedCheck

输入　项集 Y，Y 的后缀扩展项集集合 PostSet(Y);

输出　如果 Y 包含在已存在的闭合高效用模式中，则返回 True；否则，返回 False。

1	对于 PreSet(Y)中的每个项 J,
2	如果 TidSet(Y) ⊆ TidSet(J),
3	返回 True;
4	结束条件判断;
5	结束循环过程;
6	返回 False。

从挖掘闭合高效用模式的角度分析 ICHUPM 方法的时间复杂度：令数据集中不同项的数量为 n。在该方法中通过递归调用 CHUI-Miner 子方法来挖掘所有 CHUP。该过程的时间复杂度与 IsSubsumedCheck 过程被调用的次数成正比，与在该搜索空间中未被方法修剪的项集的数量成正比[24]。在最坏的情况下，ICHUPM 方法中提出的修剪属性不会修剪任何项集，并且新增加的事务包含所有项。然后，ICHUPM 方法必须在搜索空间中考虑 2^n-1 个项集。因此，最坏情况下的时间复杂度为 $O(2^n-1)$。

4.3.3　实验与分析

本节进行各种实验，对比方法为增量闭合方法 IncCHUI[39]、静态闭合方法 CHUI-Miner[35]、CHUD 方法[22]和 EFIM-Closed 方法[47]。CHUD 方法[22]采用项集-尾集的方式遍历树(itemset-tidset pair tree, IT-Tree)查找 CHUP。CHUI-Miner 方法[35]采用传统的效用列表结构，直接计算项集的效用而不产生候选项集，这是第一个挖掘 CHUP 的一阶段方法。EFIM-Closed 方法[47]利用数据集投影技术和事务合并技术来降低扫描数据集的成本。

1. 实验环境和数据集

在评估测试中，所有方法均以 Java 语言实现。本节使用的数据集为 SPMF 平台上提供的 Retail 数据集、Mushroom 数据集、Foodmart 数据集、Connect 数据集、Chess 数据集、Kosarak 数据集。Retail 数据集、Mushroom 数据集和 Connect 数据集的基本特征见表 3-6，Foodmart 数据集的基本特征见表 4-1，Chess 数据集和 Kosarak 数据集的基本特征见表 3-19，Chainstore 数据集来自美国加利福尼亚州一家主要杂货店的顾客事务数据集，表 4-4 给出 Chainstore 数据集的基本特征。

表 4-4 Chainstore 数据集的基本特征

数据集	事务数	项数	平均事务长度	数据集密度/%	数据集类型
Chainstore	1112949	46086	7.26	0.02	稀疏

2. 时空性能比较

当最小效用阈值发生变化时，在六个数据集上运行所有方法，以将本节所提方法与四个对比方法的运行时间和内存消耗进行比较，结果如图 4-47～图 4-58 所示。

CHUD 方法在所有数据集上具有最大的运行时间和内存消耗，因为这是一种两阶段方法，需要反复扫描数据集以计算其效用，需要大量的运行时间，在挖掘过程中，会产生大量的候选项集，故内存消耗最多。而本节提出的 ICHUPM 方法只需要一次扫描数据集即可，当扫描增量数据集时，只在全局增量分区效用列表中构建或更新列表信息。CHUI-Miner 方法在运行时间和内存消耗上的表现次之，因为该方法使用传统的效用列表结构，需要两次数据集扫描，在搜索空间中完全构建所有项集的效用列表，运行时间和内存消耗较多。图 4-57 中，EFIM-Closed 方法的运行时间最短，因为该方法采用了数据集投影和事务合并等技术来降低数据集扫描的成本。但是在其他图中，EFIM-Closed 方法比后两种方法运行时间长的原因是，这些技术需要昂贵的数据集排序操作来识别重复的事务，降低了方法的性能。与其他方法相比，EFIM-Closed 方法内存消耗较少，因为该方法生成的投影数据集由于事务合并而变得非常小，尤其是在小而短的事务数据集上，不需要在内存中维护很多信息。IncCHUI 方法是第一个增量闭合方法，使用增量效用列表结构来挖掘闭合高效用模式，但是该方法在挖掘过程中采用的修剪策略较少，修剪低效用项集的效用列表结构的效果不佳，因此运行时间和内存消耗的性能都比本节所提方法差。从图中可以清楚地看出，本节提出的 ICHUPM 方法的性能明显优于最新方法。因为 ICHUPM 方法根据不同的数据集密度设置不同的分区 k，在分区中挖掘闭合高效用模式，并在挖掘过程中合理运用修剪策略，在早期对没有希望项集的效用列表进行修剪，在一定程度上减少了运行时间和内存消耗。但是，从图中可以看出，ICHUPM 方法和 IncCHUM 方法的内存消耗相差不是很明显，因为它们都保留其他与列表有关的信息以供挖掘。

　　整体而言，当最小效用阈值设置为最小值时，ICHUPM 方法在运行时间方面平均比 CHUD 方法、CHUI-Miner 方法、EFIM-Closed 方法和 IncCHUI 方法提高了 2.3 倍；在内存消耗方面，ICHUPM 方法平均比 CHUD 方法、CHUI-Miner 方法、EFIM-Closed 方法和 IncCHUI 方法提高了 2.0 倍。本节提出的 ICHUPM 方法在运行时间和内存消耗上呈现出最佳的性能。

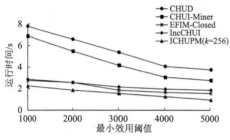

图 4-47　Foodmart 数据集上的运行时间
（闭合高效用模式挖掘）

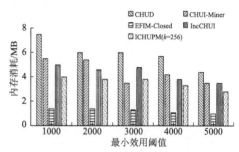

图 4-48　Foodmart 数据集上的内存消耗
（闭合高效用模式挖掘）

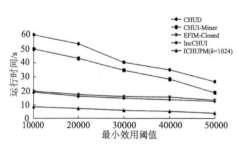

图 4-49　Mushroom 数据集上的运行时间
（闭合高效用模式挖掘）

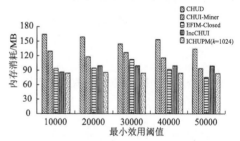

图 4-50　Mushroom 数据集上的内存消耗
（闭合高效用模式挖掘）

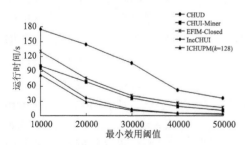

图 4-51　Retail 数据集上的运行时间
（闭合高效用模式挖掘）

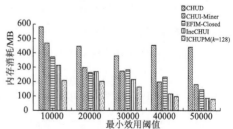

图 4-52　Retail 数据集上的内存消耗
（闭合高效用模式挖掘）

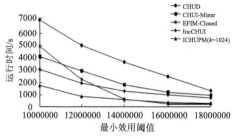

图 4-53　Connect 数据集上的运行时间
（闭合高效用模式挖掘）

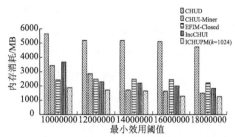

图 4-54　Connect 数据集上的内存消耗
（闭合高效用模式挖掘）

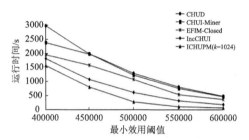

图 4-55　Chess 数据集上的运行时间
（闭合高效用模式挖掘）

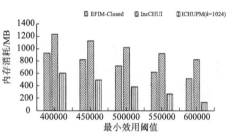

图 4-56　Chess 数据集上的内存消耗
（闭合高效用模式挖掘）

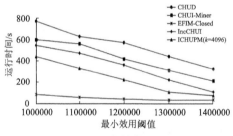

图 4-57　Kosarak 数据集上的运行时间
（闭合高效用模式挖掘）

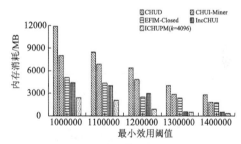

图 4-58　Kosarak 数据集上的内存消耗
（闭合高效用模式挖掘）

3. 构建的效用列表数量比较

图 4-59～图 4-64 展示 ICHUPM 方法与 IncCHUI[24]方法在数据集上构建效用
列表的数量。根据数据集的密集程度，设置不同的分区总数 k，从图中可以清楚
地看出，本节所提方法的性能明显优于最新挖掘增量 CHUP 方法 IncCHUI，因为
ICHUPM 方法在挖掘过程中应用了一种融合策略。首先，融合策略中的 TWU-修
剪策略删除没有希望的 1-项集；然后，在列表的构造过程中，U-修剪策略运用效
用和剩余效用之和删除没有希望的 2-项集；最后，PU-修剪策略和 LA-修剪策略

进一步缩小效用上限，及时停止构造没有希望的项集的列表，删除没有希望的 k-项集 $(k > 2)$。在图 4-59～图 4-64 中，当最小效用阈值设置为最小值时，ICHUPM方法的列表数量比 IncCHUI 方法的列表数量分别减少了 78%、12%、57%、49%、36%、70%；当最小效用阈值设置为最大值时，ICHUPM 方法的列表数量比IncCHUI 方法的列表数量分别减少了 94%、46%、25%、89%、83%、64%，总体呈下降的趋势。可以看出，ICHUPM 方法应用的修剪策略有效地修剪了没有希望的项集，从而减少了效用列表的数量。

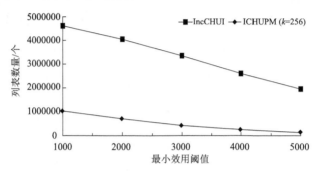

图 4-59　Foodmart 数据集上的列表数量

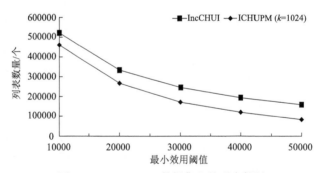

图 4-60　Mushroom 数据集上的列表数量

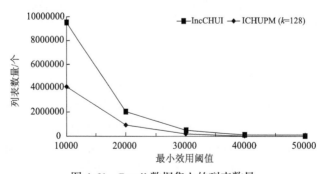

图 4-61　Retail 数据集上的列表数量

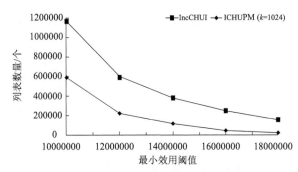

图 4-62　Connect 数据集上的列表数量

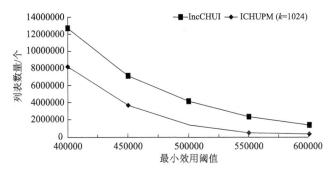

图 4-63　Chess 数据集上的列表数量

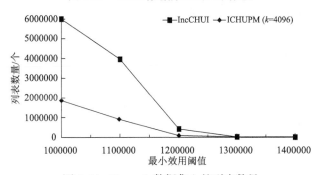

图 4-64　Kosarak 数据集上的列表数量

4. 可扩展性测试

本节进行可扩展性测试，首先将 20%数据集中的事务作为初始数据集，然后将剩余部分作为增量数据集。

图 4-65～图 4-68 展示了测试结果，IncCHUI 方法[24]和 ICHUPM 方法的运行时间为处理每个递增部分的时间，同时，EFIM-Closed 方法[80]的运行时间是累积的运行时间。从图中可以看到，当数据集逐渐增加时，这三种方法需要更多的运行时间，在图 4-65 和图 4-67 中，因为 EFIM-Closed 方法的运行时间过长，所以时间结果没有在图中表示，其中 ICHUPM 方法具有最佳的可扩展性。

在内存消耗方面，ICHUPM 方法的内存消耗在 Chainstore 数据集和 Accidents 数据集上先呈线性增加，后增加速度变缓。通常，对于所有方法，内存消耗的趋势会根据所使用的数据集、方法所采用的结构以及挖掘过程中生成的候选项集总数而变化很大[24]。Chainstore 数据集是一个大型的稀疏数据集，因为 EFIM-Closed 方法是静态方法，所以受其性能限制，当 Chainstore 数据集增加到 60%，该方法内存消耗过多。因此，在图 4-66 中，当数据集大小为 60%、80% 和 100% 时，EFIM-Closed 方法的内存消耗结果没有在图中表示。IncCHUI 方法的内存消耗较多，因为它使用修剪策略的修剪效果不佳，需要更多的内存来存储效用列表。在密集数据集 Accidents 上，当数据集大小为 80% 时，EFIM-Closed 方法内存消耗增加。因此，在图 4-68 中，当数据集大小为 80% 和 100% 时，EFIM-Closed 方法的内存消耗结果没有在图中表示。在这两个数据集上，ICHUPM 方法的总内存消耗最少，因为在挖掘过程中，该方法运用一种融合修剪策略来修剪没有希望的项集，进而删除大量的增量分区效用列表，从而减少了内存消耗。总而言之，与对比方法相比，ICHUPM 方法随着数据集的增加显示出最佳的可扩展性。

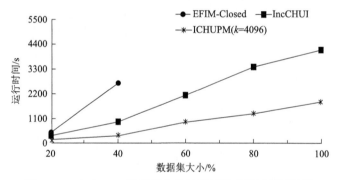

图 4-65　Chainstore 数据集上的运行时间（可扩展性测试）

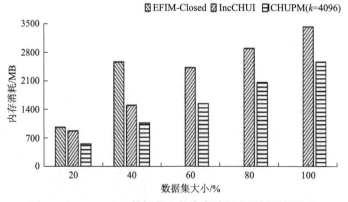

图 4-66　Chainstore 数据集上的内存消耗（可扩展性测试）

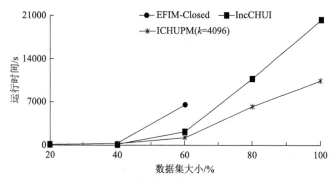

图 4-67　Accidents 数据集上的运行时间（可扩展性测试）

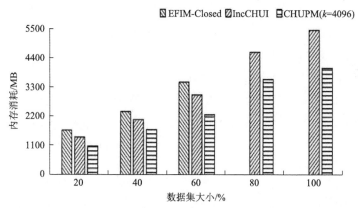

图 4-68　Accidents 数据集上的内存消耗（可扩展性测试）

4.3.4　本节小结

　　本节提出了一种新的增量闭合高效用模式挖掘方法，以及基于增量分区效用列表数据结构，该方法采用一种融合修剪策略来修剪没有希望的项集，在减少效用列表数量方面有明显的作用。来自各种数据集的实验结果表明，与 IHUPM 方法相比，在相同数据集中 ICHUPM 方法的挖掘结果集更小，内存消耗更少；与以前的闭合方法相比，ICHUPM 方法可以从增量数据集中更有效地挖掘闭合高效用模式。但是，数据集中的平均事务长度、最大事务长度和事务中包含的项的数量等都不一致，因此数据集的密集程度有差别，从而方法在不同数据集上设置合适的分区 k 比较有难度。

4.4　含负项闭合高效用模式挖掘

　　4.2 节提出的含负项高效用模式挖掘方法虽然可以从动态数据集中挖掘含负项的高效用模式，但是在结果集中包含大量的冗余模式。为了解决这个问题，本节提出在增量数据集中挖掘含负项闭合高效用模式(mining closed high utility pattern with negative items in dynamic datasets, CHUPNI)方法,可提供一种简洁的、无损的精简模式,便于用户使用。

4.4.1　研究背景

在传统高效用模式挖掘方法中,根据用户定义的最小效用阈值,挖掘出的高效用模式集可能非常大。在通常情况下,方法产生的高效用模式越多,其时空消耗越大。这个问题可以通过挖掘闭合高效用模式来解决,它是高效用模式的无损压缩表示,挖掘的目的是避免产生大量的冗余模式。闭合高效用模式 X 必须满足两个约束:首先,X 必须为高效用模式;其次,不存在 X 的超集 Y 的支持度与 X 的支持度相同的情况,那么 X 为闭合高效用模式。

在挖掘闭合高效用模式的方法中,IncCHUI 方法[38]执行增量式的挖掘,是第一个在动态数据集中挖掘闭合高效用模式的方法。该方法提出一个增量效用列表结构,是传统效用列表结构的改进版本,且在一次数据集扫描后即可构建该结构。此外,还提出了一种有效的基于哈希的方法来更新或插入新挖掘的闭合项集。CLS-Miner 方法[53]采用传统效用列表结构,需要扫描两次数据集来构建效用列表,适用于处理密集数据集。

挖掘闭合高效用模式的问题已取得了大量的研究成果,然而对研究成果的回顾表明,目前能够处理负项的方法并没有考虑闭合约束来精简结果集,从而减少了时空消耗。为了解决这个问题,本节提出一种在增量数据集中挖掘包含负项的闭合高效用模式的方法,称为 CHUPNI 方法,并设计了一种合并索引列表结构(merge index list structure, MIS)来维护数据的动态更新,具体来说,本节的主要内容如下:

(1)提出一种合并索引列表结构来适应数据的动态更新,存储新增数据的结束索引,以应用增量挖掘过程中的早期修剪策略,并通过重用无用项集所占用的空间来减少内存消耗。

(2)提出在增量数据集中挖掘含负项闭合高效用模式的方法。查阅文献可知,现有能够处理负项的技术并没有在动态数据集中使用,也没有考虑闭合约束。

(3)为了评估本节所提方法在具有不同特征的数据集上的运行性能,做了大量的实验。在实验中,将 CHUPNI 方法的性能与较新的挖掘负项的方法以及挖掘闭合模式的方法进行比较,并以批处理模式运行。实验结果表明,本节所提方法非常有效,在时空方面的性能超过了以前的方法。

4.4.2　CHUPNI 方法研究

本节提出一种在数据集中增量挖掘含负项的闭合高效用模式方法,即 CHUPNI

方法，在该方法中设计使用一种新颖的合并索引列表结构，该结构旨在加快项集之间的连接操作，并有效地管理内存空间。

1. 合并索引列表结构

合并索引列表结构在 4.2 节中提出的 ILS 的基础上加入了一个新的结束索引，以此来应用早期修剪策略。MIS 包括数据元组可重用的数据段以及索引段，索引段的具体内容如定义 4-5 所示。

定义 4-5（索引段（MIS.index）） 索引段被定义成形式为（Item, StartPosO, EndPosO, EndPosN, SumIutilO, SumINutilO, SumRutilO, SumIutilN, SumINutilN, SumRutilN）的元组，每个项都有这样一个索引段结构。StartPosO 和 EndPosO 元素分别代表没有插入新数据时数据段中项的开始索引和结束索引，而 EndPosN 代表插入新数据时项的结束索引；SumIutilO 和 SumRutilO 元素存储的是未插入新数据时项集中正项的 iutil 和 rutil 之和，SumINutilO 存储的是数据集没有更新时项集中负项的效用值。而与之对应的 SumIutilN、SumINutilN、SumRutilN 则为新增数据中的相关效用值信息。

索引结构的设置可以解释为：分别设置插入新批次之前和之后项的索引值以及效用值，可以使用早期修剪策略：即项集如果没有出现在新增数据中，则在探索高效用模式时被修剪。早期的修剪策略可以解释如下：如果项集 X 没有出现在新增数据 N 中，则 X 的扩展也没有出现在 N 中，所以无须探索 X 的任何扩展。因此，在结构中，设置 SumIutilO、SumINutilO 和 SumRutilO 记录数据插入新批次之前的效用值信息，而其余参数记录了新批次中数据的效用值。

当方法认为搜索空间中的项集是一个潜在的高效用模式，并可以通过扩展来寻找其他的高效用模式时，可以通过读取 MIS 中 StartPos 到 EndPos 位置的值来快速获得这一项集的信息。项集 X 的数据段表示为 MIS.index(X)。

因此，MIS 由数据段 MIS.data 和索引段 MIS.index 组成，其中数据段存储事务信息，索引段存储关于项集在数据段中的存储位置及其效用值的信息。索引段可用于快速查找项集的数据信息，并可根据效用值信息快速修剪。

在进行项集合并操作时，与传统效用列表相比，MIS 的优点有：

（1）在合并项集时，MIS 可以根据索引位置快速找到相应的数据元组，而传统效用列表必须在内存空间中按顺序或按二分法寻找。

（2）当方法确定项集需要被修剪时，MIS 回收并重用无希望项集的内存空间来存储下一个候选项集的信息，而传统效用列表则不做任何处理。

例如，当合并项集 X 和 Y 时，如果 X 出现在事务 1、2、3 中；而项集 Y 出现在事务 2、3、5 中。根据已知信息，使用传统效用列表和使用 MIS 的过程如图 4-69 所示，其中箭头和数字分别代表搜索路径和顺序。

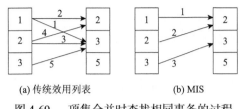

(a) 传统效用列表　　　　　(b) MIS

图 4-69　项集合并时查找相同事务的过程

2. 维护更新机制

本节将具体说明当新数据被插入时，MIS 的维护机制以及闭合项集的更新。当增量数据被插入时，该方法扫描增量数据并利用它来更新 MIS，具体来说就是扫描新的事务数据集并获得每个项的事务信息和效用值信息。对于增量数据集中的每个项集 X，方法检查 X 是否已经存在于索引段中，如果不存在，则在当前数据段的末尾插入 X 的数据段元组，并创建一个新的 X 的索引段，同时更新索引值信息和效用值信息；如果 X 的索引段已经存在，则找到 X 的结束索引 EndPosO，在 EndPosO 对应的数据段位置之后插入 X 的新数据元组，记录 X 插入新数据元组后的索引值 EndPosN，并更新 X 之后索引段中的索引值信息和效用值信息。

例如，图 4-70 显示了插入增量数据集 DBSet$_1$ 后的 MIS。图 4-70 (a) 显示了更新后的数据段，白色的数据段是更新前的数据段。当新的数据出现时，方法只扫描新增部分的数据，并将其添加到 MIS 中，即数据段中的灰色部分。具体的更新是通过在索引段中找到相应项集的结束索引 EndPosO，并在 EndPosO 之后插入新的数据段，同时更新索引段中新数据元组的索引值信息和效用值信息。图 4-70 (b) 显示了项 A 的索引段。根据索引值信息，可以看到初始数据中项 A 的数据段为 $\{1, 15, 0, 30\}, \{2, 5, 0, 16\}$，扫描完新数据后，在其后面插入数据段 $\{5, 10, 0, 0\}$ 和 $\{6, 15, 0, 6\}$；同时，在项 A 的索引段中更新 EndPosN 为 4，同样更新 SumIutilN 为 25，更新 SumINutilN 为 0，并更新 SumRutilN 为 6。

1	2	5	6	2	3	4	1	2	3	6	3	4	3	4
15	5	10	15	10	10	20	30	6	36	6	0	0	0	0
0	0	0	0	0	0	0	0	0	0	0	−3	−3	−4	−2
30	16	0	6	11	36	0	0	0	0	0	0	0	0	0

Item=A
StartPosO=0
EndPosO=2
EndPosN =4
SumIutilO=20
SumINutilO=0
SumRutilO=46
SumIutilN= 25
SumINutilN=0
SumRutilN=6

(a) 更新后的数据段　　　　　　　　　　　(b) 项 A 的索引段

图 4-70　插入 DBSet$_1$ 之后的 MIS

随着数据的不断插入，闭合高效用模式可能会发生变化，例如，在初始数据集中没有闭合的项集，在新的数据添加后可能会闭合。然而，在初始数据集中闭合的项集在新的数据被插入后仍然闭合。因此，需要采取有效措施来维护已挖掘的闭合高效用模式。

根据增量挖掘中闭合项集的特性，将方法设置为：如果一个项集在初始数据集中是闭合项集，则不需要递归探索，只需要更新该项集在闭合项集中的支持度和效用值；如果该项集原来不是闭合项集，只有在加入新数据后才可能变为闭合项集，则将其插入闭合结果集中，并记录效用值和支持度值。在这个过程中，既实现了对闭合项集的更新和维护，又实现了对搜索空间的修剪。

例如，在示例数据集表 4-2 中，初始数据集中的闭合项集为 {D, AD, DE}。当插入新数据时，方法将递归地探索新数据中出现的项集，以挖掘闭合高效用模式。在考虑项 E 时，E 的扩展列表 {A, D, B, C} 中没有一个项的事务列表包含 E 的事务列表，由于 $u(E)=40$，所以项 E 是一个闭合的高效用项。项 E 不在闭合项集中，因此 E 被添加。然而，当考虑项 D 时，D 已经出现在初始数据的闭合项集中，因此对 D 的探索被停止，D 在闭合结果集中的支持度更新为 4，其效用值更新为 78。

3. 存储结构

挖掘出的闭合高效用模式存储在一个类似于 Trie 的结构中，该结构受到 EIHI 方法的启发。不同的是，在结构中存储闭合高效用模式时，除了需要存储项集的效用值外，还需要注明项集的支持度，称此结构为 CHUI-trie。在 CHUI-trie 中，每一个节点对应一个项，从树的根节点开始，到其中某个内部节点或叶节点，则对应着模式。此外，需要在模式的最后一个节点上注明该项集的效用值以及支持度，标注的格式为：模式 X：效用值；支持度。例如，在表 4-2 所示的初始数据集 $DBSet_0$ 中，闭合高效用模式为 {D, AD, ED}，其 CHUI-trie 结构如图 4-71 所示。此外，为了提高在 CHUI-trie 中的搜索效率，每个节点的子节点列表将按照总顺序 ≻ 排序。

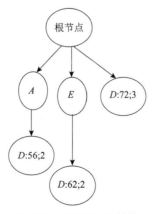

图 4-71　CHUI-trie 结构

4. 举例说明

在本小节中,首先介绍本节所提方法在挖掘过程中所用到的关于闭合的属性,接着进一步举例说明本节所提方法的挖掘过程。因关于负项的属性已在 4.2 节中进行了详细介绍,此处不再赘述。

属性 4-6 对于任何高效用模式 X,都存在一个闭合高效用模式 Y,使得 Y 为 X 的闭包且 $u(Y) \geqslant u(X)$。

属性 4-7 给定两个项集 X 和 Y,如果 $X \subset Y$ 且 X 和 Y 的支持度相同,则 X 的闭包等于 Y 的闭包。

属性 4-8 如果项集 X 在初始数据集 DBSet$_0$ 中为闭合高效用模式,那么在插入新的数据之后 X 依然为闭合高效用模式。

属性 4-9 对于不是闭合高效用模式的任何项集 X,其所有子集都是低效用的。

为了更好地理解本节所提方法的过程,在本小节中,将以表 4-2 所示的数据集为例,此处设置 minutil=30。

步骤 1 首先扫描初始数据集 DBSet$_0$,计算每个项的事务加权效用值。将数据信息按总顺序构建 MIS,并更新索引值。总的顺序是 RTWU 的升序,在本例中为 $A \succ E \succ D \succ B \succ C$。

步骤 2 递归挖掘结构中的闭合项集,根据闭合属性,初始数据集 DBSet$_0$ 中的闭合项集为 $\{D, AD, DE\}$。

步骤 3 插入数据集 DBSet$_1$,只扫描新增数据,并根据索引值将其数据段插入 MIS,同时更新索引段中的相关效用值及其索引值。此时,项的总顺序是:$E \succ A \succ D \succ B \succ C$。

步骤 4 开始挖掘项的闭合项集,并只考虑出现在新增数据中的项。在示例数据集中,这些项都出现在 DBSet$_1$ 中,所以不需要进行修剪操作。

步骤 5 开始考虑项 E,E 的扩展列表为 $\{A, D, B, C\}$。考虑 E 的闭合性:由于 E 的事务项集不包含在 A 的事务项集中,所以跳过项 A 继续与 D 进行比较。直到遍历了扩展列表中的最后一项,发现 E 是一个闭合项集。由于其效用值为 40,所以判断 E 是一个闭合高效用模式。这个过程在图 4-72 中显示为"①",为了更直观地表示结构的使用,将项集的相应数据段放在索引段的右下角。

步骤 6 考虑扩展 E,例如,当方法合并 $\{ED\}$ 时,过程如图 4-72 中的"②"所示,它发现 $\{ED\}$ 已经存在于初始数据集的闭合项集中,所以 $\{ED\}$ 仍然是一个闭合高效用模式。在闭合项集中更新其支持度和效用值。

步骤 7 以同样的方式扩展 $\{ED\}$,如图 4-72 中的"③"所示。该方法首先将 b 添加到 $\{ED\}$ 中,效用值为 56。方法为 $\{EDB\}$ 创建了一个索引列表,并将数据元组插入数据段中。

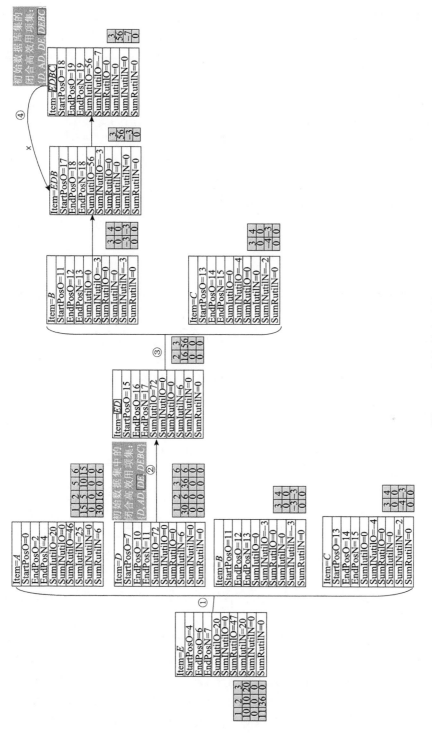

图 4-72 闭包检查过程

步骤 8　将以同样的方式进行递归探索，当它探索到{$EDBC$}时，发现它出现在原始数据集闭合高效用模式中，所以在插入 DBSet$_1$ 后它仍然是一个闭合高效用模式。更新{$EDBC$}的支持度和效用值，项集{EDB}包含在{$EDBC$}中，并且具有相同的支持度（即两个项集的结束索引减去开始索引是相同的），所以{EDB}不是闭合的，可以安全地修剪，这个修剪过程如图 4-72 中的"④"所示。

步骤 9　在完成挖掘操作后，新的批次到达，将之前的新批次也视为初始数据集的一部分，并更新索引段中的索引值和效用值。例如，图 4-72 显示了插入 DBSet$_1$ 后的数据段和项 A 的索引段，当新的批次 DBSet$_2$ 到来时，将 DBSet$_1$ 和 DBSet$_0$ 视为初始数据集，并更新索引段中的相关值。此时，项 A 索引段中的 EndPosO 变为 4，即原来的 EndPosN，而新的 SumIutilO、SumINutilO 和 SumRutilO 分别设置为 45、0、52。

4.4.3　实验与分析

为了测试 CHUPNI 方法的性能，本节做了大量的实验，该实验可以通过扩展 SPMF[113] 平台上的开源 Java 库来实现。实验操作环境的 CPU 为 3.00GHz，内存为 256GB，操作平台为 Windows10 企业版。实验使用了四个真实的数据集：Chess、Mushroom、Retail 和 Kosarak，所有的数据集都是从 SPMF 平台上下载的，都包含负效用值的项。实验中使用的数据集的基本特征详见表 3-19。

1. 实验设计

本节提出的 CHUPNI 方法是第一个在动态数据集中挖掘含负项闭合高效用模式的方法，因此没有找到其他具有相同条件的方法进行比较。本节将分别从增量挖掘、增量挖掘闭合高效用模式和增量挖掘含负项闭合高效用模式三个方面来证明 CHUPNI 方法的可行性和性能。

对于增量挖掘，本节首先选择 EIHI 方法[37]，该方法也是以批处理模式运行的，是一种挖掘全集高效用模式的方法；IncCHUI 方法[38] 是一种挖掘闭合高效用模式的方法，这两种方法都使用传统效用列表。在该部分实验中，将对比方法统一为挖掘全集高效用模式，以此来对比方法在增量挖掘时的性能。同样，为了与其他方法进行比较，将本节所提方法中除增量挖掘外的关键技术以及约束条件去掉，并命名为 CHUPNI-d。

对于增量挖掘闭合高效用模式，目前只有 IncCHUI 方法是第一个增量挖掘闭合高效用模式的方法，并且具有与 CHUPNI 方法类似的闭合搜索技术，所以仍然使用 IncCHUI 方法作为对比方法，以比较不同 minutil 条件下方法的性能。为了比较所提出结构的有效性，还加入了 CLS-Miner 方法，因为它和 IncCHUI 方法都使用了类似的效用列表结构，并且都挖掘高效用项的闭合项集。同样，为了与该方法进行比较,从 CHUPNI 方法中删除了处理负项的技术,并命名为 CHUPNI-Cd。

对于增量挖掘含负项的闭合高效用模式,选择 THN 方法作为对比方法。THN 方法和 CHUPNI 方法都能挖掘出精简的高效用模式,只是 THN 方法需要一个指定的 k 值来挖掘 top-k 模式,并且 THN 方法只能在静态数据集中运行。为此,为 THN 方法指定 k 值,前提是确保挖掘的结果集数量相同。实验中分别以 1 批次和 5 批次运行 CHUPNI 方法及对比方法在不同 minutil 条件下的性能,来验证其可行性。在实验中根据结果集的数量来指定 k 值对 CHUPNI 方法来说是不公平的,因为 CHUPNI 方法需要进行闭包检查,而且挖掘的模式是对全部高效用模式的无损压缩。即使如此,在一些数据集中,CHUPNI 方法仍然表现出比 THN 方法更优的性能。

2. 增量挖掘的可行性和性能

本节首先验证了增量挖掘的可行性,然后与对比方法进行比较分析,以验证本节所提方法的性能。表 4-5 列出了本节所提方法在不同数据集中以 5 批次增量执行挖掘时的高效用模式集,其中“New”代表插入新批次后挖掘的高效用模式,“Total”代表插入新批次后挖掘的高效用模式总数。在实验中,数据集的 minutil 分别设置为 5×10^5、3×10^5、3×10^4、8.5×10^5。

表 4-5　以 5 批次增量执行 CHUPNI 方法时的高效用模式集

批次	Chess		Mushroom		Retail		Kosarak	
	New	Total	New	Total	New	Total	New	Total
1	0	0	0	0	18	18	10	10
2	0	0	1773	1773	15	33	23	33
3	0	0	7142	8915	8	41	6	39
4	2299	2299	543	9458	14	55	7	46
5	22680	24979	136	9594	20	75	9	55

在不同 minutil 条件下方法的运行时间如图 4-73 所示,在 Chess 数据集中,方法的运行时间随着 minutil 的增加而减少。其中,CHUPNI-d 方法表现最好,其次是 IncCHUI-I 方法和 EIHI 方法。当方法增量式挖掘时,在相同条件下,插入率越低(即插入的批次越多),运行时间越长。特别是,CHUPNI-d-5 方法和 CHUPNI-d-10 方法的运行时间比 IncCHUI-I 方法略高,但是低于 EIHI 方法。在 Mushroom 数据集中,IncCHUI-I 方法的运行时间与 CHUPNI-d 方法大致相同,但 CHUPNI-d 方法的运行时间仍然是所有对比方法中最短的,同样,EIHI 方法的运行时间也是最长的。另外,CHUPNI 方法比 IncCHUI 方法在分批插入数据时表现出更好的稳定性。在 Retail 数据集中,IncCHUI-I 方法的运行时间更长。因为在稀疏数据集中,事务的平均长度较短,当插入新数据时,Trie 结构的查找成本比哈希表的成本要低。CHUPNI-d 方法使用的运行时间最短,因为它使用合并索引

列表结构，加快了项集之间的合并。在 Kosarak 数据集中，EIHI 方法没有在图中完全标出，因为它使用了太长的运行时间。与 Retail 数据集一样，IncCHUI-I 方法的运行时间长于 EIHI 方法和 CHUPNI 方法。

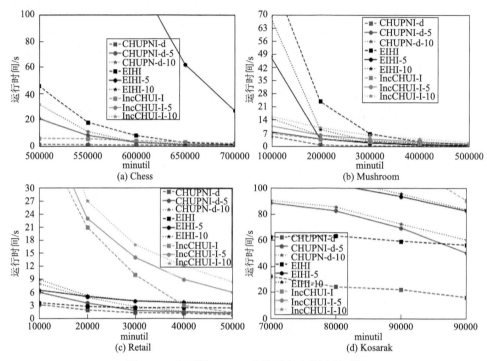

图 4-73　在不同 minutil 条件下方法的运行时间

　　在内存消耗方面，比较了每个对比方法在插入增量数据时的内存消耗峰值，并且将 minutil 固定为实验中的中值，在表 4-6 中可以看到最后的实验结果。

表 4-6　方法在插入增量数据时的内存消耗峰值　（单位：MB）

方法	Chess			Mushroom			Retail			Kosarak		
	1 批次	5 批次	10 批次	1 批次	5 批次	10 批次	1 批次	5 批次	10 批次	1 批次	5 批次	10 批次
CHUPNI-d	300	436	459	83	92	95	144	176	184	584	782	930
EIHI	450	736	1128	82	99	107	175	180	194	610	891	1007
IncCHUI	305	1000	1200	90	95	102	126	190	243	800	1000	1300

3. 增量挖掘 CHUP 的可行性和性能

　　在本节的开头，首先验证增量挖掘 CHUP 的可行性。在此选择了 Chess 数据集和 Mushroom 数据集，并将 minutil 分别设置为 5×10^5 和 1×10^5，不同批次中闭合高效用模式挖掘情况如表 4-7 所示。其中，"-N"代表在新批次中挖掘的 HUP

或 CHUP 集，"-T"代表插入新批次后当前数据集中的总项集。

表 4-7　不同批次中闭合高效用模式挖掘情况

批次	Retail				Mushroom			
	HUP-N	HUP-T	CHUP-N	CHUP-T	HUP-N	HUP-T	CHUP-N	CHUP-T
1	0	0	0	0	4682	4682	109	109
2	0	0	0	0	287666	292348	450	559
3	0	0	0	0	496420	788768	1714	2273
4	2299	2299	1044	1044	109240	898008	1603	3876
5	22680	24979	9844	10888	147772	1045780	1461	5337

　　然后，比较了所有对比方法在增量挖掘 CHUP 时的运行性能，如图 4-74 所示。在 Chess 数据集中，当方法以一批次处理数据集时，所有被比较的方法之间的运行时间差异很小，CHUPNI 方法表现出最佳性能。然而，当方法分多批处理数据时，方法的运行时间差异较大。在密集数据集中，使用 MIS 的优势得到了更好的体现，获得了最佳的性能。在 Mushroom 数据集中，方法的运行时间比较集中，CHUPNI 方法在处理单批次或多批次数据时的运行时间相对较少，而 CLS-Miner

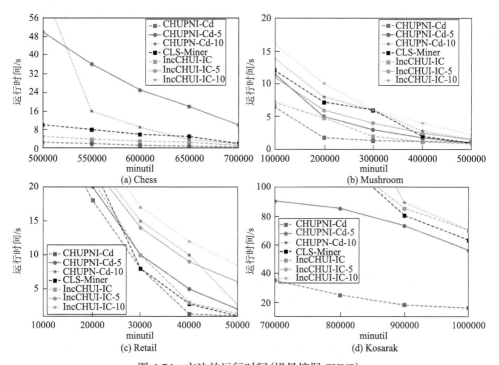

图 4-74　方法的运行时间(增量挖掘 CHUP)

方法和 IncCHUI 方法都使用传统效用列表，因此在密集数据集中合并项集时消耗了大量的运行时间。

在稀疏数据集 Retail 中，项的分布比较松散，事务的平均长度减小，MIS 的优势没有完全发挥出来，导致 CHUPNI 方法的运行时间与 CLS-Miner 方法和 IncCHUI 方法较为相似。Kosarak 数据集的事务数量最多，因此方法的运行时间也随之增加，而 CHUPNI 方法的运行时间约为 CLS-Miner 方法的 41.67%。

4. 增量挖掘含负项闭合高效用模式的可行性和性能

以 Retail 数据集和 Mushroom 数据集为例，表 4-8 列出了不同批次中含负项闭合高效用模式挖掘情况。最左边一列表示数据分 5 个批次，"-N"表示在新批次中挖掘的新模式，"-T"表示插入新批次后当前数据集中的模式总数；CHUPn 表示结果集中包含负项的数量，CHUP 表示闭合高效用模式的数量。例如，"CHUPn-N"代表插入新批次后挖掘的结果集中负项的数量。

表 4-8　不同批次中含负项闭合高效用模式挖掘情况

批次	Retail (20000)				Mushroom (50000)			
	CHUPn-N	CHUPn-T	CHUP-N	CHUP-T	CHUPn-N	CHUPn-T	CHUP-N	CHUP-T
1	2	2	16	16	3	3	1	1
2	18	20	31	47	257	260	73	74
3	18	38	19	66	1980	2240	529	603
4	21	59	25	91	3527	5767	535	1138
5	29	88	49	140	5611	11378	741	1879

图 4-75 显示了所有对比方法在挖掘过程中的运行时间。在 Chess 数据集中，当 minutil 较小时，THN 方法的运行时间比 CHUPNI 方法少，但随着 minutil 的增大，这两种方法的运行时间几乎相同。在相同条件下，CHUPNI-5 的运行时间最长，因为该方法需要处理增量数据。在 Mushroom 数据集中，当 minutil 为 50000~90000 时，THN 方法和 CHUPNI 方法的运行时间几乎相同，因为 CHUPNI 方法使用 MIS 来快速查询相应项集的信息，加速项集的合并。在稀疏数据集 Retail 中，THN 方法使用的数据集投影技术并没有在很大程度上加快方法的速度，THN 方法使用传统效用列表，因此运行时间与 CHUPNI 方法相差不大。同样，THN 方法在 Kosarak 数据集中的表现没有在密集数据集上好。结果表明，在稀疏数据集中，合并索引列表结构仍然可以加快基于索引值的项集查询和项集合并的速度。

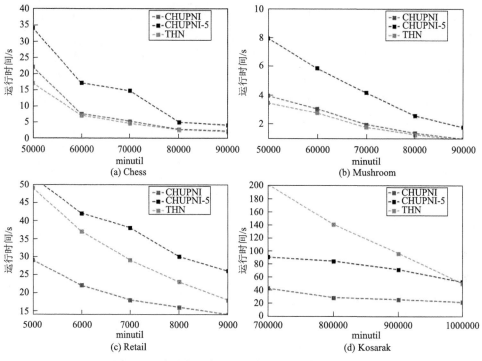

图 4-75 方法的运行时间(增量挖掘含负项 CHUP)

5. 实验结论

本节比较了所有对比方法在各种密集和稀疏数据集上的运行时间和内存消耗。实验分增量挖掘、增量挖掘闭合高效用模式和增量挖掘含负项闭合高效用模式三个角度来进行分析论述,并分别讨论了方法在三种模型上的可行性和运行性能。

对于所有的方法,其余条件固定,随着 minutil 逐渐变小,方法的运行时间和内存消耗都会增加。IncCHUI 方法、EIHI 方法、CLS-Miner 方法和 THN 方法使用传统效用列表,在合并项集时消耗大量的时间和空间,但 CHUPNI 方法使用合并索引列表结构,在合并项集时加快寻找相同的事务,并利用内存重用策略,从而加快了方法的速度,减少了内存消耗。最重要的是,CHUPNI 方法可以在动态数据集中挖掘含负项闭合高效用模式,解决了传统方法在挖掘含负项闭合高效用模式时的两个主要局限性问题。综上所述,本章提出的合并索引列表结构可以有效地减少内存消耗和运行时间,并且可以在增量数据集中有效挖掘含负项闭合高效用模式。

4.4.4 本节小结

挖掘含负项闭合高效用模式的方法假定数据集是静态的,并在挖掘过程中产生大量的冗余模式。为了解决这些问题，本节提出了第一个在增量数据集中挖掘含负项闭合高效用模式的方法 CHUPNI，挖掘出的结果集是无损压缩的。CHUPNI方法中设计了合并索引列表结构，使用早期修剪策略来减少内存消耗。广泛的实验评估表明，合并索引列表结构加快了挖掘过程并减少了内存消耗。但 CHUPNI方法无法处理历史批次数据删除的情况，因此下一步工作计划研究在滑动窗口中挖掘闭合高效用模式。

第5章　数据流挖掘方法

数据流必须在存储空间以及时间约束下进行实时处理,因此在数据流上挖掘高效用模式比在静态数据集和增量数据集中更具有难度。现在数据流处理中使用的常见窗口模型有三种,分别是滑动窗口模型、界标窗口模型和衰减窗口模型。其中,窗口是一组连续事务,作为数据流中的基本单位。在滑动窗口模型中,窗口包含的是固定数量的最新数据流事务,仅考虑最新的事务来得出有意义的模式。正是基于上述特性,数据流具有较少的系统内存消耗。针对目前数据流方法主要是全集挖掘方法的现状,研究人员提出了挖掘数据流上的精简高效用模式。现有数据流精简模式主要集中在 top-k 领域和最大模式领域。而最先进的数据流 top-k 方法多采用基于滑动窗口模型的垂直效用列表结构,该结构在某些情况下需要进行开销巨大的连接操作,因此性能有待进一步提升。另外,目前尚没有针对数据流的闭合高效用模式挖掘方法。本章将主要介绍面向数据流的 top-k 高效用模式挖掘、闭合高效用模式挖掘和含负项高效用模式挖掘。

5.1　top-k 高效用模式挖掘

本节首先对最近数据流上 top-k 精简高效用模式挖掘方法的研究背景进行介绍,提出先前方法在运行效率上的不足问题,为解决这些问题,本节研究并提出一个新方法,称为高效数据流 top-k 高效用模式挖掘(efficient of top-k high utility pattern mining over data stream, ETKDS)方法。随后,描述提出的关键技术和方法过程。实验结果表明,该方法在运行时间上具有极大优势,内存消耗较少,尤其适合处理一些密集数据集上高效用模式的挖掘。

5.1.1　研究背景

由于数据流数据量大的特点,高效用模式难以挖掘和存储,并且在运行时间、内存消耗的约束下必须对传入的数据流进行实时处理。近年来,研究者逐渐提出了针对数据流的多种挖掘方法。但是,用户很难直接确定合适的阈值,往往挖掘出过量模式,这给用户进行后续分析带来了困难。为了解决这个问题,Zihayat 等[56]提出了在数据流上挖掘 top-k 高效用模式,用户需要设置一个参数 k 来表示需要的项集数量。同时，他们提出了一种两阶段方法 T-HUDS。由于大量候选项集的产生，当滑动窗口设置得过大时，方法的性能显著下降。最近，研究人员提出了一种基于效用列表结构的单阶段 top-k 高效用模式挖掘方法 Vert_top-k DS[63]，用于从数据流滑动窗口中挖掘 k 个具有最大效用的高效用模式。它采用为项集构建 iList 垂直效用列表的方式扩展项集，仅对第一个窗口中的项进行 TWU 升序排列，后续窗口顺序不再发生变化。

　　然而，尽管进行了上述所有研究工作，用于挖掘此类模式的方法仍然存在一些不足。当前最先进的数据流 top-k 模式挖掘方法通常基于效用列表结构，用于构建新的效用列表结构的连接操作成本太高。Liu 等[16]观察到，与字典顺序和 TWU 值降序相比，当项集和事务按 TWU 值的升序排列时，搜索空间更小，性能更好。在数据流环境中，数据通常会随时间漂移。现有方法为每个滑动窗口使用完全恒定的搜索空间可能会大大增加不必要的搜索过程。因此，对于数据流上的每个滑动窗口，现有方法没有使用动态的最佳排序（TWU 值升序），搜索空间还需要进一步缩小。另外，现有的 top-k 高效用模式挖掘方法中使用的阈值提升策略对数据流的效率相对较低。

　　针对上述问题，本节提出 ETKDS 方法。该方法的主要贡献如下：

　　(1)通过设计称为精简窗口数据列表（concise window data list, CWDataList）的结构来快速构造项在当前滑动窗口的伪投影数据集，该数据结构不同于以往基于事务数据集的单一纵向存储结构，而是采用一种精简的混合存储结构，挖掘过程中结构之间无须进行复杂的比较连接操作。

　　(2)为减小高效用模式的搜索空间，在每个滑动窗口的挖掘过程中，均对项使用最佳排序（TWU 升序）来动态构造各滑动窗口的搜索空间[115,116]，并对投影事务使用最佳排序。但数据流是高度变化的，为使各窗口始终遵循该排序规则进行搜索、保证投影机制正常运行，需要维护和更新项在公共批次的投影事务信息，因此本节设计一个滑动窗口公共批次投影事务重组方法。

　　(3)应用投影事务合并技术大幅度减小了扫描数据集的成本。还提出和使用新的阈值提升策略。

　　(4)实验部分，ETKDS 方法在多种类型数据集上与目前的最新方法进行实验对比，评估 ETKDS 方法结果的正确性以及时空效率。

5.1.2　ETKDS 方法研究

　　本小节首先对与 ETKDS 方法相关的定义和属性进行描述，包括各类效用上限、投影数据集的概念等，如定义 5-1～定义 5-10 及属性 5-1 和属性 5-2 所示。

　　定义 5-1(剩余效用)　设 I_{SW_c} 为 I^* 中项组成的集合，$\succ$ 是对来自 I_{SW_c} 中项的排

序，X 是项集。事务 T_r 中 X 的剩余效用 $\mathrm{ru}(X,T_r)$ 定义为式(5-1)。项集 X 在窗口 SW_c 中的剩余效用 $\mathrm{ru}_{\mathrm{SW}_c}(X)$ 定义为式(5-2)。其中，$g(X)$ 是包含 X 的事务集。

$$\mathrm{ru}(X,T_r) = \sum_{z \in T_r \,\wedge\, z \succ y,\, \forall y \in X} u(z,T_r) \tag{5-1}$$

$$\mathrm{ru}_{\mathrm{SW}_c}(X) = \sum_{T_r \in g(X) \wedge T_r \in \mathrm{SW}_c} \mathrm{ru}(X,T_r) \tag{5-2}$$

定义 5-2(剩余效用上限)　设 X 是一个项集，X 的扩展是可以通过向 X 追加一个项 z 来获得的项集，需要满足 $\forall y \in X$，$z \succ y$。窗口 SW_c 中 X 的剩余效用上限定义为 $\mathrm{Reu}_{\mathrm{SW}_c}(X) = u_{\mathrm{SW}_c}(X) + \mathrm{ru}_{\mathrm{SW}_c}(X)$。

定义 5-3(扩展上限)　设 X 为一个项集，项集 X 在窗口 SW_c 中的扩展上限 $\mathrm{extUB}_{\mathrm{SW}_c}(X)$ 可以定义为式(5-3)。其中，$C(X)$ 是包含 X 且 $\mathrm{ru}(X,T_r) > 0$ 的事务集。

$$\mathrm{extUB}_{\mathrm{SW}_c}(X) = \sum_{T_r \in C(X) \wedge T_r \in \mathrm{SW}_c} \left[u(X,T_r) + \mathrm{ru}(X,T_r) \right] \tag{5-3}$$

扩展上限与定义 5-2 的剩余效用上限不同，因为在扩展上限中，若 T_r 中 X 的剩余效用为 0，则事务 T_r 中 X 的效用被排除，这是一种更加紧凑的效用上限。

属性 5-1(基于扩展上界的放弃扩展属性)　若 $\mathrm{extUB}_{\mathrm{SW}_c}(X) < \mathrm{top\_k\_threshold}$，$X$ 的所有扩展都是低效用项集，则不需要进一步扩展项集 X。

定义 5-4(可在当前窗口 SW_c 中用来扩展项集的项)　设 X 为一个项集，$E(X)$ 是根据顺序可用于在窗口 SW_c 中扩展 X 的项的集合，即 $E(X) = \{z | z \in I_{\mathrm{SW}_c} \wedge z \succ x, \forall x \in X\}$。

例如，如图 5-1 数据流所示，若 $X = \{D\}$ 且排序被设置为字典序，则集合 $E(X)$ 就等于 $\{E, F\}$。

定义 5-5(局部效用)　设 X 为一个项集，且存在项 $z \in E(X)$，在窗口 SW_c 中 X 扩展 z 的局部效用 $\mathrm{lu}_{\mathrm{SW}_c}(X,z)$ 可定义为式(5-4)。

$$\mathrm{lu}_{\mathrm{SW}_c}(X,z) = \sum_{T_r \in g(X \cup \{z\}) \wedge T_r \in \mathrm{SW}_c} \left[u(X,T_r) + \mathrm{ru}(X,T_r) \right] \tag{5-4}$$

属性 5-2(使用局部效用从所有子树中修剪项)　设 X 为一个项集，且存在项 $z \in E(X)$，若 $\mathrm{lu}_{\mathrm{SW}_c}(X,z) < \mathrm{top\_k\_threshold}$，则在窗口 SW_c 中包含 z 的所有扩展项集都是低效用项集。换句话说，在探索 X 的所有子树时(即深度优先搜索中 X 的所有扩展[12])，可以忽略项 z。

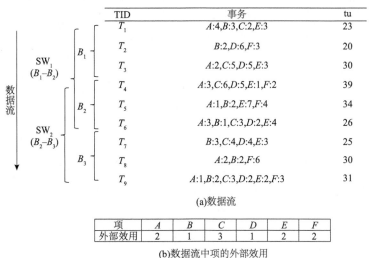

图 5-1　数据流示例

定义 5-6（主要项和次要项）　设 X 是一个项集，在窗口 SW_c 中，X 的主要项和次要项均是一些项组成的集合，其中，主要项定义为 $Primary(X) = \{z \mid z \in E(X) \wedge extUB_{SW_c}(X \cup z) \geqslant top\_k\_threshold\}$。$X$ 的 次 要 项 定 义 为 $Secondary(X) = \{z \mid z \in E(X) \wedge lu_{SW_c}(X, z) \geqslant top\_k\_threshold\}$。因为 $lu_{SW_c}(X, z) \geqslant Reu_{SW_c}(X \cup z) \geqslant extUB_{SW_c}(X \cup z)$，所以存在 $Primary(X) \subseteq Secondary(X)$。

定义 5-7（投影数据集）　将项集 X 对事务 T 的投影表示为 $X - T$，并定义为 $X - T = \{i \mid i \in T \wedge i \in E(X)\}$。将项集 X 对数据流 DS 的投影表示为 $X - DS$，并定义为 $X - DS = \{X - T \mid T \in DS \wedge X - T = \varnothing\}$。

本节所提方法使用投影机制进行事务数据集扫描，通过扫描滑动窗口中的事务来计算项集的效用和效用上限。数据集可能非常大，因此控制数据集扫描的成本非常重要，有效降低数据集大小是高效用模式挖掘迫切需要解决的问题。当在深度优先搜索过程中搜索项集 X 时，需要扫描窗口事务以计算 X 的子树或较高子树中的项集效用或效用上限，此时没有必要扫描不存在于 $E(X)$ 中的项，将没有这些项的事务构成的数据集称为投影数据集。

1. CWDataList 列表研究

CWDataList 是存储来自当前滑动窗口信息的节点列表，其中每个节点用于存储项在当前滑动窗口中的信息，并分批维护项的事务数据。图 5-2 显示了具有以下字段的 CWDataList 节点的结构示意图。其中，Item 表示此节点所代表的项的信息，Utility 存储当前滑动窗口 SW_c 中项的效用 u_{SW_c}，extUB 定义当前滑动窗口中项的扩展上限，BatchData_List 表示由 BatchData 组成的列表。

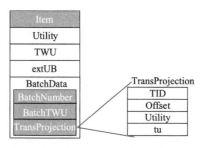

图 5-2 CWDatalist 节点的结构示意图

结构的信息和作用说明如下：项的效用用于确定此项是否是长度为 1 的高效用模式。$extUB_{SW_c}$ 用于确定是否需要扩展此项。如果 $extUB_{SW_c}$ 小于 top_k_threshold，则不搜索从此项开始的较长模式。BatchData 包含 BatchNumber、BatchTWU、TransProjection。TransProjection 表示当前项在该滑动窗口中编号为 BatchNumber 批次的事务集合伪投影，TransProjection 中每条记录包含事务的 TID、项在已排序事务中的偏移量 offset、项在该事务的效用 Utility、投影事务的事务效用 tu。BatchTWU 记录项在该批次的 TWU。BatchData 的列表则可直接用于构建项的初始投影数据集。综上所述，CWDataList 结构可通过存储特定顺序的投影数据集为项集的后续子投影提供便利，并且在添加或删除批次时，可以快速更新 TWU、u_{SW_c} 和 $extUB_{SW_c}$。

与 Vert_top-k DS 方法提出的 iList 结构相比，CWDataList 仅存储长度为 1 的项的事务和效用信息。可以使用结构中的 TransProjection 直接创建子投影的数据集，以挖掘后续的可扩展项集，最后获得所有高效用模式，后续过程不会创建任何新结构。CWDataList 的构造方法和构造时间不同于传统静态 top-k 高效用模式挖掘方法 TKEH。ETKDS 方法在对滑动窗口数据的第二次扫描期间直接为每个项构建其投影结构，这意味着 ETKDS 方法在第二次扫描结束时就已经完成了所有项的伪投影构建。TKEH 方法首先为整个重组的数据集构造效用数组，然后为每个项构造其局部投影，也就是说，TKEH 方法需要在两次数据集扫描后再反复搜索存储初始数据集的数组，以依次构建所有项的初始投影数组。假设有一个相当密集的数据集（m 行和 n 项），此过程将需要 n 次额外的全局数据集扫描，此过程的时间复杂度约为 $O(nm\log n)$。因此，本节在数据集扫描和数据结构方面具有明显的优势。与 SOHUPDS 方法[33]中的 IUDataListSW 的节点相比，CWDataList 的节点结构更加简洁。IUDataListSW 中的节点为批次插入和删除设置了标识字段，但是使用这些字段的模式更新策略对密集数据集并不友好，因为批次更新可能会频繁插入和删除项。然后 SOHUPDS 方法需要删除与该节点关联的 Trie-Tree，并创建与该节点关联的新 Trie-Tree。因此，此过程的时间和空间成本是极高的。

CWDataList 弥补了前者的不足，提高了方法在密集数据集上的性能。另外，CWDataList 中节点的结构增加了 BatchTWU 字段，使得方法能够在滑动窗口改变后高效更新项的 TWU，节省了计算时间。

2. CUD 和 CUDCB 阈值提升策略

为了设计更高效的阈值提升策略，首先提出名为共现效用降序哈希表（cooccurrence utility decreasing order hash table, CUDH）的结构，利用该结构中存储的 2-项集的实际效用，使用共现效用降序（cooccurrence utility decreasing order, CUD）阈值提升策略，并设计公共批次共现效用降序（cooccurrence utility decreasing order of common batches, CUDCB）阈值提升策略。阈值提升策略在运行时间和内存消耗方面是高效的，因此两种策略共享相同的结构有利于实现上述目标。文献[62]使用存储在 CUDM 中的 2-项集的效用来提高 top_k_threshold。这些项集之一可能是高效用模式，因为 CUDM 包含 TWU 不小于 top_k_threshold 的所有 2-项集的效用。但是随着窗口的滑动，项的 TWU 会经常更新，2-项集的效用也会频繁变化。在每次创建滑动窗口时，CUDM 都需要重新计算每个批次中 2-项集的效用，因为它无法保存历史批次的数据。因此，CUDM 不再适用于滑动窗口模型。本节新提出的 CUDH 结构是一个 $\langle I_1, \langle I_2, \text{batchIU\_list} \rangle \rangle$ 形式的双层哈希表。其中，batchIU_list 是由 $I_1 I_2$ 在当前窗口 SW_c 中每个批次的效用组成的列表。batchIU_list 中的每条记录都包含批次名称 B 和批次 B 中 $I_1 I_2$ 的效用。对于 2-项集 $I_1 I_2$，如果 $\text{TWU}(I_1 I_2) > 0$，该方法将 $I_1 I_2$ 插入 CUDH 中。图 5-3 表示图 5-1 SW_1 中 CUDH 的示意图，且以项集 DE 为例来显示存储在 CUDH 中的效用。

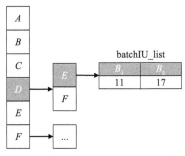

图 5-3　窗口 SW_1 中 CUDH 的示意图

定义 5-8（公共批次）　$\text{SW}_{c-1} = \{B_{j-1}, B_j, \cdots, B_{n-1}\}, \text{SW}_c = \{B_j, B_{j+1}, \cdots, B_n\}, \text{SW}_{c-1}$ 和 SW_c 的公共批次定义为

$$\text{CommonBatches} = \{B_j, B_{j+1}, \cdots, B_{n-1}\}$$

$$\forall X \subseteq T_r \wedge T_r \in B \wedge B \in \text{CommonBatches}$$

$$u_{\text{SW}_{c-1}}(X) = \sum_{l=j-1}^{n-1} u(X, B_l) = \sum_{B \in \text{CommonBatches}} u(X, B) + u(X, B_{j-1})$$

$$u_{\text{SW}_c}(X) = \sum_{l=j}^{n} u(X, B_l) = \sum_{B \in \text{CommonBatches}} u(X, B) + u(X, B_n)$$

属性 5-3　令 H_{SW_c} 表示窗口 SW_c 中 top-k 高效用模式组成的集合，$\text{K\_CUD}_{\text{SW}_c}$ 表示共现效用优先级队列(cooccurrence utility priority queue, CUQ)中第 k 大的效用值，存在 $u_{\text{SW}_c}(X) \geqslant \text{K\_CUD}_{\text{SW}_c}$，$\forall X \in H_{\text{SW}_c}$。

证明　令 $\text{CUDH}_K = \left\{ X \in \text{CUDH}, u_{\text{SW}_c}(X) \geqslant \text{K\_CUD}_{\text{SW}_c} \right\}$。假设 $\exists Y \in H_{\text{SW}_c}$，$u_{\text{SW}_c}(Y) < \text{K\_CUD}_{\text{SW}_c}$，则有 $\forall X \in \text{CUDH}_K, u_{\text{SW}_c}(X) \geqslant \text{K\_CUD}_{\text{SW}_c} > u_{\text{SW}_c}(Y)$。因此，$\text{CUDH}_k \subseteq H_{\text{SW}_c}$，且 $Y \in H_{\text{SW}_c}$。这与 H_{SW_c} 是 top-k 高效用模式集合的说法相矛盾。所以，$\nexists Y \in H_{\text{SW}_c}$，$u_{\text{SW}_c}(Y) < \text{K\_CUD}_{\text{SW}_c}$，即 $u_{\text{SW}_c}(X) \geqslant \text{K\_CUD}_{\text{SW}_c}$，$\forall X \in H_{\text{SW}_c}$。

根据定义 5-8，在窗口 SW_{c-1} 和 SW_c 中计算项集 $I_1 I_2$ 的实际效用分别涉及在公共批次中计算 $I_1 I_2$ 的效用。公共批次集合中任何批次的效用都可以在下一个滑动窗口的 CUDH 结构构建中重复使用。显然，这种结构消除了方法重新计算每个公共批次中满足条件的 2-项集效用的需要，从而缩短了阈值提升策略在准备阶段的时间。CUDH 结构的提出将帮助本节两种阈值提升策略得以高效运行。CUD、CUDCB 两种策略的方法描述如下。

1) CUD 策略的使用

根据定义 5-8 和 CUDH 中所有 2-项集的 batchIU_list，该方法计算当前滑动窗口中这些项集的效用，并按降序将这些效用添加到 CUQ 中。接下来使用 CUD 策略，假设添加到 CUQ 中的效用值总数为 N，用户设置的高效用模式数为 k。根据属性 5-3，CUQ 中索引为 $k(k \leqslant N)$ 的值可以设置为候选最小效用阈值，表示为 minutil_candit_CUD。一旦 minutil_candit_CUD 大于先前的最小效用阈值 top_k_threshold，minutil_candit_CUD 将成为新的 top_k_threshold。该策略的伪代码如方法 5-1 所示。

方法 5-1　CUD 策略

输入　k：希望得到的高效用模式数，CUDH：存储 2-项集效用的结构。

输出　top_k_threshold：最小效用阈值。

1　　使用 CUDH 结构计算当前窗口 SW_c 中 2-项集的效用；

2　　将这些效用值放入名为 CUQ 的递减优先级队列中；

3	在运行第一行代码时，将 2-项集在公共批次中的效用保存到缓存中；
4	minutil_candit_CUD=CUQ[k]；
5	top_k_threshold=max{top_k_threshold, minutil_candit_CUD}；
6	返回 top_k_threshold；
7	结束程序。

2) CUDCB 策略研究

属性5-4　令 $H_{\mathrm{SW}_{c+1}}$ 表示窗口 SW_{c+1} 中 top-k 高效用模式集合，令 K_CUDCB$_{\mathrm{SW}_c}$ 表示窗口 SW_c 的 CUCBQ 中存储的第 k 大效用值，则存在 $u_{\mathrm{SW}_{c+1}}(X) \geqslant \mathrm{K\_CUDCB}_{\mathrm{SW}_c}$，$\forall X \in H_{\mathrm{SW}_{c+1}}$。

证明　因为 K_CUDCB$_{\mathrm{SW}_c}$ = K_CUDCB$_{\mathrm{SW}_{c+1}}$ ≤ K_CUD$_{\mathrm{SW}_{c+1}}$，且 $u_{\mathrm{SW}_{c+1}}(X) \geqslant$ K_CUD$_{\mathrm{SW}_{c+1}}$，$\forall X \in H_{\mathrm{SW}_{c+1}}$。所以，$u_{\mathrm{SW}_{c+1}}(X) \geqslant$ K_CUDCB$_{\mathrm{SW}_{c+1}}$ = K_CUDCB$_{\mathrm{SW}_c}$，$\forall X \in H_{\mathrm{SW}_{c+1}}$。

为了给下一个滑动窗口 SW_{c+1} 提供更好的初始阈值，设计了一种新的阈值提升策略 CUDCB。在滑动窗口模型下，最后 {Window size − 1} 个批次在两个连续的窗口（如 SW_c、SW_{c+1}）之间保持不变，即前面定义的公共批次。基于上述原理，该策略使用 CUDH 中的信息来计算当前滑动窗口 SW_c 最后 {Window size − 1} 个批次内所有 2-项集的效用。与 CUD 中的过程类似，这些值被添加到名为 CUCBQ 的优先级队列中，并通过索引 k 获得新的 top_k_threshold。与 CUD 策略不同的是，CUCBQ 中索引值直接用作下一个滑动窗口 SW_{c+1} 的初始 top_k_threshold。一个更合适的初始阈值将大大减小搜索空间。下一个滑动窗口包含新批次的事务，因此 2-项集在 SW_{c+1} 中的效用只可能大于或等于它们在 SW_c 和 SW_{c+1} 公共批次中的效用。又根据属性 5-4，可知该策略仍然可以保证方法生成至少 k 个高效用模式。策略过程的伪代码如方法 5-2 所示。

方法 5-2　CUDCB 策略

输入　一个缓存 Cache，用来存储 2-项集在窗口 SW_c 和 SW_{c+1} 公共批次中的效用，k：所需的高效用模式数量。

输出　top_k_threshold：最小效用阈值。

1	从 Cache 中提取 2-项集在公共批次中的效用；
2	将这些效用放入称为 CUCBQ 的递减优先级队列中；
3	top_k_threshold=CUCBQ[k]；
4	返回 top_k_threshold。

先前的方法[11]采用的策略需要计算所有候选项集在公共批次中的效用。本节提出的策略只需要计算和存储 2-项集的效用,减少了方法的运行时间和内存消耗。同时,公共批次中 2-项集的效用计算过程是其在整个滑动窗口中效用计算过程的子集,因此该策略不需要额外的计算,并且在 CUD 策略运行时已提前计算并缓存所需的值。总之,CUDCB 策略的最大优势在于,在 CUDH 和 CUD 策略的帮助下,可以快速为下一个滑动窗口提供更高的初始阈值,而无须执行任何关于效用的额外计算。

3. 公共批次投影事务重组研究

当前一个滑动窗口 SW_{c-1} 更新为窗口 SW_c 时,滑动窗口中项的集合 $I_{SW_{c-1}}$ 更新为集合 I_{SW_c}。随之,项的 TWU 和前一个窗口生成的 TWU 的升序 $\succ$ 也会发生变化,这里设变化之前的顺序为 $\succ_{c-1}$。因此,待新批次到达后,对于新创建的窗口 SW_c,按照 TWU 升序对项进行重新排列,并假设新顺序为 $\succ_c$。方法需要按 $\succ_c$ 对新批次的事务也进行排序。这带来了一个新问题,即从前一个窗口继承的事务(公共批次的事务)采用的排列顺序 $\succ_{c-1}$ 已过时,在公共批次的事务的排序与新批次中的事务不一致。为了保持方法搜索空间的优势以及数据集投影的执行效率,并保证投影结果的准确性,设计该公共批次投影事务重组方法。该方法使用顺序 $\succ_c$ 对 CWDataList 从窗口 SW_{c-1} 保留下的投影事务重新排序,即按照顺序 $\succ_c$ 有效重组公共批次中包含的事务,使得这些事务和新批次的事务均保持最新顺序,具体过程如下:

当新批次事务到达时,一个新的窗口 SW_c 被创建。在第一次扫描滑动窗口数据时,首先记录 SW_c 中所含的所有项,项的集合表示为 I_{SW_c},更新项的 TWU 得出新的升序 $\succ_c$,进而确定新的搜索空间树。接下来,当第二次扫描数据时,对集合 I_{SW_c} 中的项依次进行遍历,处理每个项关联的 CWDataList 节点中的公共批次事务。首先,对每个事务中的项按顺序 $\succ_c$ 重新排列。由于每个项的事务投影是一种伪投影,对包含某项的某个事务排序完成后,CWDataList 其他节点中具有相同 TID 的事务无须再次排序。随后,逐项搜索排序后的事务,直到找到当前遍历项为止,得出当前遍历项在重组后事务的位置索引,利用索引更新投影的 offset 等信息。步骤的伪代码如方法 5-3 所示。

方法 5-3　公共批次投影事务重组

输入　I_{SW_c}:窗口 SW_c 中项的集合,CWDataList:包含当前窗口 SW_c 信息的节点列表,$\succ_c$:当前窗口 SW_c 中的总顺序。

输出　CWDataList:已重组的节点列表。

1　　　对于每一个在 I_{SW_c} 中的项 i;

2	如果 $TWU(i) \geqslant$ top_k_threshold ,
3	Itemnode = CWDataList.getNode(i) ;
4	对于 Itemnode.BatchData (all common batches) 中的每个事务 T ,
5	如果事务 T 是第一次被扫描,
6	根据顺序 $\succ_c$ 对 T 重新排序;
7	查找项 i 在重组事务 T 中的新偏移量;
8	更新 Itemnode 的投影事务信息;
9	输出 CWDataList。

4. ETKDS 方法设计与实现

ETKDS 方法的伪代码如方法 5-4 所示。ETKDS 方法首先从数据流中扫描事务,并按批次将事务添加到当前的滑动窗口中。窗口大小和批次大小分别取决于 Window size 和 Batch size。同时,随着滑动窗口向前移动,历史数据将被删除。

ETKDS 方法通过删除旧批次并插入新批次来维护滑动窗口并更新 CWDataList、CUDH 结构,当旧批次中的事务被删除时,TWU 需要减去旧批次的 BatchTWU,同时删除 2-项集 CUDH 的 batchIU_list 中旧批次的效用记录。当新批次插入时,CWDataList 和 CUDH 结构中关于新批次的信息将得到创建。第一次完成新批次数据的扫描后,假设 I_{SW_c} 为当前窗口 SW_c 的项组成的集合,将当前滑动窗口的所有项 I_{SW_c} 按照 TWU 的升序排列,然后将该顺序用 $\succ_c$ 表示,因为它通常会减小高效用模式挖掘的搜索空间[14]。根据该顺序,所有项集的搜索空间都可以表示为集合枚举树。ETKDS 方法从根(空集)开始执行深度优先搜索,直到探索完整个枚举树。

根据方法的搜索空间以及使用的投影机制,为高效地实施数据集投影,在第二次扫描窗口新批次数据时,ETKDS 方法根据当前滑动窗口 SW_c 的总顺序 $\succ_c$ 对每个事务中的项进行排序,该排序用作方法其余步骤的总排序。在原始事务排序完成后,开始执行伪投影,本节单项的投影信息使用先前提出的 CWDataList 结构的相应节点维护,每个投影的事务都由项在对应原始事务中的偏移量表示,如前所述,偏移量由 offset 表示,因此方法将事务排序后项在该事务中的偏移量赋值给 offset。同时,将该事务的 TID、项在该事务中的效用信息也一并插入项在 CWDataList 中的对应节点。

方法 5-4 ETKDS 方法

输入   一个数据流 DS,批次事务数 Batch size,窗口批次数 Window size,当前的滑动窗口 SW_c。

输出	每个窗口中的 KQ 队列，即返回每个窗口中的前 k 个 HUIs。
1	While *存在事务数据流* do
2	初始化 CUDH、CUQ、CUCBQ 等结构；
3	从数据流 DS 中读取事务并根据 Batch size 添加到 batchTransactions；
4	如果 currentBatch $\geq$ Window size；
5	移除 CWDataList、CUDH 和旧批次事务有关的信息；
6	根据 batchTransactions 更新 CWDataList 和 CUDH 结构；
7	令 $\succ_c$ 为 I_{SW_c} 上项的 TWU 升序；
8	如果 windowsNumber 不等于 1，
9	调用公共批次投影事务重组方法（ I_{SW_c} , CWDataList, $\succ_c$ ）；
10	根据 $\succ_c$ 对 SW_c 的最新批次中的 batchTransactions 进行排序；
11	对于 I_{SW_c} 中的每一个高效用项 i，
12	插入(i, CWDataList.getNode(i).Utility)到队列 KQ；
13	top_k_threshold = max{top_k_threshold, utility_kth_itemset}；
14	Secondary$(\varnothing)$＝$\{i \mid i \in I_{SW_c} \wedge \text{TWU}(i) \geq \text{top\_k\_threshold}\}$ ；
15	CUD strategy(hashmap CUDH, K)；
16	Primary$(\varnothing)$＝$\{i \mid i \in \text{Secondary}(\varnothing) \wedge \text{extUB}_{SW_c}(i) \geq \text{top\_k\_threshold}\}$ ；
17	对于 Primary$(\varnothing)$ 中的每个项 i，
18	$\gamma = \{i\}$ ；
19	sItems $= \{j \mid j \in \text{Secondary}(\varnothing) \wedge j \succ_c i\}$ ；
20	Primary(γ) $= \{z \mid z \in \text{sItems} \wedge \text{extUB}_{SW_c}(\gamma \cup z) \geq \text{top\_k\_threshold}\}$ ；
21	Secondary(γ) $= \{z \mid z \in \text{sItems} \wedge \text{lu}_{SW_c}(\gamma, z) \geq \text{top\_k\_threshold}\}$ ；
22	Search($\gamma, \gamma - \text{DB}, \text{primary}(\gamma), \text{secondary}(\gamma), \text{top\_k\_threshold}, \text{KQ}$) ；
23	CUDCB strategy(Cache, K)；
24	返回 KQ；
25	结束循环。

若当前窗口并非方法产生的首个窗口，则当前窗口的公共批次是从前一窗口保留下来的，其批次内的事务按照前一个窗口的顺序 $\succ_{c-1}$ 排列，需要按照当前窗口中的 $\succ_c$ 顺序执行公共批次投影事务重组方法，更新 CWDataList 中 extUB_{SW_c} 、

公共批次事务的offset等信息，为接下来的挖掘过程做好准备。

至此，CWDataList 结构信息已经全部完成构建和更新，在开始正式挖掘过程之前，被创建的每个窗口的初始阈值设定为 0。方法将各个项目及其效用值插入 top-k 优先级队列 KQ，然后按效用值的降序对队列进行排列。ETKDS 方法将 KQ 中的第 k 个效用值与当前 top_k_threshold 进行比较，较大的值作为新的 top_k_threshold（第 13 行）。（值得注意的是，除了第一个滑动窗口的初始阈值为 0 外，其余窗口的初始阈值由 CUDCB 策略给出）。根据属性 5-1，TWU < top_k_threshold 的项及其超集都不会是高效用模式。因此，TWU ≥ top_k_threshold 的项加入 Secondary($\varnothing$) 集合，Secondary($\varnothing$) 作为有希望的项构成的集合，将可能用于构建搜索空间。该方法调用 CUD 策略并提升 top_k_threshold（第 15 行），随后方法计算 Secondary($\varnothing$) 中每个项的 $extUB_{SW_c}$，根据属性 5-1，若 $extUB_{SW_c}(i) <$ top_k_threshold，则项 i 子树下的任何扩展都不会成为高效用模式。因此，若 $extUB_{SW_c}(i) \geqslant$ top_k_threshold，则将该项加入 Primary($\varnothing$) 集合中。ETKDS 方法接下来遍历 Primary($\varnothing$) 中的项 i，深度搜索 i 开头的超集。CWDataList 结构记录了事务 TID 和项在事务中的 offset 信息，因此该过程可直接使用以上信息创建项 i 的投影数据集 γ – DBSet，无须重新扫描全部事务数据。现在，需要考虑可用于扩展 i 的有前途的项。首先，建立一个称为 sItems 的候选项集合。然后，通过一次扫描投影数据集 γ – DBSet，对于每一项 $z \in$ sItems，计算出 $extUB_{SW_c}(\gamma \cup z)$ 和 $lu_{SW_c}(\gamma, z)$ 等信息，生成集合 Primary(γ) 和 Secondary(γ)，用于调用过程 Search（方法 5-5）来挖掘 γ 的扩展项集。

在搜索过程中，将当前项 γ、投影数据集 Primary、Secondary、top_k_threshold 和优先级队列 KQ 作为输入。为每个项 $x \in$ Primary(γ) 创建一个扩展项集 $\beta = \{\gamma \cup x\}$，然后生成 β – DBSet，它是 β 的投影数据集。检查项集 β 是否为高效用模式，如果 β 的实际效用不小于当前的 top_k_threshold，该方法尝试将 β 插入优先级队列 KQ 中，并更新 top_k_threshold。方法 5-5 扫描 β – DBSet，和方法 5-4 类似，依然需要从集合 Secondary(γ) 中筛选出候选项集，将其放入 sItems。随后对于其中的每一个项 z，均计算 $extUB_{SW_c}(\beta \cup z)$ 和 $lu_{SW_c}(\beta, z)$ 等信息，根据以上效用信息（属性 5-2 以及定义 5-6）分别找到针对项集 β 的首要项集 Primary(β) 和次要项集 Secondary(β)。最后，使用深度优先搜索递归调用自身以扩展 β。在上述挖掘过程中，该方法使用基于局部效用的剪枝策略来选择 β 的候选扩展项。然后该方法使用基于 extUB 效用的修剪策略和基于局部效用的修剪策略，分别从先前选择的 β 的有希望候选扩展项中选择 β 的可扩展子节点和 β 的所有子树的有希望候选扩展项，继续递归搜索。换言之，基于局部效用的修剪策略可以显著减少基于extUB效用的修剪策略计算的候选数，并加快修剪过程。因此，当数据流上的数据量较大时，同时使用两种修剪策略是有益的。

ETKDS 方法完成 Primary($\varnothing$) 中所有项的搜索过程后，ETKDS 方法调用 CUDCB 策略为下一个滑动窗口（第 23 行）提供初始阈值。本节提出的阈值提升策略 CUDCB 不同于 Vert_top-k DS 在滑动窗口之间采用的策略。CUDCB 策略不需要计算和维护每个批次中所有高效用模式的实际效用。如前所述，该策略在 CUD 策略之后执行，不会产生任何关于项集效用值的计算处理。接下来 ETKDS 方法返回当前滑动窗口中前 k 个高效用模式的完整集合。随后窗口继续向前滑动，对其他窗口展开 top-k 高效用模式的挖掘工作。

本节采用的投影以及事务合并技术使得模式搜索过程具有较低的复杂度。由于本节首先根据事务的总顺序对原始数据进行排序，排序在 $O(n\log n)$（其中 n 是事务数）时间内完成，在投影的数据集中创建所有相同的事务只需将每个事务与紧邻的下一个事务进行比较即可。因此，使用此方案，只需在线性时间内扫描投影数据一次，就可以非常高效地进行事务合并。先前识别相同事务的简单方法是将所有事务相互比较，但这是低效的（$O(n^2)$）。值得注意的是，ETKDS 方法中提出的事务合并技术无法在基于效用列表和基于超链接的方法中有效实现，因为它们具有特殊的数据集垂直表示形式。为了处理整个优先搜索过程中遇到的每个首要项集 γ，ETKDS 方法在 $O(n)$ 时间内执行数据集投影、事务合并和效用上限计算。然而基于效用列表的方法在扩展模式时的时间复杂度非常高。一般来说，它需要连接三个较小项集的效用列表，因此在最坏的情况下需要 $O(n^3)$ 时间。

方法 5-5　搜索过程

输入　一个项集 γ，一个投影数据集 $\gamma-\text{DBSet}$，γ 的首要项集合 Primary(γ)，γ 的次要项集合 Secondary(γ)，top-k 最小效用阈值 top_k_threshold，包含 K 个项集的优先级队列 KQ。

输出　SW_c 中 KQ，即当前窗口中的前 k 个高效用模式。

1　　　对于 Primary(γ) 中的每一个项 x，

2　　　　　对 $\beta=\gamma\cup\{x\}$；

3　　　　　$\gamma-\text{DBSet}$ 使用投影事务合并技术得到的 β 的投影数据集 $\beta-\text{DBSet}$；

4　　　　　如果 $u_{\text{SW}_c}(\beta)\geqslant$ top_k_threshold，

5　　　　　将 β 添加到 KQ 中，并提升最小效用阈值 top_k_threshold；

　　　　　sItems $=\{j\,|\,j\in\text{Secondary}(\gamma)\wedge j\succ_c x\}$；

7　　　　　通过扫描一次 $\beta-\text{DBSet}$，计算 $u_{\text{SW}_c}(\beta\cup z)$，$\text{extUB}_{\text{SW}_c}(\beta\cup z)$ 和 $\text{lu}_{\text{SW}_c}(\beta,z)$，其中 $z\in$ sItems；

8	$\text{Primary}(\beta) = \{z \mid z \in \text{sItems} \wedge \text{extUB}_{SW_c}(\beta \cup z) \geqslant \text{top\_k\_threshold}\}$;
9	$\text{Secondary}(\beta) = \{z \mid z \in \text{sItems} \wedge \text{lu}_{SW_c}(\beta, z) \geqslant \text{top\_k\_threshold}\}$;
10	$\text{Search}(\beta,\ \beta - \text{DBSet},\ \text{Primary}(\beta),\ \text{Secondary}(\beta),\ \text{top\_k\_threshold}, \text{KQ})$;
11	返回 KQ。

5. 实例分析

本小节给出整个方法流程的说明性实例，以展示 ETKDS 方法如何从数据流窗口中找到 top-k 高效用模式。以图 5-1 为例，k 设为 5。结合图 5-1 首个窗口，首先按 TWU 升序对项进行排列，顺序为 $F \prec B \prec D \prec C \prec A \prec E$。

接下来遍历窗口的事务并按上述顺序排列，在这个过程中为每个项构建结构 CWDataList 节点和 CUDH 结构。所有数据扫描完毕后，以项 F 和 C 为例，它们的 CWDataList 节点结构分别如图 5-4 和图 5-5 所示。

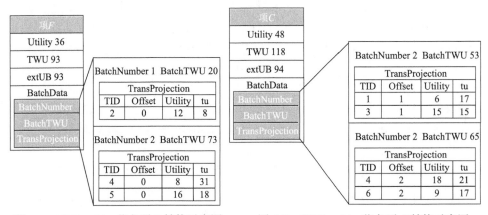

图 5-4　CWDataList 节点项 F 结构示意图　　　图 5-5　CWDataList 节点项 C 结构示意图

接下来遍历每个项的 CWDataList 节点，分别将长度为 1 的项和效用值依次加入，此时优先级队列内存储的项分别为 F, B, D, C, A, E；效用值分别为 8, 26, 18, 48, 36, 36。根据效用值从高到低对项进行排序，排序后的顺序为 C, A, E, B, D, F。此时，由于是首个窗口，初始阈值为 0，阈值提升为 18。随后，筛选出 $\text{Secondary}(\varnothing) = \{F, B, D, C, A, E\}$。这是因为所有项的 TWU 均大于 18。接下来运行 CUD 策略，此时阈值提升为 40。$\text{Primary}(\varnothing) = \{F, B, D, C, A, E\}$。首先，对 F 进行深度搜索，在此之前得出 $\text{Primary}(F) = \{B, D, A, E\}$，$\text{Secondary}(F) = \{B, D, A, E\}$。因此，$F$ 首先扩展项 B，得到项集 FB。然后构造项集 FB 的伪投影，项集 FB 的事物投影示意图如图 5-6 所示。

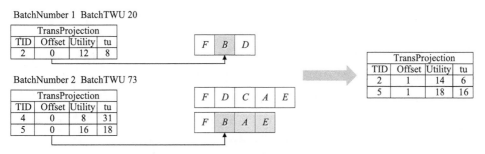

图 5-6　项集 *FB* 的事务投影示意图

此时，*FB* 的效用等于 32，小于阈值 40，因此 *FB* 不能加入 top-k 队列。继续以类似方法深度遍历项集，直到遍历到项集 *FAE*，此时其效用为 48，因此将其加入 top-k 队列中，同时去除队列中优先级最低的项集 *D*，因为其效用值在当前队列中最低。此时，将队列中存储的最新最低效用值和当前阈值进行比较，将较大的值作为新阈值，而当前阈值更高，因此阈值仍为 40。最终，方法遍历完所有搜索空间后得出该窗口完整的 top-k 集合为{*DCA*, *CE*, *CA*, *DCAE*, *CAE*}。接着运行 CUDCB 策略，此时阈值更新为 34，该阈值将作为下一窗口的初始阈值。

当新的窗口到来时，旧的批次被删除，此时 TWU 更新后得出项的排序为 *C*，*D*，*F*，*B*，*E*，*A*。按照该顺序，剩余的 CWDataList 节点需要进行公共批次投影事务重组，然后将新批次事务信息添加到节点。以项 *F* 为例，其节点信息更新构建过程如图 5-7 所示。所有节点构建完成后，将队列中存储的第 *k* 大的效用值 13 和当前阈值 34 进行比较，显然阈值仍然保持为 34。其余步骤和前一窗口基本一致，最终挖掘出新的模式集合为{*CDFEA*: 68, *CE*: 68, *CDEA*: 73, *FA*: 74, *CDE*: 81}。

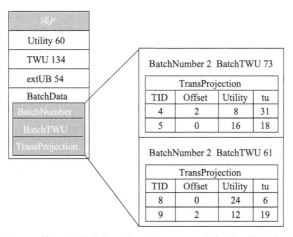

图 5-7　第 2 个滑动窗口中 CWDataList 节点项 *F* 的示意图

5.1.3　实验与分析

本小节主要从实验设计、实验结果两个方面进行描述，在具有 16GB 可用随机存取存储器、Intel Core-i7-6700@2.60GHz CPU 和运行 Windows10 操作系统的计算机上进行实验。ETKDS 方法和 Vert_top-k DS 方法的比较实验中使用的数据集包括 Connect、Retail、Chainstore 以及 Accidents，与 Vert_top-k DS 方法对比实验中对应数据集上的窗口大小与批次大小分别为(3，10000)、(3，10000)、(6，100000)、(3，50000)，使得两种方法可以在每个数据集上运行多个批次，以评估方法在动态环境中的性能。ETKDS 方法与 TKEH 方法比较实验中使用的数据集包括 Foodmart、Retail、Mushroom 以及 Chess。Connect、Retail 和 Mushroom 数据集的基本特征见表 3-6，Chainstore 数据集的基本特征见表 4-4，Accidents 数据集的基本特征见表 3-19，Foodmart 数据集的基本特征见表 4-1。TKEH 方法是一种静态方法，与 ETKDS 方法设计工作的数据环境不同。为了控制实验变量，在本节实验中，ETKDS 方法在单个窗口和单个批次中运行整个数据集，即在单个窗口内模拟静态环境挖掘任务以评估方法的性能。两个表都描述了数据集的特征，如事务数量(#trans)、数据集中不同项的数量(#items)和平均事务长度(#Avg.length)，ChainStore、Retail、Accidents、Chess、Foodmart 和 Mushroom 数据集具有真正的效用值，其他数据集具有综合效用值，即使用[1, 10]中的均匀分布生成了内部效用值。ChainStore 数据集来自 NUMineBench 软件发行版，Connect 数据集来自 FiMi 存储库[①]，其他数据集来自 SPMF[②]。Connect、ChainStore、Accidents、Chess、Foodmart、Mushroom 和 Retail 数据集的实际大小分别为 16.1MB、79.2MB、63.1MB、641KB、175KB、1.03MB 和 6.42MB。

1. 实验设计

实验将提出的 ETKDS 方法与 TKEH 方法和 Vert_top-k DS 方法的性能进行比较，这些方法是利用 Java 语言编写的。目前，TKEH 方法是在静态数据集中挖掘 top-k 高效用模式最先进的方法。Vert_top-k DS 方法是在数据流中挖掘 top-k 高效用模式最先进的方法。此外，本节设计了 ETKDS 方法的两种变体，以评估阈值提升策略对 ETKDS 方法的影响，分别称为 ETKDS(CUD)方法和 ETKDS(CUDCB)方法。其中，ETKDS(CUD)方法是只使用 CUD 策略的方法，ETKDS(CUDCB)方法是只使用 CUDCB 策略的方法，ETKDS 方法同时使用两种提升策略。实验在以下参数上比较了方法：挖掘的模式结果、挖掘 top-k 高效用模式所需的总运行时间、运行期间的平均内存消耗以及一些方法产生的候选项集

[①] http://fimi.uantwerpen.be/data/

[②] http://www.philippe-fournier-viger.com/spmf/

的数量。在以下三种情况下进行实验：

(1) 比较 k 不同时 TKEH 方法和 Vert_top-k DS 方法的变化。

(2) 与 Vert_top-k DS 方法变化窗口大小时的比较。

(3) 与 Vert_top-k DS 方法变化数据集大小时的比较。

2. 变化 k 值的影响

首先将实验数据集及其对应参数下 TKEH 方法和 Vert_top-k DS 方法的挖掘结果进行对比。比较结果分别如表 5-1 和表 5-2 所示。分析结果表明，当 k 值相同时，ETKDS 方法和 TKEH 方法在挖掘同一数据集时得到的 k 个结果完全相同。在相同的窗口大小和批次大小下，本节 ETKDS 方法最终在所有窗口中生成与 Vert_top-k DS 方法完全相同的模式结果。综上所述，ETKDS 方法挖掘的结果是完整且正确的。

表 5-1　ETKDS 方法和 TKEH 方法之间的结果评估

k	Retail		Mushroom		Foodmart		Chess	
	数量	一致性	数量	一致性	数量	一致性	数量	一致性
1	1	是	1	是	1	是	1	是
100	100	是	100	是	100	是	100	是
500	500	是	500	是	500	是	500	是
1000	1000	是	1000	是	1000	是	1000	是

表 5-2　ETKDS 方法与 Vert_top-k DS 方法之间的结果评估

k	Connect		Retail		ChainStore		Accidents	
	数量	一致性	数量	一致性	数量	一致性	数量	一致性
1	5	是	7	是	7	是	5	是
100	500	是	700	是	700	是	500	是
300	1500	是	2100	是	2100	是	1500	是
500	2500	是	3500	是	3500	是	2500	是

接下来，为了验证方法在单窗口中的挖掘性能，将 ETKDS 方法与 TKEH 方法进行比较。根据实验设置，ETKDS 方法会构造一个批次大小等于数据集事务大小的窗口，并且只进行一次挖掘，以保证两种方法的输入数据完全相同。由于 CUDCB 策略在单窗口使用时没有实际意义，本实验使用 ETKDS(CUD) 方法代替 ETKDS 方法参与比较。在单个窗口中 k 值变化对运行时间和内存消耗的影响分别如图 5-8 和图 5-9 所示。观察实验数据可以看出，当 k 值较小时，方法的初始阈值往往较

高。在这种情况下，影响方法运行时间性能的最大因素往往是阈值提升策略和数据结构的构建。两种方法都使用了 RIU 和 CUD 阈值提升策略，TKEH 方法还额外增加了 COV 阈值提升策略，已经证明 COV 对 TKEH 方法在 Retail 等稀疏数据集上的运行时间性能提升有很好的效果。然而，ETKDS 方法在 Retail 数据集上的运行时间仍然少于 TKEH 方法，这是因为 ETKDS 方法中使用的结构和结构构建方法具有明显的优势（如 3.2 节所述）。因此，当数据集中的项和事务数量明显较大时（如 Retail），ETKDS 方法将具有很大的速度优势，而 TKEH 方法的事务扫描速度很慢。在所含项和事务数量较少的数据集上，如 Chess、Mushroom 等，一般来说，k 值越高，ETKDS（CUD）方法的运行时间越短。这是因为在这种情况下方法的初始阈值较低，修剪策略和阈值提升策略对方法都有很大的影响。通过使用局部效用代替 TWU，ETKDS（CUD）方法可以获得更紧凑的效用上限，进一步缩小了搜索空间。k 值越高，搜索空间修剪策略的优势越明显。在项较少的数据集上，ETKDS 方法的内存消耗较少。当一个数据集中有很多项时，ETKDS 方法会消耗更多的内存，原因是 ETKDS 方法需要为每个项建立一个列表结构，以维护不同批次在数据流中的投影，所以 ETKDS 方法比传统静态方法使用的数组复杂。

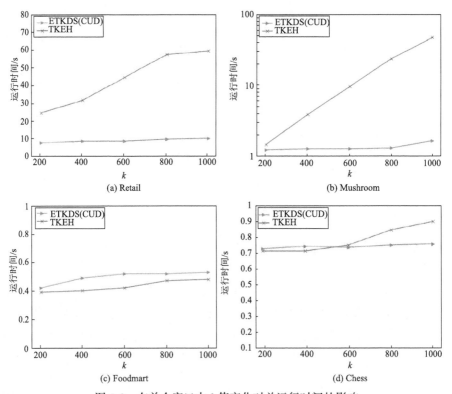

图 5-8　在单个窗口中 k 值变化对总运行时间的影响

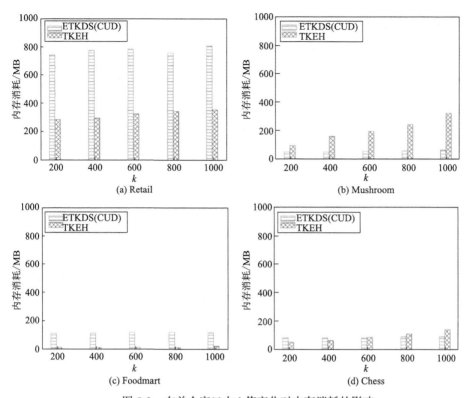

图 5-9　在单个窗口中 k 值变化对内存消耗的影响

　　然后,本小节比较了 Vert_top-k DS 方法和 ETKDS 方法在各种稀疏数据集和密集数据集上的性能。在多个窗口中 k 值变化对总运行时间的影响如图 5-10 所示,生成的候选项集数量结果如表 5-3 所示。结果表明,在几乎所有类型的数据集上,本节所提方法及其变体的运行时间低于对比方法 Vert_top-k DS 方法,需要遍历的候选项集数量也少于 Vert_top-k DS 方法。但是,方法之间的性能差距在不同类型的数据集上略有不同。

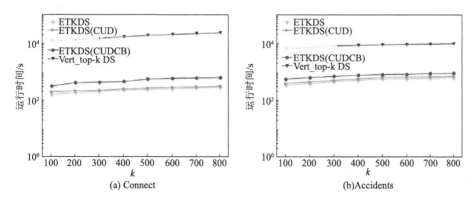

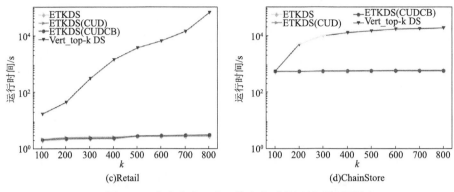

图 5-10　在多个窗口中 k 值变化对总运行时间的影响

表 5-3　在多个窗口中 k 不同时生成的候选项集数量

数据集	k	ETKDS	ETKDS (CUD)	ETKDS (CUDCB)	Vert_top-k DS
Connect	100	964280	965076	1773701	15106166
	300	2359647	2359905	4215389	16714255
	500	4003832	4004060	6610411	20373328
	700	6031350	6031552	9456271	24765852
Accidents	100	146559	147445	237667	3462426
	300	457096	459134	747886	8285458
	500	613980	615870	2002543	8304026
	700	2702383	2714443	2745146	8504771
Retail	100	43445	44913	43708	24037137
	300	74818	77004	75839	98943831
	500	90877	93937	94166	156568444
	700	105545	110793	138390	222743759
ChainStore	100	40544	40544	40544	54957268
	300	119527	119527	119527	236253650
	500	154527	154936	154527	397792596
	700	181829	182080	181829	540608869

　　对于密集数据集，ETKDS 方法、ETKDS（CUB）方法使用第 k 个项的效用来提升 top_k_threshold，也使用第 k 个 2-项集在整个滑动窗口中的实际效用来提升阈值，这比 Vert_top-k DS 方法仅使用第 k 个项的实际效用更加有用。具体来说，ETKDS 方法在 Connect 数据集上的运行速度比 Vert_top-k DS 方法快 98 倍左右，生成的候选项集数量平均减少了一个数量级。在 Accidents 数据集上，ETKDS 方法在不同 k 值下的运行速度比 Vert_top-k DS 方法快 90～94 倍，生成的候选项集

数量平均也减少了一个数量级。虽然 ETKDS(CUDCB)方法提升的阈值可能小于 ETKDS(CUD)方法,并且当数据集很稠密时,CUDCB 方法可能比 Vert_top-k DS 方法的阈值提升策略效果略差,因为这时往往存在较多长度大于 2 的高效用模式。然而,ETKDS(CUDCB)方法在所有密集数据集上仍然比 Vert_top-k DS 方法具有更短的运行时间,并且生成的候选项集数量更少。这是因为本节所提方法采用了最佳的搜索空间构建方法,对公共批次的投影事务使用重组技术和更紧凑的修剪策略,大大减小了搜索空间。

在密集数据集上比较 ETKDS 方法及其变体的实验数据,可以发现 ETKDS 方法使用的两种阈值提升策略是有效的。与使用单一阈值提升策略的 ETKDS(CUD)方法和 ETKDS(CUDCB)方法相比,ETKDS 方法的运行时间最短,候选项集数量最少,说明两种阈值提升策略对此类数据集均有效,因为 ETKDS 方法通过 CUD 和 CUDCU 策略取得了比 ETKDS(CUD)方法和 ETKDS(CUDCB)方法更优的性能。此外,大多数项集通常均匀地出现在密集数据集的所有批次中,但 CUDCB 策略仅计算常见批次中 2-项集的效用。因此,ETKDS 方法和 ETKDS(CUD)方法在大多数情况下生成的候选项集数量比 ETKDS(CUDCB)方法少,运行时间也较短。在 Connect 数据集上,ETKDS 方法生成的候选项集比只使用 CUDCB 策略的 ETKDS(CUDCB)方法减少了 35%~45%,运行时间减少了 52%。在 Accidents 数据集上,ETKDS 方法生成的候选项集与仅使用 CUDCB 策略的 ETKDS(CUDCB)方法相比,最大减少了 45%左右,运行时间平均减少了约 31%。

对于稀疏数据集,ETKDS 方法、ETKDS(CUDCB)方法和 ETKDS(CUD)方法的运行时间非常接近。尽管 CUD 和 CUDCB 策略在一定程度上减少了候选项集数量(如表 5-3 中的 Retail 数据集),但数据集中的项可能只出现在极少数事务中。随着投影过程的深入,在项集扩展过程中需要搜索的投影事务数迅速减少,并且项的递归投影水平普遍低于在密集数据集上的递归投影水平。因此,方法的投影构建成本和数据集扫描成本都大大降低,导致候选项集数量的微小变化和不同的阈值提升策略对节省本节所提方法运行时间的影响非常有限。实验也表明,CUDCB 策略在阈值提升效果并不优于 Vert_top-k DS 方法的基础上,ETKDS(CUDCB)方法与 Vert_top-k DS 方法相比仍然可以保持较大的时间优势,说明 ETKDS 方法及其变种在投影事务重组的基础上可以保证较小的搜索空间。ETKDS(CUDCB)方法进一步利用投影技术和多重修剪策略,对大量的候选项集进行修剪。Vert_top-k DS 方法生成大量的候选项集,由于其修剪策略不够紧凑,需要进行大量的垂直效用列表结构的构建和连接操作。在候选项集方面,ETKDS(CUDCB)方法生成的候选项集数量比 Vert_top-k DS 方法在 Retail、ChainStore 数据集上生成的候选项集数量少 3 个数量级左右。在运行时间方面,如图 5-10(c)和(d)所示,ETKDS(CUDCB)方法在 Retail 和 ChainStore 数据集上的运行时间与 Vert_top-k DS 方法相比分别减少了约 70% 和 93%。

3. 变化窗口大小的影响

对于滑动窗口模型，窗口大小对模型的运行效果影响很大。为了分析该参数的影响，本小节将 k 固定为 500，并使用密集数据集 Accidents 和稀疏数据集 ChainStore 在各种参数下进行实验，评估 ETKDS 方法的运行时间和内存消耗。如图 5-11 和表 5-4 所示，ETKDS 方法生成的候选项集数量随着 ChainStore 数据集上窗口大小的增加而减少。在 Accidents 数据集中，候选项集数量随着窗口大小的增加而增加。Accidents 数据集的密集性往往产生大量长度较长的高效用模式，投影的成本逐渐增加。由于 ChainStore 数据集稀疏的特点，两个数据集出现了相反的结果。运行时间的变化趋势与候选项集数量的变化趋势基本一致，随着窗口大小的增加，ETKDS 方法在 Accidents 数据集上的运行时间增加，在 ChainStore 数据集上的运行时间减少。与 Vert_top-k DS 方法相比，ETKDS 方法在两个数据集上的内存消耗都更低，这说明两种方法的运行时间与搜索空间中实际遍历的中间节点数存在一定的相关性。

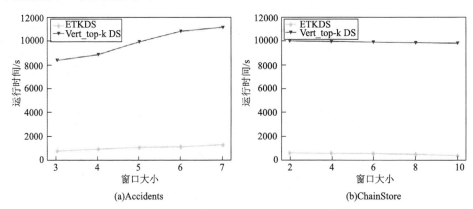

图 5-11　窗口大小变化对总运行时间的影响

表 5-4　方法在不同窗口大小下生成的候选项集数量

数据集	窗口大小	ETKDS	Vert_top-k DS
Accidents	3	613980	6568143
	4	734051	6531135
	5	826609	6973685
	6	856735	7249794
	7	1120831	115764035
ChainStore	2	253259	233605737
	4	196914	577255173
	6	154527	497792596

续表

数据集	窗口大小	ETKDS	Vert_top-k DS
ChainStore	8	111126	397792596
	10	66193	297792596

更关键的一点是，ETKDS 方法使用的公共批次投影事务重组技术，使得每个滑动窗口都有更小的搜索空间，也使得本节中的修剪策略仍然有效地运行在每个滑动窗口中。随着实验窗口数量的逐渐增多，ETKDS 方法在时间上的优势进一步凸显和扩大。

同时，根据图 5-12 所示的内存消耗结果，ETKDS 方法在 Accidents 数据集上的内存消耗最低，明显低于对比方法。当窗口较小时，ETKDS 方法在 ChainStore 数据集上的内存消耗也较低。这是因为 ETKDS 方法采用的伪投影技术不需要为每个项集重建投影事务，扩展一个项集时只需要更新原投影就可以得到子投影，而 Vert_top-k DS 方法需要为每个扩展项集创建一个新的效用列表。此过程需要两个效用列表连接来重新创建新效用列表的事务元组，当数据集密集时，会消耗更多的内存。此外，Vert_top-k DS 方法在不同的滑动窗口中生成了大量的候选项集，因为方法之间的搜索空间构建机制和使用的修剪策略不同。如前所述，Vert_top-k DS 方法需要计算候选项集在它出现的所有事务中的剩余效用，并创建相应的效用列表结构来存储这些信息。因此，Vert_top-k DS 方法的存储结构在 ChainStore 等大型数据集上消耗了更多的内存。值得注意的是，ETKDS 方法在 ChainStore 数据集中的运行时间和候选项集数量逐渐减少，但内存消耗随着窗口的增大呈现增加的趋势。这是因为 ChainStore 数据集是一个包含大量项的稀疏大数据集。随着窗口的增大，CWDataList 需要在窗口中创建更多的批次。同时，存储在 CUDH 方法中的每个 2-项集的批量创建和维护成本进一步增加，从而导致内存消耗增加。

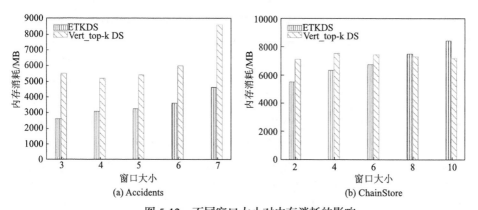

图 5-12　不同窗口大小对内存消耗的影响

4. 数据集大小的影响

在本小节中，选择表 5-1 中的 Accidents 和 ChainStore 数据集来评估 ETKDS 方法的可扩展性，以验证方法的运行时间和内存消耗不会呈指数增长。实验逐渐增加挖掘事务的数量来测试运行时间和内存消耗等指标，即事务数量从整个数据集的 50%增加到 100%，对比方法仍为 Vert_top-k DS 方法，k 固定为 500。

从图 5-13 可以看出，在密集数据集 Accidents 上，ETKDS 方法相对 Vert_top-k DS 方法的时间优势随着挖掘事务数量的增加而逐渐扩大，Vert_top-k DS 方法的运行时间增长率明显高于 ETKDS 方法。尽管 Vert_top-k DS 方法在稀疏数据集 ChainStore 上实验后期的运行时间趋于平坦，并且运行时间增长率略低于 ETKDS 方法，然而整个实验中 Vert_top-k DS 方法的平均运行时间增长率仍然高于 ETKDS 方法。总之，本节提出的 ETKDS 方法比 Vert_top-k DS 方法具有更高的时间可伸缩性，在密集数据集上具有更大的优势。

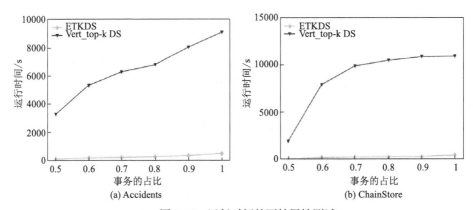

图 5-13　运行时间的可扩展性测试

从图 5-14 可以看出，在密集数据集上，ETKDS 方法的平均内存消耗增长率低于对比方法 Vert_top-k DS，具有更好的内存可扩展性。在 ChainStore 数据集上，Vert_top-k DS 方法的内存消耗增长较慢。这是因为尽管 ETKDS 方法采用的修剪策略和阈值提升策略可以生成较少的候选项集，但在大型稀疏数据集 ChainStore 上，挖掘到的项集长度通常非常短。此外，包含一个项集的事务数较少，这也意味着项集数量的减少对效用列表结构和投影结构的内存消耗影响有限，因此这两种方法在 ChainStore 数据集上的内存消耗相对接近。同时，随着挖掘事务的增加，出现的项集数量也会增加，因为 ChainStore 数据集中的项集数量远远多于 Accidents 数据集上的项集数量。除了 CWDataList 的构建之外，本节提出的 CUDH 结构需要记录更多项集的信息，而 CUCBQ 方法需要存储更多候选最小效用阈值。因此，ChainStore 数据集上 ETKDS 方法的内存消耗可扩展性略弱于 Vert_top-k DS 方法。

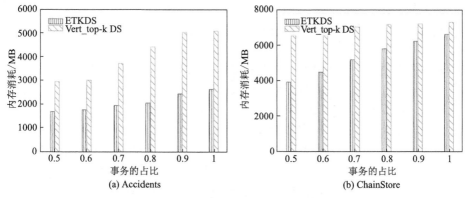

图 5-14 内存消耗的可扩展性测试

5.1.4 本节小结

在本节中，提出了一种新的 ETKDS 方法。该方法借助提出的 CWDataList 结构，采用基于投影的模式增长方式在数据流滑动窗口中挖掘 top-k 高效用模式，并使用投影事务合并技术来降低数据集扫描的成本。ETKDS 方法设计的阈值提升策略、公共批次投影事务重组技术等使得方法的搜索空间大幅降低，遍历候选项集数量明显减少。实验已表明，本节所提方法的运行时间总体优于目前最先进的静态方法和动态 top-k 挖掘方法。同时，内存消耗也比数据流上的现有方法更低。

5.2 闭合高效用模式挖掘

top-k 高效用模式挖掘方法虽然可以精简高效用模式的数量，但是该精简方式相对全集模式来说信息是有损的，同时结果之间可能存在模式冗余问题。因此，本节对数据流环境开展另一种精简高效用模式类型的挖掘研究，提出一种闭合高效用模式挖掘方法。首先对闭合高效用模式挖掘方法的研究背景进行介绍。然后介绍设计并实现基于滑动窗口模型的数据流闭合高效用模式挖掘（closed high utility pattern mining over data streams based on sliding window model, CHUP_DS）方法，描述方法中提出的相关技术和执行过程。

5.2.1 研究背景

传统高效用模式挖掘的缺点是方法返回的结果集较大、冗余模式较多，已经提出的 top-k 精简方式虽然能提取指定数量的模式，但难免丢失很多关键信息，同时无法有效去除结果内的冗余模式。针对以上问题，研究者提出一种精简且无损的高效用模式表示形式，称为闭合高效用模式。由称为效用单元阵列的特殊结构对每个 CHUP 进行注释，采用这种结构的高效用模式全集可在无须访问初始数据集的情况下从该精简集合派生出来，因此 CHUP 的集合被认为是无损且去冗余的。相对于有限的内存空间，CHUP 挖掘能更好地满足用户需求，开展此类挖掘的研究具有重要意义，且近年来不断有方法被提出。

Wu 等[35]提出了一种名为 CHUI-Miner 的新颖方法，该方法依赖垂直的效用列表结构以单阶段发现 CHUP。通过该结构的剩余效用属性，可得到关于项集超集更紧凑的效用上限，从而可以较大范围地修剪搜索空间。在增量数据环境中，针对前面描述的同样的相关问题，研究者提出 IncCHUI 方法[38]，其使用增量效用列表结构从数据集中挖掘 CHUP。IncCHUI 方法仅扫描初始数据集或更新的数据集 1 次，以构造单项的列表，使用称为 CHT 的散列表存储目前发现的 CHUP。对于在更新的数据集上挖掘时发现的每个闭合高效用模式 P，首先检查该模式是否已在 CHT 中，再决定是否需要将 P 插入 CHT 中。这是目前首个对增量数据集进行闭合高效用模式挖掘的方法。但是，目前闭合方法主要针对静态环境和增量环境，数据流环境中还未开展此类研究。另外，传统静态闭合方法的列表结构没有更新数据的机制，现有增量闭合方法在普通列表结构上进行更新，制定了增量更新机制。针对数据流中的滑动窗口特性，上述结构仍无法满足侧重存储最新数据的需求。综上，亟待开展数据流上的 CHUP 挖掘研究。

本节首次进行数据流上闭合高效用模式挖掘的研究，提出 CHUP_DS 方法。该方法的主要创新和贡献如下：

（1）提出称为闭合高效用信息列表（closed high-utility information list, CH-List）的新结构，该结构适用于数据流滑动窗口，通过添加一个 HistorySet 集合，使得 CHUP_DS 方法关于闭合约束的计算得以实现，而这对于挖掘闭合高效用模式是至关重要的，这也是 CHUP_DS 方法和现有其他数据流方法列表结构的区别。

（2）在新批次进入、旧批次删除的过程中，项的 TWU 排序已经发生变化，由于本节所提方法依然像 5.1 节的 ETKDS 方法那样遵循项的优化排序，并采用窗口的 Reu 修剪策略，该策略将无法正确对新搜索空间进行修剪。因此，本节提出一种公共批次事务元组重组方法和一种称为批次剩余效用列表的辅助计算结构（batch based remaining utility table, BRU_table）以更新 CH-List，其可确保修剪策略在任意窗口均有效运行，保证数据流上方法的效率和正确性。

（3）本节所提方法还依据 5.1 节定义的 Reu 效用，通过在闭包检查过程中增加剩余效用修剪策略来改进闭包挖掘技术，使得每个窗口中闭包挖掘的速度大幅提升。

5.2.2 CHUP_DS 方法研究

基于研究内容的描述，接下来本节先介绍相关定义和属性，再介绍关键结构、技术以及方法过程。CHUP_DS 方法的总体框架结构如图 5-15 所示。

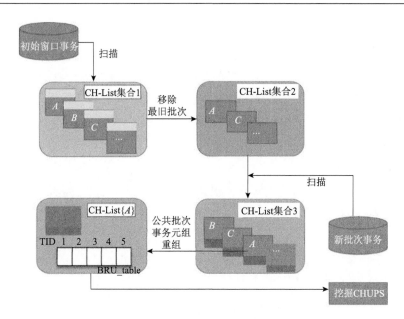

图 5-15　CHUP_DS 方法的总体框架结构

定义 5-9（TidSet 和支持度）　项集 X 的 TidSet 表示为 $\text{TidSet}_{\text{SW}_k}(X) = \bigcup_{X \subseteq T, \cap T_r \in \text{SW}_k} r$，并定义为窗口 SW_k 中包含 X 的所有事务的 TID 集合。项集 X 的支持度是 DS 中某窗口 SW_k 包含 X 的事务数除以该窗口中的事务总数，并表示为 $\sup_{\text{SW}_k}(X)$，定义为 $\sup_{\text{SW}_k}(X) = |\text{TidSet}_{\text{SW}_k}(X)| / |\text{SW}_k|$。

属性 5-5　对于窗口 SW_k，令项集 Y 为 X 的真超集，则有 $\text{TidSet}_{\text{SW}_k}(Y) \subseteq \text{TidSet}_{\text{SW}_k}(X)$。

定义 5-10（闭合项集）　如果 SW_k 中不存在真超项集 $Y \supset X$ 使得 $\sup_{\text{SW}_k}(X) = \sup_{\text{SW}_k}(Y)$，则项集 X 在窗口 SW_k 中称为闭合项集。闭合项集的完整集合表示为 C_{SW_k}。

定义 5-11（项集的闭包）　令 Y 为项集 X 的超集，如果 Y 是闭合的且 $\sup_{\text{SW}_k}(Y) = \sup_{\text{SW}_k}(X)$，则 Y 称为 X 在 SW_k 中的闭包。X 的闭包定义为 $\text{Closure}(X) = \bigcap_{r \in \text{TidSet}_{\text{SW}_k}(X)} T_r$。

如图 5-1 所示，窗口 SW_1 中，$\text{Closure}(\{AB\}) = T_1 \bigcap T_5 \bigcap T_6 = \{ABCE\} \bigcap \{ABEF\} \bigcap \{ABCDE\} = \{ABE\}$。

定义 5-12（闭合高效用模式）　如果项集 P 是 SW_k 中的高效用模式且满足 $P \subseteq C_{\text{SW}_k}$，则 P 为闭合高效用模式。

属性 5-6　对于任何高效用模式 X，都存在一个闭合高效用模式 Y，使得

$Y = \text{Closure}(X)$ 且 $u(Y) \geqslant u(X)$。

属性 5-7　对于不是闭合高效用模式的任何项集 X，其所有子集都是低效用的。

定义 5-13　若 $T_r(T_r \in \text{SW}_k)$ 中存在的项按 TWU 升序排列，则排列后的该事务称为重组事务 T_r'。给定项集 X 和 $X \subseteq T_r'$，在 T_r' 中，X 之后所有项的集合记为 T_r' / X。

属性 5-8（剩余效用上限扩展属性）　如果 $\text{Reu}_{\text{SW}_k}(X) < \text{minutil}$，则 X 的所有扩展项集在 SW_k 中都是低效用项集。

证明　设项集 Y 为 X 的扩展，$X \subset Y$，$\text{TidSet}_{\text{SW}_k}(Y) \subseteq \text{TidSet}_{\text{SW}_k}(X)$。令 Y/X 表示 Y 中在 X 之后的所有项的集合。根据定义 2-1、定义 2-2、定义 2-3、定义 5-1 和定义 5-13，存在

$$u_{\text{SW}_k}(Y) = \sum_{T_r' \in \text{TidSet}_{\text{SW}_k}(Y)} u(Y, T_r')$$

其中，

$$u(Y, T_r') = u(X, T_r') + u((Y/X), T_r')$$
$$= u(X, T_r') + \sum_{y \in (Y/X)} u(y, T_r') \leqslant u(X, T_r') + \sum_{y \in (T_r'/X)} u(y, T_r') = u(X, T_r') + \text{ru}(X, T_r')$$

因此，$u_{\text{SW}_k}(Y) \leqslant \sum_{T_r' \in \text{TidSet}_{\text{SW}_k}(X)} u(X, T_r') + \text{ru}(X, T_r')$。依据定义 5-2 且 $u(X, T_r') = \text{eu}(X, T_r')$，有 $u_{\text{SW}_k}(Y) \leqslant \text{Reu}_{\text{SW}_k}(X)$。

证毕。

定义 5-14（闭合项集的包含）　如果 $Y \subset S$ 且 $\text{sup}_{\text{SW}_k}(Y) = \text{sup}_{\text{SW}_k}(S)$，则项集 Y 包含在项集 S 中，在如图 5-1 的 SW_1 中，$\{C\}$ 被 $\{ACE\}$ 闭合包含，因为 $\{C\} \subset \{ACE\}$ 并且 $\text{sup}_{\text{SW}_1}(\{C\}) = \text{sup}_{\text{SW}_1}(\{ACE\})$。

属性 5-9　在 SW_k 中，给定 2 个项集 X 和 S，如果 $X \subset S$ 且 $\text{sup}_{\text{SW}_k}(X) = \text{sup}_{\text{SW}_k}(S)$，则 $\text{Closure}(X) = \text{Closure}(S)$。

属性 5-10　在 SW_k 中，给定 1 个项集 X 和 1 个项 $I_i \in I^*(1 \leqslant i \leqslant m)$，则 $\text{TidSet}_{\text{SW}_k}(X) \subseteq \text{TidSet}_{\text{SW}_k}(I^*)$ 和 $I^* \in \text{Closure}(X)$ 互为充要条件。

1. CH-List 数据结构研究

本节主要介绍 CH-List 结构。CH-List 结构与 5.1 节提出的 ETKDS 方法中 CWDataList 结构主要有以下两点不同：

(1) ETKDS 方法基于 CWDataList 结构中存储的 offset 信息进行投影模式挖

掘，导致其在构建子投影的过程中需要多次扫描子投影数据集，而数据流中的数据往往具有海量性，当数据流中的挖掘阈值设置较低且事务平均长度较大时，其运行速度会明显降低。

（2）CHUP_DS 方法提出的 CH-List 直接存储项集在事务中的实际效用及剩余效用，CHUP_DS 方法通过垂直列表元组之间的连接操作进行模式挖掘，对于稀疏数据集，该方法由于较少的连接操作将更具优势。

各批次构成的先进先出队列效用信息由 CH-List 维护，该结构记录先前与当前窗口与项集有关的效用信息。在本节所提方法中，批次事务中的每个项（集合）都与一个 CH-List 相关联。项（集合）X 的 CH-List 包括效用列表（Utility-List）以及一种名为 HistorySet(X) 的有序集合。X 的 Utility-List 由当前窗口各批次的事务元组组成。X 的 Utility-List 中的各个元组存储在以批次号（Bid）为键、以批次元组为值的散列表中。每个元组代表重组事务 T_r 中 X 的效用信息，并具有 3 个字段：TID、eu 和 ru。TID 存储包含项集的事务标识符；eu 是项集的实际效用；ru 是项集的剩余效用。当新批次的事务到达时，按这些事务构造的元组会被添加到队列的尾部。一旦队列的大小超过窗口大小，将属于最旧批次的元组从项的 CH-List 中移除。由以上可以看出，在窗口滑动过程中，其效用信息更新是以批次为单位的。CH-List 相较于传统 EU-List[35] 的优点是，可以快速执行批次的插入和删除。

通过 2 次扫描滑动窗口来构造 CH-List。在第 1 次扫描期间，计算项的 TWU 和事务效用。在第 2 次扫描期间，根据 TWU 的升序对每个事务中的项进行排列，由上述过程产生重组事务。接着程序为每个项更新 CH-List 信息，由 2 个项组成的项集，其 CH-List 的 Utility-List 部分是通过将单项的 Utility-List 元组两两相交来进行连接操作而创建的。第 1 步是查找包含 2 个项的批次。假设存在项 C 和 A，要分别从 CH-List{C}和{A}构造项集 CA 的 CH-List。假设 C 和 A 的 CH-List 共同批次为 B_1、B_2。一旦确定了其共同出现的批次，就确定了包含这 2 个项的事务，构造过程和结果的示意图如图 5-16 所示。构造 k-项集的 CH-List 的过程与上述过程相似。

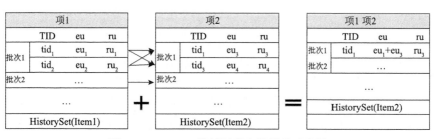

图 5-16　CH-List 构建过程和结果的示意图

2. 公共批次事务元组重组研究

本小节介绍所提出的 BRU_table 结构和公共批次事务元组重组策略。BRU_table 是一种双重散列表，该结构是在对当前窗口新批次的第 1 次事务进行扫描时构建的，包含当前窗口的所有批次，并为每个批次赋予唯一的编号，其值为该批次所包含的事务 TID 和该事务对应的 BRU，BRU 初值为每个事务的效用。随着窗口的滑动，批次更新的同时散列表的项也会随之更新。待新批次到来，在移除各项 CH-List 旧批次信息时同时移除其批次的 BRU_table 项。

BRU_table 作为临时存储结构，为新窗口的事务重组提供了必要信息。因为随着新批次的到来，项的 TWU 顺序已经发生变化，根据属性 5-8，剩余效用修剪策略将无法正确地对新搜索空间进行修剪。需要根据当前事务元组信息和 TWU 顺序重构前一窗口和新窗口的 CH-List 公共批次事务元组。从更新后 TWU 最小的项开始遍历公共批次中所有 CH-List，并相应地更新 ru 值。在遍历时，使用 BRU_table 中存储的相关批次散列表及其初值来存储和计算具有相同 TID 的 ru 值，并且每个散列项条目处的 BRU 值将减去该处当前 ru 值，如方法 5-6 所示。

方法 5-6　公共批次事务元组重组方法

输入　列表 CH-List，散列表 BRU_table，窗口 SW_k。

输出　公共批次事务元组重组后的 CH-List。

1　　　For CL(i) ∈ CH-List 集合 do，

2　　　　　For CL(i) 在窗口 SW_{k-1} 和 SW_k 公共批次中的全部元组 do，

3　　　　　　　元组 ru= BRU_table[Bid][TID]—元组 eu；

4　　　　　　　BRU_table[Bid][TID]=元组 ru；

5　　　　　End For

6　　　End For

7　　　返回 CH-List。

显然，该重组方法可以在不重新扫描公共批次初始数据集的情况下更新CH-List。另外，不同于 IncCHUI[37] 的全局列表更新方法，本节所提方法不需要对项的总顺序<倒序遍历，且最重要的是其适用于滑动窗口更新机制。ETKDS 方法使用的公共批次投影事务重组方法，需要对事务重新排序和偏移量查询，以便更新结构，而执行这些操作的时间复杂度约为 $O(mn\log n)$（若事务平均长度等于 n，事务数为 m），CHUP_DS 方法执行更新结构效用信息的时间复杂度仅为 $O(mn)$。这使得 CHUP_DS 方法对于事务长度较长的数据集更加友好，重组过程更加高效。

CHUP_DS 方法和 CHUP_DS_Miner 方法具体过程实现步骤的伪代码分别如

方法 5-7 和方法 5-8 所示。扫描数据流，组成一个新批次 B_{new} 后，方法会检查该窗口 SW_k 是否为初次创建，若非创建的首个窗口，则更新前一个窗口 SW_{k-1} 中项的 CH-List，删除这些 CH-List 中最旧批次 B_{old} 存储的信息；同时清除 BRU_table 中关于最旧批次事务的相关值（方法 5-7 的第 3～6 行）。此时，方法开始第 1 次扫描新批次，逐个遍历新批次的事务，对事务中的项进行扫描，检查它的 CH-List 是否为空。若为空，则方法创建其 CH-List 结构，并计算当前批次所在窗口 SW_k 下各项的 TWU。否则，为当前项更新该批次插入后的 TWU。本节所提方法逐批次维护事务中项的 TWU，以便在新批次到达并移除最旧批次时可以迅速更新项的 TWU。新批次的各事务效用同时会被添加到 BRU_table 中（方法 5-7 的第 7～16 行）。

若批次数达到设定值，则令 SW_k 中所有项属于集合 I。按 $\prec$ 对集合 I 中各项的 CH-List 排序（方法 5-7 的第 17～19 行）。接下来通过 BRU_table 及 CH-List 公共批次信息进行公共批次事务元组重组。在方法 5-7 中，按照项的 TWU 升序遍历各项在公共批次的所有事务，根据当前事务元组信息和各事务 BRU 重构事务元组，更新项的 CH-List，同时更新各事务的 BRU 值（方法 5-7 的第 1～7 行）。紧接着返回方法 5-7，对 SW_k 中除公共批次之外的窗口批次进行第 2 次扫描，创建和更新 CH-List 中的元组信息。待 I 中所有项的 CH-List 创建后，根据属性 5-9 筛选出所有有希望的项组成集合 I'。

接下来开始窗口 SW_k 的挖掘过程，调用 CHUP_DS_Miner 方法以使用有前途的项构成的集合 I' 生成闭合高效用模式。该过程具有 5 个输入参数：①项集 X；②HistorySet(X)；③X 的扩展（extendOfX）；④minutil；⑤窗口 SW_k。对于该方法发现的每个闭合项集 X，构造其 CH-List 来计算其效用，以确定其是否为闭合高效用模式。如果实际效用和剩余效用之和小于 minutil，则修剪搜索空间。根据定义 5-10，Reu 可由 X 当前效用列表所有批次事务的 eu、ru 分别累加后得到。

方法 5-7　CHUP_DS 方法

输入　数据流 DS，窗口大小 Window size，批次事务数 Batch size，列表 CH-List，窗口 SW_k，最小效用阈值 minutil，项的集合 I。

输出　所有闭合高效用模式。

1	当事务 $T_t \in$ DS；
2	从数据流 D 中读取事务并根据 Batch size 值添加到 B_{new}；
3	如果 SW_k 不是首个滑动窗口；
4	更新前一窗口 SW_{k-1} 中的 CH-List $\in I$；

5	将最旧批次 B_{old} 从 BRU_table 中移除;
6	结束条件判断
7	对于每个事务 $T_r \in B_{new}$;
8	构造记录 (TID, TWU) 插入 BRU_table (B_{new}) ;
9	对于每个 item $\in T_r$;
10	如果 item 的 CH-List 为空;
11	创建 CH-List, 更新 item 的 TWU_{SW_k} 和集合 I ;
12	结束条件判断
13	更新 item 的 TWU_{SW_i} 和 CH-List;
14	结束内部循环
15	结束外部循环
16	添加新批次 B_{new} 至当前滑动窗口 SW_k
17	如果当前窗口内批次数≥窗口大小;
18	设 I 为 SW_k 中所有单项构成的集合;
19	按 TWU 升序对 I 中的项及其 CH-List 排序, 并使用 $\prec$ 表示该顺序;
20	调用方法公共批次事务元组重组 I 中所有项的 CH-List, BRU_table , SW_k ;
21	重组 SW_k 在批次 B_{new} 中的事务;
22	更新各项 CH-List 中关于批次 B_{new} 的元组;
23	筛选出所有高 TWU 的项, 组成集合 I' ;
24	调用方法 CHUP_DS_Miner $(\varnothing, \varnothing, I'$ 中所有项, minutil, SW_k);
25	结束条件判断
26	结束循环过程

当 extendOfX 不为空时, 该过程选择 extendOfX 中顺序最小的项 a 来创建项集 $Y = X \bigcup a$, 并将 a 从 extendOfX 中删除 (方法 5-8 的第 2~3 行)。然后, Y 的 CH-List 构造如下。首先, 通过将所有批次的 $TidSet_{SW_k}(X)$ 和 $TidSet_{SW_k}(a)$ 相交获得 $TidSet_{SW_k}(Y)$ 。对于每个事务 $T'_r \in TidSet_{SW_k}(X) \bigcap TidSet_{SW_k}(a)$, 计算 T'_r 所属批次 Bid , 构建元组 $(TID(T'_r), eu, ru)$ 插入到散列表的对应批次, 由此获得 Y 的 CH-List。最后, 将 HistorySet(Y) 初始化为 HistorySet(X) 。如果 $Reu_{SW_k}(Y)$ 小于 minutil , 则 Y 与任何项 $a \in$ extendOfY 的组合都是低效用的。若总和大于 minutil , 则该方法需进一步调用过程 SubsumedCheck $(Y, HistorySet(Y))$ 来检查 Y 是否已被

挖掘到的闭合高效用模式所包含。

根据定义 5-14，如果存在一个包含 Y 的已挖掘的闭合高效用模式 S，则可得出结论：Y 没有闭合，并且 $\text{Closure}(S) = \text{Closure}(Y)$。因此，可以安全地修剪项集 Y 并停止探索 Y 后续超集的搜索空间。否则，程序继续向下探索。

闭合包含检测过程的伪代码如方法 5-8 第 26～31 行所示。该过程具有 2 个输入参数：项集 Y，$\text{HistorySet}(Y)$。其执行过程如下：对于 $\text{HistorySet}(Y)$ 中的每个项 H，如果 $\text{TidSet}_{SW_k}(H)$ 中包含 $\text{TidSet}_{SW_k}(Y)$，根据属性 5-10 和属性 5-11，该过程返回 True，表明 Y 被已挖掘过的闭合高效用模式所包含，Y 不是闭合高效用模式。若 $\text{TidSet}_{SW_k}(Y)$ 没有包含在 $\text{HistorySet}(Y)$ 任何项的 TidSet_{SW_k} 中，则该过程返回 False，说明 Y 的闭包是闭合的。

假设 Y 通过了闭包检查过程，接下来计算 Y 的闭包，并将 Y 更新后的 CH-List 结构作为其闭包的 CH-List（方法 5-8 的第 9～18 行）。其执行过程如下：初始化 extendOfY 集合，对于 extendOfX 中的每个项 Z，方法检查 $\text{TidSet}_{SW_k}(Z)$ 中是否包含 $\text{TidSet}_{SW_k}(Y)$。由属性 5-11 可知，Z 是否包含在 Y 的闭包中，若包含，则在 extendOfX 中移除 Z，并将 Z 添加到 Y，更新 Y 的 CH-List。处理完 extendOfX 中的所有项后，根据此时 extendOfX 的值更新 extendOfY，返回更新后已经闭合的 Y 和 extendOfY。

同 DCI_CLOSED[117]和 IncCHUI[38]方法相比，本节所提方法依据属性 5-9，通过添加剩余效用修剪策略修剪潜在低效用的闭包候选对象（方法 5-8 的第 14 行），避免构造低候选效用或非闭合项集的效用列表。

若 Y 的实际效用不小于 minutil，则该方法输出 Y 为闭合高效用模式，因为 Y 满足以下条件：闭合项集，高效用模式。然后 CHUP_DS_Miner 方法调用自身以进一步递归探索搜索空间并找到作为 Y 后续超集的闭合高效用模式。递归过程完成后，将项 a 添加到 $\text{HistorySet}(X)$ 中。待对所有项遍历完毕，得到该窗口 SW_k 中的所有闭合高效用模式。

方法 5-8 CHUP_DS_Miner 方法

输入 项集 X，集合 $\text{HistorySet}(X)$，X 的扩展集合 extendOfX，最小效用阈值 minutil，窗口 SW_k；

输出 窗口 SW_k 中所有闭合高效用模式。

1   对于每个项 $a \in$ extendOfX；

2   将 a 从 extendOfX 中移除；

3        $Y \leftarrow X \cup a$

4   初始化 extendOfY = {}；

5	构造 CH-List(Y);
6	HistorySet(Y)=HistorySet(X);
7	如果 Reu$_{SW_k}(Y) \geqslant$ minutil;
8	如果 SubsumedCheck$(Y,$ HistorySet$(Y))$ = False;
9	对于每个项 $Z \in$ extendOfX;
10	如果 TidSet$_{SW_k}(Y) \subseteq$ TidSet$_{SW_k}(Z)$;
11	$Y \leftarrow Y \cup Z$;
12	构造 CH-List(Y);
13	将 Z 从 extendOfX 中移除;
14	如果 Reu$_{SW_k}(Y) <$ minutil;
15	跳出当前循环;
16	结束条件判断
17	结束条件判断
18	结束循环过程
19	输出高效用模式信息$(Y,$ sup$_{SW_k}(Y))$;
20	extendOfY=extendOfX;
21	调用方法 CHUP_DS_Miner$(Y,$ HistorySet$(Y),$ extendOfY, minutil, SW$_k$);
22	HistorySet$(X) \leftarrow$ HistorySet$(X) \cup a$;
23	结束条件判断
24	结束条件判断
25	结束外部循环
26	方法 SubsumedCheck$(Y,$ HistorySet$(Y))$
27	对于每个项 $H \in$ HistorySet(Y);
28	如果 TidSet$_{SW_k}(Y) \subseteq$ TidSet$_{SW_k}(H)$;
29	返回 True;
30	结束条件判断
31	结束循环过程

在滑动窗口模型中，最后{Window size −1}个批次在 2 个连续的窗口之间保持相同，即在对新的窗口扫描前，前一窗口项的 CH-List 最后{Window size −1}批次的元组将被保存。这是因为其为挖掘下一窗口闭合项集提供了必要的事务计数信

息。同时，由于进入新滑动窗口，项的 TWU 被重新计算，CH-List 也需要更新。因此，相比于 EU-List，CH-List 去除了每个项的 PostSet 属性，CHUP_DS 方法中的全局 extendOfX 结构在实现 PostSet 原有功能的基础上，仅在项进行排序后初始化 1 次，节约了内存空间。

3. 实例分析

本节通过一个例子来说明方法的工作原理。考虑图 5-1 中所示的数据集，令 minutil=30，窗口大小为 2。第 1 个滑动窗口由批次 B_1 和 B_2 组成。每条事务中的项均按照 TWU 的升序排列。对于第 1 个滑动窗口，项的排序为 $F \prec B \prec D \prec C \prec A \prec E$。获取完整的滑动窗口后，构建 BRU_table 结构和单项的 CH-List，BRU_table 结构和 CH-List{A}分别如图 5-17 和图 5-18 所示。每个项的 TWU 全部大于 30，因此将其全部加入 extendOfX 中。

依次向 CHUP_DS_Miner 方法传入 ∅、HistorySet(∅)、extendOfX 等参数，开始遍历 extendOfX，并首先处理其中的第 1 个项 F。同时将 F 从 extendOfX 集合中去除，而后 ∅ 和 F 进行组合得到 F，并构建其组合后的 CH-List。因为 X 此时为 ∅，所以 HistorySet(F) = HistorySet(∅) = {∅}，$\text{Reu}_{\text{SW}_1}(F) = 36 + 57 = 93 > 30$。

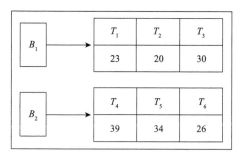

图 5-17　窗口 SW_1 首次扫描后的 BRU_table

A_{sw_1}			
	TID	eu	ru
B_1	1	8	6
	3	4	6
B_2	4	6	2
	5	2	14
	6	6	8
HistorySet(A)={ø}			

图 5-18　窗口 SW_1 首次扫描后的 CH-List{A}

下一步对 F 进行闭包检查，由于 F 是初始节点，不会出现被前项包含的情况。因此，可通过集合 extendOfX 计算 F 的闭包。首先循环遍历 extendOfX 中的各项，

此时因为 F 的 TID 集合不包含于 B 所在的集合，所以跳过本项直接进入下一循环。否则，基于 F 的事务集合构造 FB 的效用列表，并将 B 从 extendOfX 中删除。待遍历完最后 1 个元素，返回的结果是 F，extendOfX=$\{B, D, C, A, E\}$。因为 $u_{\mathrm{SW}_1}(F)=36$，所以 F 为找到的第 1 个闭合高效用模式，支持计数为 3。之后递归进行搜索，此时的 X 即等于 F，继续和 B 连接，$\mathrm{Reu}_{\mathrm{SW}_1}(FB)=32+22=54>36$，因此可以进行闭包计算，此时 $Y=FB$。直到递归完$\{F, B, D, C\}$下的所有搜索空间，HistroySet(FBD)=$\{C\}$，紧接着遍历$\{F, B, D\}$的其余搜索扩展$\{A, E\}$，由于 2 次执行 SubsumedCheck 均返回 False，所以本次递归停止，开始回溯，此时 HistorySet(FB)=$\{D\}$。以同样的方式，完成对剩余所有搜索空间的搜索，最终完成对第 1 个滑动窗口的闭合高效用模式挖掘。

在下一批次 B_3 到达时，方法 5-8 构造滑动窗口 SW_2。滑动窗口 SW_2 中项的 TWU 如表 5-5 所示。

表 5-5　滑动窗口 SW_2 中项的 TWU

项	A	B	C	D	E	F
TWU	160	146	121	121	155	134

方法从第 2 个窗口中继续运行以挖掘闭合高效用模式，此时方法重组留存的各项的列表结构，SW_1 与 SW_2 公共批次 B_2 中 C、D 的 CH-List 和 BRU_table 在重构过程中的变化分别如图 5-19 和图 5-20 所示。

当所有项 CH-List 更新或构建完成时(此时项 A 的初始 CH-List 如图 5-21 所示)，方法和第 1 个窗口类似，开始挖掘过程。当没有新传入的批处理数据时，方法终止。

C_{SW_2}			
	TID	eu	ru
B_2	4	18	21
	6	9	17
B_3	7	12	0
	9	9	0
HistorySet(C)=$\{\varnothing\}$			

D_{SW_2}			
	TID	eu	ru
B_2	4	5	16
	6	2	15
B_3	7	4	0
	9	2	0
HistorySet(D)=$\{\varnothing\}$			

图 5-19　SW_2 公共批次重组过程中 CH-List 变化

B_2 →

T_4	T_5	T_6
39	34	26

⇨ B_2 →

T_4	T_5	T_6
21	34	17

图 5-20　SW_2 公共批次重组过程中 BRU_table 变化

A_{sw_2}			
	TID	eu	ru
B_2	4	6	0
	5	2	0
B_3	6	6	0
	8	4	0
	9	2	0
HistorySet(A)={ø}			

图 5-21　SW_2 中项 A 的初始 CH-List

5.2.3　实验与分析

为了测试 CHUP_DS 方法的性能，本节做了大量实验。通过扩展 SPMF 平台上的开源 Java 库来实现该方法。该实验运行环境的 CPU 为 3.00GHz，内存为 16GB，操作平台是 Windows10 企业版。

1. 实验设计

本小节提供了广泛实验以评估 CHUP_DS 方法的效率，包括其在以下三种情况下的性能：

（1）最小效用阈值。

（2）窗口大小和批次数。

（3）数据集大小（可扩展性测试）。

CHUP_DS 方法是第 1 种用于数据流环境挖掘闭合高效用模式的方法，因此针对最新的闭合高效用模式挖掘方法，评估其性能的可靠方法是将其与静态或增量数据集中现有的方法进行比较。对于情况（1）（变化最小效用阈值角度）和情况（3）（变化数据集大小的角度），本节的 CHUP_DS 方法以单窗口批处理方式运行，对比方法包括 CHUI-Miner 方法[35]、EFIM-Closed 方法[47]、CLS-Miner 方法[52]、IncCHUI 方法[38]。CHUI-Miner 方法和 IncCHUI 方法采用效用列表结构，IncCHUI 方法是目前最先进的增量闭合高效用模式挖掘方法，具有与 CHUP_DS 方法类似的搜索技术。而 EFIM-Closed 方法利用数据集投影技术和事务合并技术，是目前对静态数据挖掘闭合高效用模式最高效的方法。在情况（2）中，实验主要通过控制批次和窗口大小对方法的影响来验证方法的性能，对比方法是去掉闭包计算过程修剪策略的 CHUP_DS 方法，称为 CHUP_DS（no_sup）方法。

2. 数据集

本实验使用了六个真实的数据集 Mushroom、Foodmart、Connect、Retail、ChainStore 和 Accidents，所有数据集均来自 SPMF 平台。其中，Connect 数据集是真实的数据集，但具有合成效用值，内部效用值是通过在[1，10]中均匀分布生成的，其余数据集为真实效用值。Mushroom、Connect 和 Retail 数据集的基本特征见表 3-6，Foodmart 数据集的基本特征见表 4-1，ChainStore 数据集的基本特征见表 4-4，Accidents 数据集的基本特征见表 3-19。为确保结果的稳健性，本节所有实验都进行了 10 次，并统计了平均结果。

3. 实验结果

首先分析最小效用阈值(即 minutil)对方法的影响。本节在每个数据集上运行所有对比方法，同时逐渐增大最小效用阈值，直到观察到明显的对比结果为止。运行时间包括读取输入数据、发现模式以及将结果写入输出文件的总时间。

方法在不同最小效用阈值下的运行时间如图 5-22 所示，在图 5-22 中，所有对比方法的运行时间都随着 minutil 的增加而逐渐降低至某个较低水平，因为方法的运行时间与产生的候选项集数量成正比，当 minutil 越大，产生的候选项集数量越少，运行时间就越短。在这个过程中，不同方法使用的数据集扫描方式、闭合项集搜索策略以及修剪策略都不尽相同，造成下降速率也随之不同。在 Connect 数据集上，本节所提方法的运行时间远小于除 EFIM-Closed 方法之外的其他方法。尽管 minutil 较大时，EFIM-Closed 方法比其余方法速度快，但当 minutil 较小时，EFIM-Closed 方法需要增加大量运行时间，消耗的时间最多。这是因为 Connect 数据集平均事务长度在实验的所有数据集中最长，而 EFIM-Closed 方法需递归构建子投影数据集，这个过程依靠多次查找每条投影事务数组来寻找待扩展投影项索引，minutil 低时的候选待投影项数量巨大，进而导致 EFIM-Closed 方法在该数据集上表现差异较大。因此，本节所提方法在该数据集不同阈值下的平均运行时间最短，总体表现优于其他数据集，本节所提方法比 IncCHUI 方法、EFIM-Closed 方法都要略快，并且与 CHUI-Miner 方法拉开了较大差距，特别是在 Connect、Mushroom、Chainstore 数据集上，当 minutil 设置较低时，运行时间大约比 IncCHUI 方法、EFIM-Closed 方法缩短 50%。此外，当在 Foodmart、Mushroom 数据集上降低 minutil 时，本节所提方法的运行时间几乎相同。同时，可以看到 CHUI-Miner 方法在绝大部分数据集上具有最长的运行时间，原因可以解释如下。

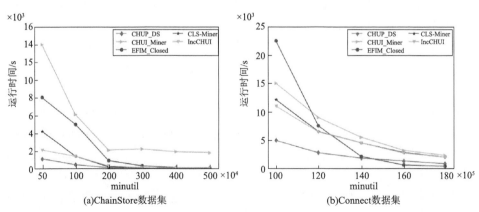

(a)ChainStore数据集　　　　　　　　　　(b)Connect数据集

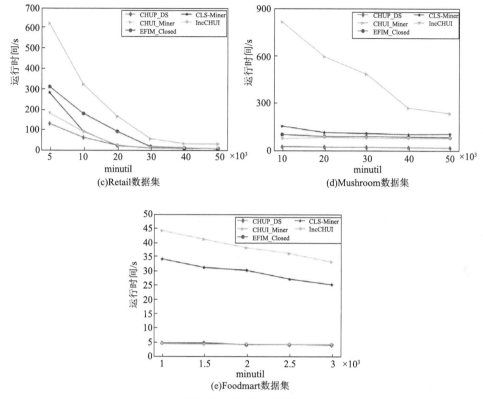

图 5-22　不同最小效用阈值下的运行时间

　　尽管 CHUI-Miner 方法、CLS-Miner 方法、IncCHUI 方法和本节所提方法采用相似的效用列表结构,但是 CHUI-Miner 方法和 CLS-Miner 方法都使用传统的效用列表,需要 2 次扫描原始数据集来构建效用列表,且在闭包计算等过程中缺乏修剪策略。这也适用于 EFIM-Closed 方法,即使它采用了不同的技术来降低数据集扫描成本。IncCHUI 方法的闭包计算过程并没有使用修剪策略,因此在阈值较低时慢于本节所提方法。

　　接着比较不同窗口和批次大小带来方法的不同效率。在滑动窗口模型中,方法使用 2 个参数:①窗口中的批次数量;②批次中的事务数量。为了分析它们的影响,本节使用密集数据集 Accidents 和稀疏数据集 ChainStore 在各种参数下进行实验。其中,Accidents 数据集的实验阈值设定为 $1.5×10^7$,ChainStore 数据集的阈值为 $9.5×10^7$。对比方法是基于窗口的,因此其挖掘性能通常取决于窗口大小和批次大小。首先,比较窗口中含不同批次时的总运行时间,固定 Accidents 数据集每个批次的事务数为 $3×10^4$,ChainStore 数据集每个批次的事务数为 $1×10^5$。2 个数据集的窗口大小参数设置以及实验结果如图 5-23 所示。

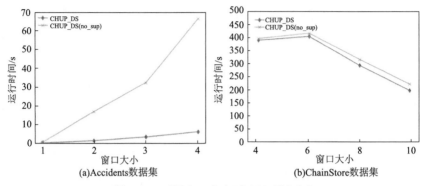

图 5-23　不同窗口大小下运行时间对比

实验结果表明，CHUP_DS(no_sup)方法在 2 个数据集中都要慢于 CHUP_DS 方法。特别是在 Accidents 数据集这种密集程度较大的数据集上，表现差距较大。原因在于本节是利用改进的闭包计算和递归搜索进行项集的闭合扩展的，而密集数据集相比于稀疏数据集需要更多次的深度搜索。若无有效的剪枝策略，在挖掘过程中会产生大量中间项集，导致程序计算的成本大幅增加。与 CHUP_DS(no_sup)方法相比，CHUP_DS 方法在 CHUI-Miner 方法、IncCHUI 方法的基础上对闭包挖掘过程增加了额外的剪枝策略，同时利用提出的高效列表重组方法，使该剪枝策略能适用于任意滑动窗口，以此保证每个滑动窗口的处理速度都得到提升。尽管公共批次列表的重组会产生一定的时间消耗，但该过程并不需要重新扫描数据集，相较于剪枝掉的时空代价对方法的效果影响有限。尤其是在阈值和数据集大小一定的情况下，加大窗口内批次数意味着事务数的增加，密集数据集下的中间项集将呈数倍增大，对方法运行时间的影响较大。由于 ChainStore 数据集的稀疏性，列表可复用率低，新增的中间项集数量相对较少，所以其中间项集数量受窗口增大的影响较小。尽管前期方法运行时间略微增加，但随着窗口的扩大，方法对整个数据集窗口滑动和垂直数据结构更新的次数明显减少，因此后期 2 种方法的运行时间均出现下降。

接着，方法固定窗口内的批次数为 2，比较批次中事务数不同时的总运行时间，2 个数据集的实验参数设置及结果如图 5-24 所示。实验逐渐增加每个批次中的事务数，运行时间的变化趋势和数据集的稀疏类型关系较大，具体表现为 Accidents 数据集运行时间逐渐变长，而 ChainStore 数据集运行时间变短。原因在于 Accidents 数据集往往会生成大量长度较长的高效用模式。与上一个实验给出的原因相似，对于稀疏数据集 ChainStore，略微增大了批次中事务的数量，因而新增的中间项集数量变少，而批次中事务数增多，将会在一定程度上减少滑动窗口的创建次数以及方法的执行次数，故方法运行时间稳步下降。实验同时证明，与 CHUP_DS(no_sup)方法相比，CHUP_DS 方法具有更大的可扩展性，适用于大型窗口。

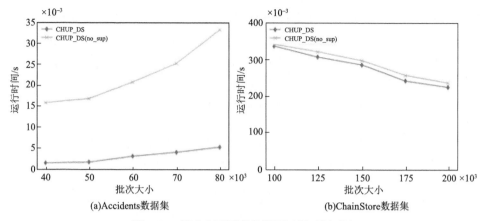

(a)Accidents数据集 (b)ChainStore数据集

图 5-24 批次中不同事务数下运行时间对比

最后,进行方法的可扩展性比较。本节选取表 5-8 中的 Mushroom 数据集、Retail 数据集来评估方法的可扩展性,以验证本节所提方法的运行时间和内存消耗未呈指数增长。实验是根据总运行时间和内存消耗进行的,采用先前实验中使用的 minutil 进行相关实验。需要注意的是,IncCHUI 方法在本实验部分以增量方式运行,即使用数据集中 20%的事务作为初始数据集,然后分别对 Mushroom 数据集、Retail 数据集按 5%、10%的插入率添加到初始数据集中。

图 5-25 显示了运行时间评估的结果。IncCHUI 方法的运行时间是处理每个递增部分的时间,其余方法的运行时间是累积的运行时间。本节所提方法使用单窗口运行,因为其余方法均以批处理模式运行在静态数据集中。可以看到,当使用的数据集事务变多时,5 种方法都需要更长的运行时间,其中在密集数据集 Mushroom 中 CHUP_DS 方法具有最佳的可扩展性,在稀疏数据集 Retail 中 CHUP_DS 方法和 IncCHUI 方法的性能均接近最优。CHUP_DS 方法运行时间最

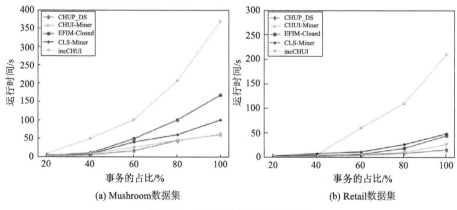

(a) Mushroom数据集 (b) Retail数据集

图 5-25 运行时间可扩展性测试

短的原因是，与 CLS-Miner 方法和 EFIM-Closed 方法相比，CHUI-Miner 方法仅采用了简单的 TWU 高估策略。尽管 IncCHUI 方法增加了相关修剪策略，但其以增量方式插入原始数据集，每次新数据到来都需要对项逆 TWU 顺序进行遍历，并依次进行先前全部效用列表事务元组的更新，且需要判断闭合模式是否存在于已发掘的 CHT 中，特别是当数据密集时时间开销会增加较快。

在内存消耗方面，图 5-26 中的实验结果表明，CHUP_DS 方法在 Mushroom数据集上的内存消耗比很多方法都要低，这得益于方法对闭包搜索过程的优化以及设计的高效结构。在 Retail 数据集上，随着其事务数量的变化，CHUP_DS 方法内存消耗总体呈增加趋势，相较于 Mushroom 数据集，产生了更多的候选项集，内存消耗普遍大于 Mushroom 数据集。但由于 Retail 数据集的高稀疏性，随着事务的阶段性增加，产生的候选项集数量和高 TWU 项在该阈值条件下并非一直大幅增多。在此基础上，非闭合的项集冗余比例在部分阶段略微增大，导致内存消耗呈阶段性增长。总体来说，CHUP_DS 方法在各数据集整个挖掘过程的最大内存消耗结果合理，运行时间和内存消耗均没有呈指数增长。通常，对于所有方法，内存消耗的趋势会根据所使用的数据集、方法采用的结构以及在挖掘过程中生成的候选项集总数而变化很大。例如，Retail 数据集是一个稀疏数据集，在此数据集上，CLS-Miner 方法有更多的内存消耗，因为它需要存储其修剪策略的结构，如项的覆盖范围和估计的效用共现结构。但是 Retail 数据集上 CLS-miner 方法的运行时间非常短。在密集数据集 Mushroom 上，由于其覆盖修剪策略的有效性，CLS-Miner 方法的内存消耗较少，IncCHUI 方法在此数据集上的总体内存消耗最少，这是因为其在此部分的实验以增量方式运行，只需要扫描数据集 1 次来构建全局列表，采用中间项集构建的增量修剪策略和高效用闭合模式更新机制来节约内存消耗，而在 Retail 数据集上又多于 CHUP_DS 方法。

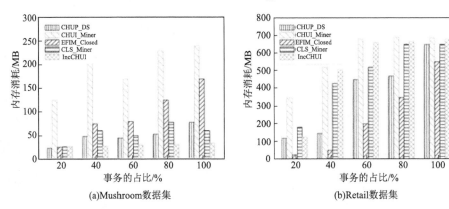

(a)Mushroom数据集　　　　　　　　　(b)Retail数据集

图 5-26　内存消耗可扩展性测试

4. 实验小结

综合来看，本节所提方法对于不同类型的数据集均有较强的适应能力，总体性能良好。特别是在不同阈值、不同数据集大小等条件下的运行时间性能要优于先前提出的所有闭合高效用模式挖掘方法，内存消耗相对其他方法处于较低水平。本节所提方法不仅对滑动窗口大小和批次事务数量具有良好的可扩展性，而且几乎在每种情况下都保持了较低的运行时间消耗，这些结果验证了该方法在各种现实世界数据流环境中的挖掘效率。因此，本节所提方法可以作为基础部分应用于专家系统和智能系统，通过滑动窗口参数设置以及对现实世界数据集特性的考虑，帮助用户更轻松地分析数据流，并从中获取有意义的信息。

5.2.4 本节小结

本节主要介绍闭合精简高效用模式挖掘的研究背景，基于该背景提出首个数据流上无候选项集产生的闭合高效用模式挖掘方法 CHUP_DS，对其方法设计和流程进行了详细介绍。CHUP_DS 方法中提出了一种新型效用列表结构，可有效存储和更新项集在最新窗口中的闭包、效用等关键信息，及时对数据流最新数据做出处理。为保证剪枝效果，还设计了公共批次事务元组重组方法，同时在闭合项集挖掘中增加了额外的效用剪枝策略。最后，对本节所提方法进行评估，在真实和合成数据集上进行了广泛实验，并将其与现有方法进行了比较，评估证实了CHUP_DS 方法的效率和可行性。

5.3 含负项高效用模式挖掘

面向数据流，本节提出基于滑动窗口的含负项高效用模式挖掘(high utility pattern mining with negative item in sliding window, HUPNS)方法，并详细介绍方法中使用的快速更新批次信息的窗口索引结构(window index structure, WIS)。

5.3.1 研究背景

当今社会是信息技术快速发展的社会，数据规格也在急速增长，而目前所面临的主要挑战是如何在海量数据中获得潜在的、有价值的信息。因此，在数据流上挖掘高效用模式已经成为数据挖掘中的一个热点和难点问题。数据流的特点决定了之前讨论的高效用模式挖掘方法无法直接应用在数据流上。为了能够从数据流中获得数据，通常利用窗口技术处理数据流，窗口技术应用采样的方法把数据流划分成若干部分。滑动窗口模型是在数据流上挖掘高效用模式时使用最多的模型。

迄今，研究人员提出了多种在动态数据集中挖掘高效用模式的方法，如 EIHI 方法[92]与 IncCHUI 方法[38]。EIHI 方法减小搜索空间的方式是减少挖掘过程中生成的效用列表,采用基于树的 HUI-trie 结构来维护已挖掘的高效用模式。IncCHUI 方法可以在增量数据集中挖掘闭合高效用模式,且在处理增量的方式上与 EIHI 方法一致,都需要在每次挖掘之后,将初始数据集的效用列表和新增事务的效用列表合并。但是,现有的在动态数据集中挖掘高效用模式的方法都无法正确处理含负项的数据集。

为了解决这些问题,本节提出可以在数据流上处理含负项高效用模式挖掘的方法 HUPNS,该方法提出一种新颖的 WIS 来减少挖掘过程中的内存消耗,并加快列表之间的连接操作。本节的主要贡献有以下四个方面:

(1)提出基于滑动窗口的含负项高效用模式挖掘方法——HUPNS 方法。该方法可以在数据流环境下,在同时含有正项和负项的数据集中挖掘高效用模式。迄今,这是第一个在数据流中挖掘含负项高效用模式的方法。

(2)HUPNS 方法提出一种新颖的数据结构——WIS,利用 WIS 中的索引值信息,可以加快列表之间的连接操作以及在窗口滑动时快速移除旧批次信息,提高在数据流中挖掘高效用模式的时空效率。

(3)为了在数据流中挖掘含负项高效用模式而不丢失某些可能的结果集,重新定义数据流中批次总效用以及滑动窗口总效用。

(4)对多种数据集进行广泛的实验研究,以评估 HUPNS 方法的性能。结果表明,HUPNS 方法无论是在运行时间还是内存消耗方面,在密集数据集和稀疏数据集上都表现良好。

5.3.2 HUPNS 方法研究

本节将详细介绍 WIS 以及 HUPNS 方法,包括 HUPNS 方法的伪代码,并对方法的运行过程进行举例说明。

1. WIS

为了解决现有的基于效用列表的方法在合并列表操作时成本较高的问题,本节研究并提出一种适用于在滑动窗口中处理负项的 WIS,在结构中加入了窗口的概念。该结构的详细描述在下列定义中给出,随后将举例说明 WIS 的用法以及优势。

定义 5-15(WIS) WIS 包括数据段(data segment, WIS.datas)和索引段(index segment, WIS.Indexs),数据段中包含项的相关效用信息,而索引段则包含项在数据段中的索引位置。数据段和 4.2.2 节中 ILS 中的相同,而索引段发生了变化。

定义 5-16(索引段 WIS.Indexs) 索引段定义为具有(Item, StartPos, EndPos, SumIutil, SumINutil, SumRutil, Win)形式的元组,每个项都有这样一个索引段结构。其中,StartPos 和 EndPos 元素分别表示项在数据段中的起始索引和结束索引;SumIutil 和 SumRutil 元素分别存储项集中正项的 iutil 总和以及 rutil 的总和,而 SumINutil 则存储项集中负项的效用值之和。当方法将来自搜索空间的项集视为潜在的高效用模式或可以继续扩展挖掘其他高效用模式的项集时,通过读取 WIS 中从 StartPos 到 EndPos 位置的值来快速访问此信息,而 Win 指示了项在当前窗口中各批次的信息。Win 的具体存储信息显示在图 5-27 的 WIS 框架图中。

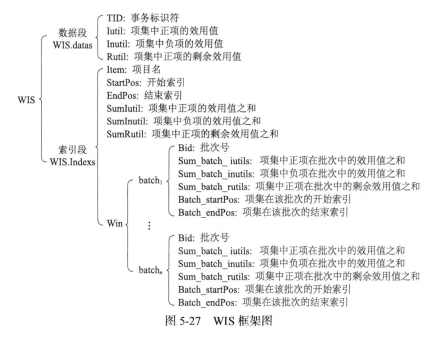

图 5-27　WIS 框架图

2. 数据流相关定义

在本小节中,将介绍在数据流中挖掘高效用模式时用到的相关定义,包括批次效用以及滑动窗口效用,并介绍在数据流中挖掘负项时重新定义后的相关效用。

定义 5-17(批次总效用)[16]　在滑动窗口 SW_k 中,批次总效用的计算公式为

$$\mathrm{BTU}(B_i) = \sum_{T_r \in B_i} \mathrm{tu}(T_r) \tag{5-5}$$

例如,假定一个批次中包含两个事务,则批次 B_1 的总效用值为 $\mathrm{tu}(T_1)+\mathrm{tu}(T_2)$。

定义 5-18(滑动窗口总效用)[16]　滑动窗口 SW_k 的总效用计算公式为

$$\mathrm{TotalUtility}(SW_k) = \sum_{B_j \in SW_k} \mathrm{BTU}(B_j) \tag{5-6}$$

例如,当滑动窗口大小为两个批次时,滑动窗口 SW_1 的总效用值为 $\mathrm{BTU}(B_1)+\mathrm{BTU}(B_2)$。

在滑动窗口中处理负项时,为了避免错误剪枝掉某些模式,重新定义了以上概念,如定义 5-19 和定义 5-20 所示。重新定义的原因为传统的高效用模式挖掘方法利用 TWU 值来修剪搜索空间,但 TWU 修剪时默认所有的项均为正,重新定

义的 tu 和 TWU 用于避免低估含正项高效用模式的效用，因而滑动窗口中的批次效用和滑动窗口效用也相应改变。

定义 5-19（重新定义的批次总效用）　重新定义的某个批次的效用值计算公式为

$$BRTU(B_i) = \sum_{T_r \in B_i} RTU(T_r) \tag{5-7}$$

定义 5-20（重新定义的滑动窗口总效用）　滑动窗口 SW_k 的效用计算公式为

$$RTotalUtility(SW_k) = \sum_{B_j \in SW_k} BRTU(B_j) \tag{5-8}$$

3. 方法描述

本节将 WIS 应用于数据流高效用模式挖掘中，提出了 HUPNS 方法。HUPNS 方法的输入为：B_i 代表新的批次；B_{old} 代表当前窗口中最旧的批次；Window size 代表窗口大小，即窗口中应有的批次数；CurrentBatch 为窗口中现有批次数；SW_i 为当前窗口；number_of_batches 表示一个批次中应有的事务数；WIS 代表初始化的窗口索引结构；带有效用值的数据集和用户定义的最小效用阈值 minutil。输出则为当前窗口中的高效用模式。方法 5-9 为 HUPNS 方法的主要伪代码，方法的步骤如下。

步骤 1　当方法接收到一批新的事务时，首先判断当前窗口是否已满，即判断窗口中应有的批次数是否等于现有的批次数（方法 5-9 的第 1~2 行），当满足条件时，扫描当前窗口中的所有事务。

步骤 2　当窗口已满时，首先判断 WIS 是否为空，即判断方法是否正在处理第一批事务，如果为空，则扫描事务以计算当前批次中存在的不同项的 RTWU 并初始化 WIS（方法 5-9 的第 7~10 行）；否则，将为当前批次更新项的 RTWU，并删除最旧批次信息（方法 5-9 的第 3~6 行）。

HUPNS 方法逐批维护项的批次 RTWU，以便在新批次到达并删除最旧批次时可以轻松地更新项的 RTWU；如果 WIS 不为空，则更新 WIS，删除最旧一批次的信息，并在其中添加新批次的相关信息。计算每个项的 RTWU，项的 RTWU 值用于建立项的总顺序 $\succ$，即 RTWU 值的升序。

步骤 3　执行第 2 次数据集扫描。根据 $\succ$ 对事务中的项进行重新排序，依据数据信息构建 WIS，同时构建 EUCS（方法 5-9 的第 13~14 行），此结构存储所有项目对 $\{A, B\}$ 的 RTWU，以使 $u(\{A, B\}) \neq 0$。

步骤 4　通过调用递归挖掘过程 WISMining，开始对项集进行递归搜索，挖掘过程的伪代码如方法 5-10 所示。

方法 5-9　HUPNS 方法

输入　批次 B_i，旧批次 B_{old}，窗口大小 Window size，批处理中的事务数 number_of_batches，窗口索引结构 WIS，窗口 SW_i，最小效用阈值 minutil。

输出　高效用模式。

1	当 CurrentBatch = Window size 时，
2	扫描当前窗口 SW_i；
3	如果 SW_i 不是首个窗口，
4	移除 B_{old}；
5	更新项的 RTWU 值；
6	更新 WIS 和 I^*；
7	否则，
8	初始化项的 WIS；
9	计算项的 RTWU 值；
10	令 I^* 为单个项 i 的列表；
11	结束条件判断；
12	令总顺序 $\succ$ 为 I^* 上 RTWU 升序；
13	按 RTWU 升序对 T_k 排序；
14	扫描批次 B_i 以创建（或更新）I^* 中项 i 的 WIS 并建立 EUCS；
15	WISMining($\varnothing$, I^*, minutil, EUCS, WIS)；
16	结束循环过程。

　　步骤 5　在挖掘过程中，依据索引段中的 SumIutils 和 SumINutils 来判断项集是否为高效用模式，具体方法为计算 SumIutils 与 SumINutils 的和是否大于等于 minutil，如果是，则输出为高效用模式（方法 5-10 的第 2~3 行）；而判断项集是否应该继续扩展的方法为：判断索引段中 SumIutils 和 SumRutils 的值是否不小于 minutil，如果是，则扩展项集并递归地挖掘高效用模式（方法 5-10 的第 4~11 行）。

　　步骤 6　新批次到来，窗口发生滑动，移除旧批次信息并更新 WIS 中的信息（方法 5-9 的第 3~6 行）。

方法 5-10　WISMining 方法

输入　项 P，P 的待扩展项集合 ExtensionsOfP，最小效用阈值 minutil，估计效用共现结构 EUCS，窗口索引结构 WIS。

输出　高效用模式。

1	对于 ExtensionsOfP 中每一个项集 Px;
2	如果 Px.WIS.SumIutils+ Px.WIS.SumINutils≥minutil;
3	输出 Px;
4	如果 Px.WIS.SumIutils+ Px.WIS.SumRutils≥minutil;
5	将 Px 的待扩展项集合 ExtensionsOfPx 置为空;
6	对于 P 的待扩展项集合中的项 Py, 并且 $y \succ x$,
7	如果 EUCS 中存在(x, y, c), 且 $c \geq$minutil,
8	$Pxy \leftarrow Px \cup Py$;
9	$Pxy \leftarrow$ Construct(P, Px, Py);
10	ExtensionOfPx $\leftarrow$ ExtensionOfPx $\cup Pxy$;
11	结束条件判断;
12	结束循环过程;
13	调用 IIMining$(Px,$ ExtensionOfPx, minutil, EUCS, ILS$)$;
13	结束条件判断;
14	结束循环过程。

4. 举例说明

为了演示利用窗口索引结构在数据流中挖掘含负项高效用模式的过程, 本节将进行举例说明, 过程中使用如表 5-6 所示的示例数据集, 其中表 5-7 为对应数据项的外部效用值, 将 T_1、T_2 视为批次 1, T_3、T_4 视为批次 2, T_5、T_6 视为批次 3。假设用户定义的最小效用阈值 minutil=5、Window size=2, number_of_batches=2。

表 5-6　示例数据集 DBSet

数据集	事务标识符	事务
DBSet$_1$	T_1	$(A, 3) (D, 5)$
	T_2	$(A, 1) (D, 1) (E, 1)$
	T_3	$(B, 1) (C, 2) (D, 6) (E, 1)$
	T_4	$(B, 1) (C, 1) (E, 2)$
DBSet$_2$	T_5	$(A, 2)$
	T_6	$(A, 3) (D, 1)$

表 5-7　示例数据集 DBSet 的外部效用值

项	A	B	C	D	E
外部效用	5	−3	−2	6	10

步骤 1　首先判断当前窗口是否已满，当窗口中应有批次数等于现有批次数时，开始扫描窗口中的事务。

步骤 2　扫描窗口 SW_1，经判断当前窗口为第一个窗口，计算每个项的 RTWU 值，表 5-8 为当前窗口中项的 RTWU 值，则当前窗口中的总项顺序为：$A \succ E \succ D \succ B \succ C$。

表 5-8　SW_1 中项的 RTWU 值

项	A	B	C	D	E
RTWU 值	51	66	66	97	87

步骤 3　依据总项顺序，再次扫描数据，并重新对数据集中的事务进行排序，同时构建 WIS，如图 5-28 所示，为窗口 SW_1 中 WIS 中的数据段，以及项 A、E、D 的索引段。

1	2	2	3	4	1	2	3	3	4	3	4
15	5	10	10	20	30	6	36	0	0	0	0
0	0	0	0	0	0	0	0	−3	−3	−4	−2
30	16	11	36	0	0	6	0	0	0	0	0

(a) 数据段

Item=A		Item=E		Item=D	
SumIutils=20		SumIutils=40		SumIutils=72	
SumINutils=0		SumINutils=0		SumINutils=−0	
SumRutils=46		SumRutils=47		SumRutils=6	
StartPos=0		StartPos=2		StartPos=5	
EndPos=2		EndPos=5		EndPos=8	
Win	Bid=1 Sum_batch_iutils=20 Sum_batch_inutils=0 Sum_batch_rutils=46 batch_startPos=0 batch_startPos=2	batches	Bid=1 Sum_batch_iutils=10 Sum_batch_inutils=0 Sum_batch_rutils=11 batch_startPos=2 batch_startPos=3	batches	Bid=1 Sum_batch_iutils=36 Sum_batch_inutils=0 Sum_batch_rutils=6 batch_startPos=5 batch_startPos=7
	Bid=2 Sum_batch_iutils Sum_batch_inutils Sum_batch_rutils batch_startPos batch_startPos		Bid=2 Sum_batch_iutils=30 Sum_batch_inutils=0 Sum_batch_rutils=36 batch_startPos=3 batch_startPos=5		Bid=2 Sum_batch_iutils=36 Sum_batch_inutils=0 Sum_batch_rutils=0 batch_startPos=7 batch_startPos=8

(b) 索引段

图 5-28　SW_1 中构建的 WIS

如图 5-28 所示，WIS 中的数据段和索引段按照当前窗口中项的总顺序排列，在数据段中存储了项的效用信息，索引段中则存储了项的剪枝信息以及项在数据段中的索引位置。例如，对于项 A，由 A 的索引值信息可知，项 A 只出现在批次 1 中，并且将 SumIutil 和 SumINutil 相加可知项 A 是高效用模式；又如，项 E 在批次 1 和批次 2 中都有出现，且在批次 1 中对应的数据段为 $\{2, 10, 0, 11\}$。

步骤 4　在发生挖掘请求时，HUPNS 方法开始递归挖掘高效用模式。

步骤 5　HUPNS 方法首先判断当前项集是否为高效用模式，例如，对项 A 来说，SumIutils+SumINutils > minutil，则 A 是高效用模式；且 SumIutils+SumRutils > minutil，可以通过扩展项 A 来寻找高效用模式。当合并项集时，例如，要合并项 A 和项 E，HUPNS 方法会先找到其共同批次，此处，共同批次为批次 1，接着，HUPNS 方法开始依据索引段中的索引值查找项 A 和项 E 的数据段并开始在相同的事务中合并信息，依据索引结构可以快速地在数据段中查找相应项的信息。

步骤 6　当新的批次到来时，窗口发生滑动，HUPNS 方法依据索引段中最旧批次的索引快速删除数据段中旧批次的信息，并更新索引段，包括移除索引段中关于最旧批次的存储信息，同时添加新批次的信息，并更新项目的相应索引。图 5-29(a) 为窗口发生滑动后 WIS 的数据段，图中，最旧批次即批次 1 的数据段已被删除，同时更新了索引段中的索引值；当插入数据时，将插入到项集的结束索引之后，并更新之后项的索引值。图 5-29(b) 为窗口滑动后项 A 的索引段变化，项 A 在批次 1 中存在数据，所以需要删除旧批次信息，当插入新批次时，方法先找到项 A 的结束索引 0，并在该位置插入新批次中的数据 $\{5, 10, 0, 0\}$, $\{6, 15, 0, 6\}$，同时更新索引值，其他项则按照此步骤依次更新。接着，HUPNS 方法开始在 SW_2 中重复先前的步骤继续进行挖掘。

5	6	3	3	4	6	3	4	3	4
10	15	10	10	20	6	0	0	0	0
0	0	0	0	0	0	-3	-3	-4	-2
0	6	36	36	0	0	6	0	0	0

Item=A	
SumIutils=25	
SumINutils=0	
SumRutils=6	
StartPos=0	
EndPos=2	
Win	Bid=2 Sum_batch_iutils Sum_batch_inutils Sum_batch_rutils batch_startPos batch_startPos
	Bid=3 Sum_batch_iutils=25 Sum_batch_inutils=0 Sum_batch_rutils=6 batch_startPos=0 batch_startPos=2

(a) SW_2 的数据段　　　　　　(b) 窗口滑动后项 A 的索引段变化

图 5-29　窗口滑动后的 WIS

5.3.3　实验与分析

为了测试 HUPNS 方法的性能,本节做了大量的实验,通过扩展 SPMF[118]平台上的开源 Java 库实现。实验运行环境的 CPU 为 3.00GHz,内存为 256GB,操作平台是 Windows10 企业版。使用四个真实数据集 Mushroom、Chess、Retail 和 Kosarak,所有数据集均从 SPMF 平台上下载,Mushroom 和 Retail 数据集基本特征详见表 3-6,Chess 和 Kosarak 数据集基本特征详见表 3-19。对于所有数据集,项的内部效用值是在 1~5 范围内随机生成的,项的外部效用值使用对数正态分布在 1000~10000生成。为确保结果的稳健性,本节所有实验都进行了 10 次,并统计了平均结果。

1. 实验设计

本节提出的 HUPNS 方法是第一个在数据流中挖掘含负项高效用模式挖掘的方法,因此,找不到具有相同性能的另一方法进行比较,而评估其性能的可靠方法是将其与静态数据集或增量数据集中现有的可以挖掘含负项高效用模式的方法相比。

为了与静态方法进行对比,本节加入对比方法 FHN[109]和 EHIN[79],而增量数据集中没有可以挖掘含负项高效用模式的方法。因此,本节在增量方法 EIHI[37]中进行进一步改进,在不改变数据结构和关键技术的基础上,将其改进为可以同时处理含正项和负项的高效用模式挖掘方法。在对比实验中,依据方法的插入率不同,将方法命名为 EIHI-n-5 和 EIHI-n-10,即分别将数据集分 5 个批次、10 个批次增量输入方法中。

为了可以与静态数据集和增量数据集中的相关方法进行对比,本节所提方法采用单窗口方式运行。在滑动窗口模型中,方法的重要参数为窗口中的批次数量,因此方法在单窗口中以不同的批次数进行实验,在本实验中,依据批次数的不同,设置本节所提方法的不同版本 HUPNS-5 以及 HUPNS-10,它们分别表示方法在单窗口中以 5 批次、10 批次运行。同时,为了测试本节所提方法中使用的 WIS 的有效性,还设置了本节所提方法的"静态"版本,即在单窗口中以一个批次运行,在本实验中,称此版本为 HUPNS-1。

因此,本节实验对比方法的具体描述如表 5-9 所示,包括 HUPNS-1 方法、HUPNS-5 方法、HUPNS-10 方法、EIHI-n-5 方法、EIHI-n-10 方法、EHIN 方法、FHN 方法。

表 5-9　对比方法的具体描述

方法名称	数据集类型	描述
HUPNS-1 方法	静态	以"静态"方式,即以一个批次运行
HUPNS-5 方法	动态	处理数据集时在单窗口中分 5 个批次增量输入

续表

方法名称	数据集类型	描述
HUPNS-10 方法	动态	处理数据集时在单窗口中分 10 个批次增量输入
EIHI-n-5 方法	动态	EIHI 的改进版本，处理数据集时分 5 个批次增量输入
EIHI-n-10 方法	动态	EIHI 的改进版本，处理数据集时分 10 个批次增量输入
EHIN 方法	静态	FHN 方法的扩展，与 FHN 方法相比运行速度快 3~4 倍，内存消耗为其 10%
FHN 方法	静态	一阶段方法，是 FHM 方法的扩展

2. 运行时间性能

本节评估了表 5-9 中所有方法在数据集中的运行时间性能，EIHI-n-5 方法和 EIHI-n-10 方法的运行时间在有的数据集中无法在图中画出来，因为它需要更多的运行时间和内存消耗。

如图 5-30 所示，在密集数据集 Chess 中，几乎在所有不同的阈值下，HUPNS-1 方法和 EHIN 方法的运行时间都相差无几，而当 minutil 值大于 150000 时，FHN 方法的运行时间要明显多于 HUPNS-1 方法的运行时间；在增量数据集的方法中，运行时间都会随着 minutil 的增加而增加，并且批次数越多，运行时间越长。HUPNS 方法的多批次运行方法在 Chess 数据集上表现出了比 EIHI 方法更加优异的性能，并且批次数越多，效果越明显。

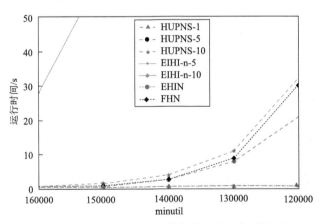

图 5-30　不同方法在 Chess 数据集上的运行时间对比

在密集数据集 Mushroom 中，静态方法与动态方法运行时间相差较多，所以分为了图 5-31 和图 5-32 来展示实验结果。图 5-31 是静态方法的运行时间图，当 minutil 的值在 500000 和 200000 时，HUPNS-1 方法的运行时间要少于 EHIN 方法，由于 Mushroom 数据集与 Chess 数据集相比事务的平均长度较短，所以运行时间的差异较小，但依然能证明 HUPNS 方法所使用结构的有效性。之后，当 minutil 逐步增加时，EHIN 方法和 HUPNS-1 方法有着几乎相同的运行时间，而在各种阈值下，FHN 方法都需要更长的运行时间。

在 Mushroom 数据集上的动态方法中，同样地，方法的运行时间都会随着 minutil 的增加而增加，并且批次数越多，运行时间越长。HUPNS-5 方法在 Mushroom 方法上使用最少的运行时间，而 EIHI-5 方法和 HUPNS-10 方法的运行时间较为接近，证明在处理增量数据集时，HUPNS 方法所提出的数据结构依然可以有效地减少运行时间，如图 5-32 所示。

图 5-33 为不同方法在稀疏数据集 Retail 上的运行时间，三种静态方法的运行时间几乎相同，而在处理增量数据集时，HUPNS 方法则比 EIHI 方法表现出了更优的性能，minutil 越大，效果越明显。

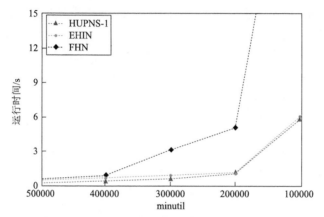

图 5-31　Mushroom 数据集上静态方法的运行时间

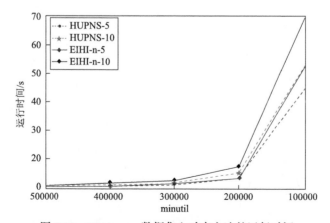

图 5-32　Mushroom 数据集上动态方法的运行时间

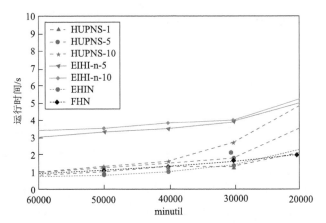

图 5-33　不同方法在 Retail 数据集上的运行时间

当在 Kosarak 数据集上运行时，各方法的运行时间如图 5-34 所示。EHIN 方法和 HUPNS 方法使用几乎相同的运行时间，EHIN 方法采用了数据集投影策略，可以大大减小搜索空间，而 HUPNS 方法则单独使用 WIS 来加快挖掘速度，这在一定程度上也证明了对数据结构来说，HUPNS 方法所提出的 WIS 是有效的。在增量挖掘高效用模式的方法中，HUPNS 方法的运行效率始终优于 EIHI 方法，也证明了在增量挖掘的过程中，WIS 具有优异的性能。

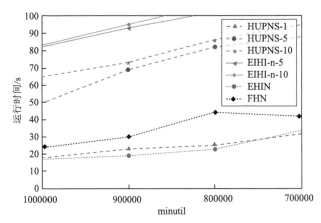

图 5-34　不同方法在 Kosarak 数据集上的运行时间

3. 内存消耗性能

分批次处理数据集会在一定程度上占用比静态方法更多的内存，因此本节比较了动态方法 EIHI 与 HUPNS 在各种数据集上的内存消耗。图 5-35～图 5-38 显示了 HUPNS 方法和对比方法在所有数据集的内存消耗情况。从图中可以清楚地看到，在所有数据集中，HUPNS 方法比 EIHI 方法消耗了更少的内存，在密集数据集中尤为明显。

图 5-35 为不同方法在 Chess 数据集上的内存消耗，随着批次数的增加，方法的内存消耗也逐渐增加，但 HUPNS 方法依旧比 EIHI 方法表现出更优的性能。因此，本节所提方法在增量处理数据时，可以比 EIHI 方法消耗更少的内存。

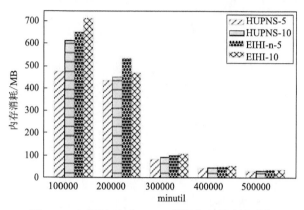

图 5-35　不同方法在 Chess 数据集上的内存消耗

不同方法在 Mushroom 数据集上的内存消耗如图 5-36 所示，当 minutil 足够大时，EIHI 方法和 HUPNS 方法在挖掘过程中的内存消耗相差不大，但是当 minutil 逐渐减小时，EIHI 方法和 HUPNS 方法的内存消耗差异逐步增大，并且 HUPNS 方法有更少的内存消耗。其原因是当 minutil 减小时，中间项集数量增多，此时更能体现出 WIS 的优点。

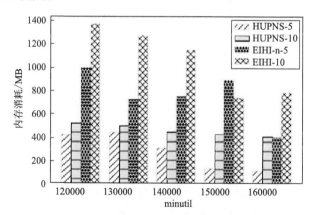

图 5-36　不同方法在 Mushroom 数据集上的内存消耗

当在 Retail 数据集上运行各方法时，各方法都随着批次数的增加而消耗更多的内存，同样，随着 minutil 的减小，各方法也会消耗更多的内存。而在所有条件下，HUPNS 方法表现最优，证明在稀疏数据集中，HUPNS 方法也可以很好地减少内存消耗，如图 5-37 所示。

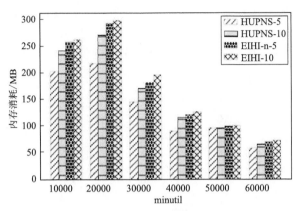

图 5-37　不同方法在 Retail 数据集上的内存消耗

在 Kosarak 数据集中，方法的内存消耗与 Retail 数据集上的结果类似，不同的是，HUPNS 方法的优势体现得更加明显，因为在 Kosarak 数据集中，项的个数更多，所以 HUPNS 方法的性能会更优，如图 5-38 所示。

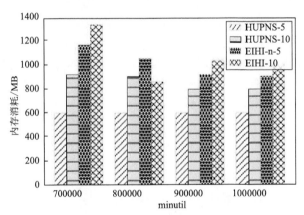

图 5-38　不同方法在 Kosarak 数据集上的内存消耗

4. 滑动窗口的影响

在基于滑动窗口的模式挖掘方法中，窗口大小是一个非常重要的参数，本节比较了在不同窗口大小下 HUPNS 方法的运行性能。图 5-39 和图 5-40 分别显示了窗口大小对运行时间和内存消耗的影响，由于数据相差幅度较大，Kosarak 数据集的运行性能结果列在了表 5-10 中。

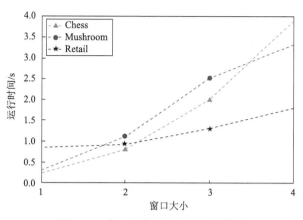

图 5-39 窗口大小对运行时间的影响

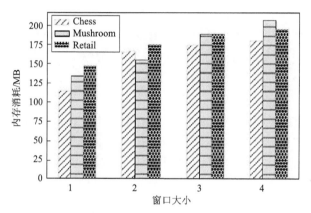

图 5-40 窗口大小对内存消耗的影响

表 5-10 Kosarak 数据集运行性能

窗口大小	1	2	3	4
运行时间	**300**	390	450	480
内存消耗	**1755**	1800	1819	1952

由结果可知,对实验中所有数据集来说,随着窗口逐渐变大,即一个窗口中包含的批次数增多,运行时间和内存消耗都逐渐升高。

5. 实验小结

在动态数据集中的高效用模式挖掘问题总是比相应的静态高效用模式挖掘更加困难,本节在多种密集数据集和稀疏数据集上比较了各种方法的运行时间和内存消耗。

对于运行时间，EHIN 方法和 HUPNS-1 方法的性能不相上下，但本节所提方法旨在动态数据集数据流中挖掘高效用模式，所提出 WIS 在事务增删时会表现出更优的性能，而 EHIN 方法则不能处理事务的增删。从数据结构的有效性来说，HUPNS 方法只使用了 WIS 来加快挖掘速度，而 EHIN 方法使用的投影数据集策略和事务合并技术，在一定程度上也证明了本节所提方法可以在挖掘过程中大大减少运行时间。当 HUPNS 方法增量地处理数据集时，所表现出的性能也大大优于 EIHI 方法，证明 HUPNS 方法在处理动态数据集时也表现出优异的性能。

对于内存消耗，HUPNS 方法在与 EIHI 方法进行对比时，表现出了更优的性能，在所有数据集中，HUPNS 方法比 EIHI 方法消耗了更少的内存，同时也证明了 HUPNS 方法可以明显地减少内存消耗。

5.3.4　本节小结

本节面向数据流提出了一种 WIS 来挖掘高效用模式。WIS 中存储了项在每个窗口中的索引值信息，在窗口滑动时快速移除旧批次并同时添加新批次信息。基于 WIS 提出了第一种在数据流中含负项高效用模式挖掘方法 HUPNS，解决了之前在数据流中只能处理含正项的问题。本节进行了广泛的实验评估，结果表明，本节所提方法无论是在运行时间还是在内存消耗上，在密集数据集和稀疏数据集上都表现良好。但是对方法研究来说，仅使用 WIS 来提高效率是不够的，且挖掘出的结果集中存在大量冗余模式，还可以加入紧凑的剪枝策略或技术来进一步优化方法。

第6章 案例分析

为了更好地解释本书中挖掘数据流的方法，本章使用提出的闭合高效用模式和含负项高效用模式挖掘方法来分析解决实际问题，包括挖掘推特数据、传染病数据、零售商店数据等。

6.1 推 特 数 据

本节主要使用 5.2 节的 CHUP_DS 方法来挖掘推特数据，预测突发话题和灾难性话题，基于此设计并实现了预测平台。为适应平台任务需要，CHUP_DS 方法的阈值参数由固定改为了动态计算来确定，本节将对其进行进一步介绍。平台找出并展示所有话题结果集，并根据话题结果集生成若干有代表性的关键词，为用户提供每日话题情况的直观分析。总体来讲，首先针对实际情况从应用的角度对平台的设计制定需求分析，并依据这些需求设计实验平台的界面和功能。接着对平台使用的推文数据集进行详细介绍。平台可预测每日的突发话题，也可以检测发生的特定灾难事件。

6.1.1 推特突发话题预测平台概述

推特突发话题预测平台是一种采用 Laravel 和 Vue 框架实现的单页面应用。利用 Inertia 插件实现前端用户的沉浸式体验。在使用平台前用户首先需要登录注册，新用户通过邮箱进行注册，之后可以选择记住密码功能；平台主要包括三个部分，分别为"平台主页"、"平台导航"和"预测服务"。"平台主页"包括平台的介绍、显示最新推特突发热点话题等；在"平台导航"页面中有"快速入门"以及"防灾百科"两个模块；在"预测服务"页面有"数据上传"、"参数设置"、"开始预测"以及"预测结果分析"四个模块。

1. 需求分析

推特等博客平台往往是人们传播和发表社会事实以及现象的第一阵地，一些诸如地震、火山爆发、新闻舆情等信息往往第一时间在网络上流传。针对推特的这一特性，研究人员进行了各种研究，利用情绪分析或自然灾害预测等方法从推特流量中揭示有价值的信息，成功预测出这些突发事件有助于遏制恶劣事件的传播与发酵，或者及时地预知网络的热点信息，避免给社会带来更大的损失，因此推特突发话题预测平台具有重要意义。在推特突发话题预测平台中，用户只需要将想要预测的推文上传或输入到平台中，平台就会调用 Python 按窗口大小预处理推文，通过 Java 调用 CHUP_DS 方法预测出最新的话题。推特突发话题预测平台还会检测是否发生灾难事件，并给出预警和分析。

1) 推特突发话题分析

随着互联网的不断发展，包括推特和 Facebook 在内的社交媒体应用迅速增长。推特已成为使用广泛的社交媒体应用程序之一，它具有独特的功能，包括简单的界面和每个帖子的字符数限制。2016 年，每月有 3 亿用户使用推特，每天产生超过 5 亿条新推文。通过智能设备轻松访问推特服务，推特用户可以实时在线传播发生在世界许多地方的事件。通过分析其中的突发热点事件，可以了解最新社会舆情。

2) 平台功能分析

推特突发话题预测平台主要为实现推特突发话题预测和突发灾难事件检测的功能，设计了三个页面，分别为"平台主页"、"平台导航"以及"预测服务"。"平台主页"模块分为三个板块，简要介绍了平台的现实意义、推特最新突发话题、推特近期突发灾难话题。"平台导航"模块分为两个部分，"快速入门"子模块简单明了地向用户说明了该平台应该如何使用；"防灾百科"子模块向用户普及了灾难现象并介绍了在灾难发生时的个人防护知识。"预测服务"部分主要负责接收所需的数据集或数据流，根据当前窗口的推文信息对未来一段时间内可能暴发的突发热点话题进行预测，并对推文中可能发生的灾难事件进行检测分类，可识别自然灾害、社会公共安全、公共卫生安全 3 类事件。用户还可看到按日期归纳的突发话题结果分析和灾难事件分析。

2. 关键技术

推特突发话题预测平台是一种采用超文本预处理器语言 Laravel 框架和 JavaScript 语言 Vue.js 框架[118]实现的应用平台。利用 Inertia.js 插件实现前端用户的沉浸式体验，通过该插件，前端所有的活动局限于一个 Web 页面中，仅在该 Web 页面初始化时加载相应的超文本标记语言、JavaScript、层叠样式表。一旦页面加载完成，路由控制和视图转换框架不会因为用户的操作而进行页面的重新加载或跳转单页面应用。利用 Laravel 框架调用 Java 命令执行 CHUP_DS 方法。

6.1.2　数据处理

推特突发话题预测平台的演示数据集来自 Kaggle①平台。该平台可以对灾难

---

① https://www.kaggle.com/

事件进行检测,因此除了下载一些非灾难类型的推文数据集外,还下载了多个不同灾难类型的推文数据集来验证推特突发话题预测平台的预测效果。这些数据集有一个共同的特点,即含有代表推文文本内容的 tweet 属性和记录发推日期的 date 属性。接下来对这些数据被收集的时间段和数据的一些特征进行介绍。

1. 数据描述

Vaccine Tweets:开始收集于 2020 年 10 月 22 日,含有 200000 条推文,均是带有某疫苗标签的热门推文。Nepal_2015_earthquake_tweet_dataset:数据集包含来自尼泊尔六大城市的地震相关推文,包含 2015 年 4 月 25 日至 2015 年 5 月 5 日的推文,共计 1262 条。Disaster tweets:是一个综合灾难数据集,包含地震、森林火灾、飓风等标注推文关键词的推文信息,共计 8561 条。数据集的关键词属性描述了该推文对应的灾难类型,该数据集的日期被手动统一标记为 2020 年 1 月 14 日。Indonesian Tweet About xxxxxxx:推文通过关键词“xx 分子”或“xxxx 分子”获得,该数据集包含 17000 条推文。Tweets Targeting xxxx:这些推文源自 100 多名 xxxx 的关注用户。这个数据集包含 2016 年 7 月 4 日和 2016 年 7 月 11 日这两天收集的 122000 条推文。FIFA World Cup 2018 Tweets:国际足联世界杯(通常简称为世界杯)是最负盛名的足协足球赛事,也是世界上观看次数和关注度最高的体育赛事,同时也是推特上经常出现的热门话题之一。该数据集包含从 16 强赛到 2018 年 7 月 15 日举行的世界杯决赛并由法国获胜的 530000 条推文的随机集合。American Music Awards Tweets – 2018:收集于 2020 年 10 月 10 日,2018 年全美音乐奖是在收集这些推文 4 天后举行的,这些推文均发布于官方话题标签“#AMAs”之下,共计 3283 条推文。

2. 数据格式化处理

1)除去数据中非文本部分

这一步主要针对原始推文数据集的 tweet 属性内容,由于推文内容中有很多推特的一些常用特殊符号和操作缩写,需要去除,如“@”、“rt”、“http”等。少量的非文本内容可以直接用 Python 的正则表达式删除,复杂的则可以用 beautifulsoup 来去除。另外,还有一些特殊的非英文字符(non-alpha),也可以用 Python 的正则表达式删除,删除文本中出现的标点符号、重音符号以及其他变音符号。

接下来,进行词形还原。词形还原就是去掉单词的词缀,提取单词的主干部分。在进行词形还原之前,使用 nltk 库的 pos_tag 方法获取单词在句子中的词性,然后以此为依据进行还原。在英文文本中有很多无效的词,如“a”、“to”,一些短词,还有一些标点符号,这些不适合在文本分析的时候引入,因此需要去掉,这些词就是停用词。这里使用的是 nltk 提供的停用词包。

2) 定义词汇内部效用和外部效用

假设一个推文为 T ,推文组成的数据流为 $\text{TS}=T_1,T_2,T_3,\cdots$。平台采用滑动窗口技术提取话题流, TS 表示一个话题序列, $B_1,B_2,B_3,\cdots$ 表示一批话题。每个词汇 i 的内部效用定义为该词在所在推文 T_j 中的频率,可表示为 $q(i,T_j)$。外部效用表示每个词汇在检测新主题时的重要性,相邻两批的词汇频率是变化的,所以应当计算每批词汇的外部效用。每个话题的字符数是有限的,特殊事件相关的关键词频率会快速升高。批次 B_t 中词汇 i 的频率表示为 $f(B_t,i)$,批次 B_L 与批次 B_{L-1} 中词汇 i 的频率差异定义为 $\text{diff}(i)$:

$$\text{diff}(i)=f(B_L,i)-f(B_{L-1},i) \tag{6-1}$$

如果 $\text{diff}(i)>0$,那么词汇 i 的频率升高;如果 $\text{diff}(i)<0$,那么词汇 i 的频率降低。将批次 B_L 与 B_{L-1} 之间词汇 i 的频率变化率定义为 $\text{rate}(i)$:

$$\text{rate}(i)=\frac{f(B_L,i)+1}{f(B_{L-1},i)+1} \tag{6-2}$$

如果 $\text{rate}(i)>1$,那么词汇 i 的频率升高;如果 $\text{rate}(i)<1$,那么词汇 i 的频率降低。由此,批次 B_L 中词汇 i 的外部效用 ext_{util} 定义为关于 $\text{diff}(i)$ 与 $\text{rate}(i)$ 的方程,即

$$\text{ext}_{\text{util}}=\begin{cases}\text{diff}(i)\times\log(\text{rate}(i)), & \text{diff}(i)>0 \\ 0, & \text{其他}\end{cases} \tag{6-3}$$

因为 $\text{diff}(i)\leqslant0$ 说明词汇 i 的频率没有升高,所以词汇 i 的效用设为 0,此类词汇不可能是新话题的关键词汇, $\text{rate}(i)$ 表示词汇频率变化率,该值可能极大。

3) 数据格式转换

推特突发话题预测平台在处理时会以一个批次为单位,根据单词出现的先后顺序对其进行编码操作,同一个单词用 1 个数字项表示,该数字项即为事务的项,因此每一条推文都可以通过该编码方式表示为一组项的集合,通过该表示方法编码完成后生成字典表,以便对项和单词进行一一对应。在对推文处理的过程中,平台会分别计算每个词汇的内部效用,并根据缓存的前一窗口的词频信息通过定义计算出每个词汇对应的外部效用,最后通过将推文中每个单词的内部效用和其对应的外部效用相乘,得到该事务的效用值集合,每个效用值代表该单词在当前推文中的总效用。转换后该数据集中每条数据分别代表具有唯一标识符的事务,每条事务由三个部分组成,且三个部分由两个 ":" 进行切割划分。首次出现 ":"

前面的部分称为项，第二次出现“：”后面的数据为每个项的效用值，两个“：”之间的数据称为事务效用值，是每个项的效用值之和。经过该步骤，对于需要预测的推文，预处理已经完成，流程如图 6-1 所示。

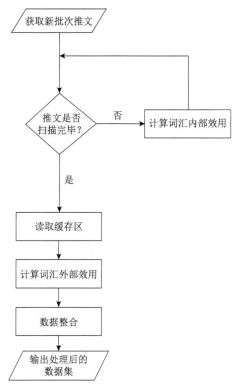

图 6-1 待预测推文预处理过程

由于推特突发话题预测平台的预测服务包含灾害话题检测功能模块，所以采用关联规则对话题模式进行灾难分类，以实现不同灾难类型的检测。选取部分数据集中与灾难相关的推文组成用于训练灾难关联规则的推文集，分别对自然灾害、社会公共安全、公共卫生安全型推文建立单独的数据集文件，并在推文句尾分别增加 NADangerous、SCDangerous、FLUDangerous 等类标签词汇，用于标注该推文属于何种灾难类型。对于这三个数据集文件，先通过单个窗口由 CHUP_DS 方法逐个预测各文件中的突发话题(突发话题预测模块将在后面介绍)，根据推文原格式得出添加类标签词汇后数据集的示例，如图 6-2 所示。本节采用 Zaki 等[119]提出的一种闭合关联规则挖掘方法，在该方法中，需要采用 SPMF 平台中的频繁数据集格式。首先根据预处理后加类标签的高效用模式，然后去掉前后面的“：”、中间的效用值以及后面每个项的效用值，得到的就是频繁模式，该训练部分的预处理流程如图 6-3 所示。

1　1 2 3 4 5 6 7 8 9 10 11 12 13 14 15 16 17 18 19:10436.053021301956:231.48449579370885 81.78428922036152 42.5412840744605 19.473989034060743 0.002177894056801714 0.10803829746459856 12.326046619223103 0.0010374892856627761 1.9343751936649418 8.04529573134138e-05 7.680209120018292 4.992999672535761 3.7412593799192453 208.55269822893467 8.400643758122655 8.176264214789194 3229.285390795397 3357.9643201505 3217.603421912495

2　20 21 22 23 24 17 18 25 26 27 28 29 30 31 32 33 19:14586.439867993584:5.131699519726905 8.220364369035059 12.795729409733385 0.5154478820704246 0.6038998264111454 3536.8363803949583 7355.540891758238 3.9623515614024742 24.268743987531288 28.391444420516248 0.07856228134503089 9.86081135012141 21.397435391112644 0.007925000170451849 33.25795887426599 21.5283789199257 3524.041843047018

3　34 35 36 37 38 39 40 17 18 41 19:21203.266103586808:81.14773913306625 1.3976082393883904 3.626789936297575 0.7436824772800992 23.66873674753934 409.512256623689 84.18059978877845 6752.142180754012 7021.198123951046 97.93214011867488 6727.716245817035

图 6-2　处理后的训练集示例

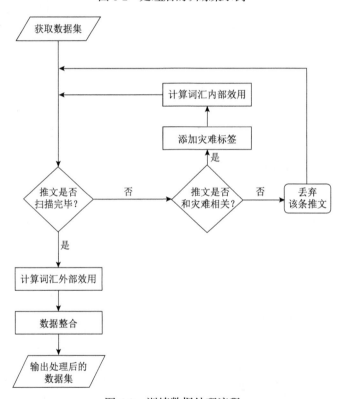

图 6-3　训练数据处理流程

　　将处理好的频繁模式作为闭合关联规则方法的输入数据，通过训练生成高效用关联规则，推特突发话题预测平台对生成的规则进行了严格筛选，以提取出有效的关联规则。具体约束如下：规定代表各类灾难的类标签在规则的右边，如果不符合该要求，那么该条规则不可用。在这种方式下，规则右边扩展时必须包含类标签项。各类灾难预测的关联规则得到以后，将所有关联规则汇总组成推特突发话题预测平台最终所需的灾难预测关联规则集合，部分结果如图 6-4 所示。

```
1   4 19 410 ==> 11 #SUPP: 25 #CONF: 1.0
2   19 410 ==> 4 11 #SUPP: 25 #CONF: 1.0
3   4 410 ==> 11 19 #SUPP: 25 #CONF: 1.0
4   410 ==> 4 11 19 #SUPP: 25 #CONF: 1.0
5   4 19 78 245 ==> 11 #SUPP: 27 #CONF: 1.0
6   19 78 245 ==> 4 11 #SUPP: 27 #CONF: 1.0
7   4 78 245 ==> 11 19 #SUPP: 27 #CONF: 1.0
8   4 19 245 ==> 11 78 #SUPP: 27 #CONF: 0.9310344827586207
```

图 6-4　灾难预测关联规则示例

例如，图 6-4 中的 4 19 410 ⟹ 11 #SUPP: 25 #CONF: 1.0，这是一条完整的关联规则，"4 19 410"代表项，在实际应用中代表推文中的突发热点话题词汇集合；"11"代表灾难类型的类标签，在实际应用中指的是某一类具体灾难类型；"#SUPP: 25"代表该规则的项集出现的次数为 25 次，"#CONF: 1.0" 代表效用置信度的大小为 1.0。

最后，得到的关联规则被持久化保存到本地，在进行预测时直接使用，不需要反复生成规则进行操作。

3. 预处理后数据分析

由图 6-5 中的数据可以看出，随着窗口（时间）的移动，每个窗口处理后数据中项的个数和项出现的次数在不断发生变化，说明不同窗口中推文的内容存在差异。窗口 102 以后词汇数陡增，这表明此时推文内容中包含大量不同的词汇，这可能是由此时推文内含有较多不同话题、话题之间差异性大或话题的内容分散导致。例如，从窗口 102 开始，其内推文发布时间大都处于全美音乐奖颁奖典礼前夕，和全美音乐奖相关的很多子话题被频繁讨论，此时原推文中含有大量突发词汇。窗口 110 这段时间，来自综合灾难数据集中多个类型的灾难事件推文开始出现，推文包含的词汇数仍然很多，因此窗口中词汇数维持在较高水平。

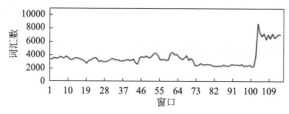

图 6-5　各窗口包含的词汇数

对每个窗口项出现次数进行分析，得知该窗口具有较大热度的词汇，在一定程度上反映了窗口推文关注的热点，但仅通过这些热点词不足以识别出突发话题的趋势，因为词汇在检测新突发话题时的重要性是不同的，不能确定其是否为突发话题。例如，项 46 所代表的词在窗口 7 中出现次数为 430（图 6-6），而在窗口 8 中，项 46 所代表的词出现次数为 408（图 6-7）。虽然词汇出现次数较多，但是相较于前一窗口并未出现增长，通过词汇出现次数并不能判断其频率是否出现了增大，为此推特突发话题预测平台将词汇在每个推文中的词频定义为词汇的内部效用，用于计算词汇在当前窗口出现的频率。同时，若其频率相较于前一窗口没有出现增加，则其重要性降低，对于当前窗口不具有突发性。对于同样发生频率增大的词汇，其频率变化率也存在差异，何种话题词汇的频率增长率高也需要更加准确的定义，由此推特突发话题预测平台对词汇进行了外部效用的定义。通过词频所代表的内部效用和频率变化得来的外部效用共同计算出词汇作为突发关键词的效用值，因此推特突发话题预测平台的预处理对于在数据流中寻找突发热点话题具有重要意义。

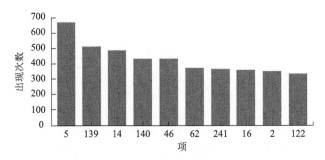

图 6-6　窗口 7 中各项词汇的出现次数 Top10

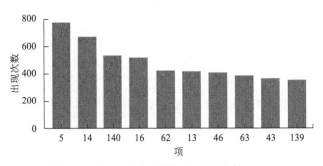

图 6-7　窗口 8 中各项词汇的出现次数 Top10

6.1.3　突发话题挖掘流程设计

用户将一段时间内的推文合成到一个数据集中，这些推文都附有发推日期，推特突发话题预测平台通过读取该数据集实现模拟接收一段推文数据流。平台在收到这些话题数据后，首先需要用户自定义窗口中的事务数量，然后按照 6.1.2 节介绍的数据处理方法对推文按照窗口大小逐批次进行预处理，处理后的每批事务集合将作为参数 DS 输入 CHUP_DS 方法中以待处理。CHUP_DS 方法的窗口大小设置为 1，Batch size 的值应与先前用户自定义的窗口事务数量保持相同，阈值初始化为 0。但 CHUP_DS 方法的阈值始终是固定的，而推特突发话题预测平台挖掘中则需要对 CHUP_DS 方法的阈值设定做出细微调整，原因如下：

由 CHUP_DS 方法的设计已知，minutil 在确定生成模式的长度方面起着关键作用。而对于需要生成的主题模式，其应当始终包含适当数量的单词。同时，minutil 设置过低或过高也会导致提取的话题模式过多或过少。又因为数据流各批次中包含的事务信息是不同的，消息流的话题长度动态变化，包含的词汇量也随之改变。综上，固定的 minutil 不能用于所有窗口，所以在 CHUP_DS 方法中窗口大小达到设定值之后、开始实际挖掘之前，CHUP_DS 方法在当前窗口的 minutil 应该被科学地动态计算确定。

Choi 等[120]提出了一种高效的 minutil 设定方法，该方法可以自动地为每个时间片的推文集动态设定 minutil，主要思想是：从每个窗口的推文集中选取一定数量的单词（项），根据选出的单词的效用值来估计合适的 minutil。外部效用值较大的单词更可能成为高效用模式，因此选取一定比例的具有较高外部效用值的单词，设选取比例为 p，每个窗口内推文中所含的单词数量差别很大，为了防止所选取的单词的数量过大或者过小影响 minutil 的估计，此处为所选单词的数量设定一个上限 ω 和一个下限 θ，令 N 为窗口时间段内推文含有所有单词的个数，N_0 为被选中用来评估 minutil 的单词个数，定义为

$$N_0 = \begin{cases} \omega, & pN < \omega \\ pN, & \omega \leqslant pN \leqslant \theta \\ \theta, & pN > \theta \end{cases} \tag{6-4}$$

现在，用来评估 minutil 值的单词已经被选择出来，下面利用它们来进行评估工作。设 $s(X)$ 是所有包含项集 X 中单词的窗口推文数量，$l(T)$ 为推文 T 中所有项的内部效用值之和。通过对项集 X 的事务加权效用值进行变型，将其拆成三部分，变型过程如式(6-5)所示。等式右边第一项表示推文 T 中单词效用值的均值，记为 α；第二项表示包含项集 X 中单词的推文的平均长度，记为 β；同理，将 $s(X)$ 记为 y。

$$\text{TWU}(X) = \frac{\sum \text{tu}(T)}{\sum l(T)} \times \frac{\sum l(T)}{s(X)} \times s(X) \tag{6-5}$$

对于选出的单词集合，为其中的每个单词分别计算 α、β、y，然后计算均值 $\text{AVG}(\alpha)$、$\text{AVG}(\beta)$、$\text{AVG}(y)$，minutil 的评估值如式(6-6)所示。该方法计算速度

较快，可以动态地为每个窗口的推文确定最小效用阈值。

$$minutil = AVG(\alpha) \times AVG(\beta) \times AVG(y) \tag{6-6}$$

根据上述公式计算并更新 CHUP_DS 方法的当前 minutil，而后继续通过 CHUP_DS 方法得到每个窗口中的最终闭合高效用模式。在每次得到一个窗口的模式结果时，都通过所建立的词项对照字典表将得到的高效用模式转变为实际的文本话题。至此，平台输出预测到的当日突发热点话题给用户，还可将 CHUP_DS 方法挖掘到的闭合高效用模式和已存储的灾难关联规则库进行匹配。对于闭合高效用模式中任一特定模式，若某个关联规则先导是该模式的子集且关联规则先导的长度大于 1，则此关联规则的后继所表示的灾难类型即为该话题模式的灾难类型，最后通过所建立的词项对照字典表将得到的高效用模式转变为实际的词汇，输出检测到的灾难事件和相关灾难话题。整个突发话题挖掘流程如图 6-8 所示。

图 6-8　突发话题挖掘流程

6.1.4　话题预测平台实现

推特突发话题预测平台需要用户登录后使用，对于新用户首先需要注册账号。新用户使用邮箱注册，输入用户名和密码，输入的密码需要再次确认。用户注册账号成功以后，平台会跳转到登录界面，登录成功以后则进入平台操作界面。

1. 平台功能介绍

推特突发话题预测平台"平台主页"界面如图 6-9 所示。用户登录成功后首先会进入"平台主页"，平台顶部是导航栏，导航栏左侧是功能页面链接，共设置三个栏目供用户选择，分别是"平台主页"、"平台导航"和"预测服务"；导航栏右侧可以看到当前登录的用户，在点击弹出的下拉菜单中可选择"退出登录"或访问"个人中心"页面来修改个人信息。当用户点击到某个特定页面时，导航栏下部的页面会显示用户目前停留的栏目名称。

图 6-9　推特突发话题预测平台"平台主页"界面

"平台主页"主要分为三个部分，包括"推特突发话题预测平台的功能和意义介绍"、"推特最新突发话题"以及"推特近期突发灾难话题"等，其界面如图6-10所示。"推特最新突发话题"子模块为用户实时更新并显示推特最新突发话题或热点；"推特近期突发灾难话题"子模块显示近期推特上和灾难事件相关的话题；用户可通过这些信息直观了解推特全局突发热点。

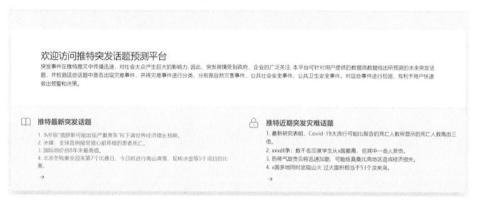

图 6-10　"平台主页"

图6-11是点击导航栏"平台导航"链接后显示的界面，这一模块分为"快速入门"以及"防灾百科"两个子模块。"快速入门"子模块首先简要介绍如何使用推特突发话题预测平台，然后通过流程图详细地为用户展示平台的使用流程和步

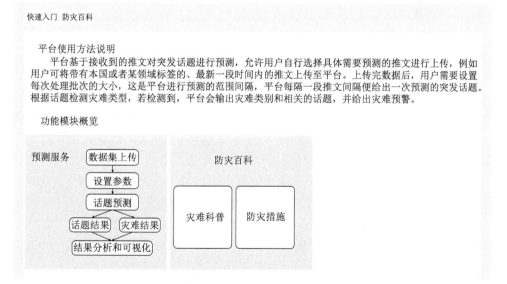

图 6-11　"平台导航"展示界面

骤。用户使用"预测服务"后可同时得到话题结果和对结果的分析。"快速入门"环节起到了方便用户更快地了解并顺利地使用推特突发话题预测平台进行预测的功能，是一本通俗易懂的说明书。

图 6-12 是"平台导航"中子模块"防灾百科"展示界面。该部分通过科普一些常见的灾难，对灾难的分类知识以及本平台对灾难类型的分类标准进行介绍，且按类型列举了可识别的具体灾难事件。页面下方还给出了防灾措施小指南，针对不同灾难类型，给予用户一些防灾减灾的建议，有利于加强用户的防范意识。

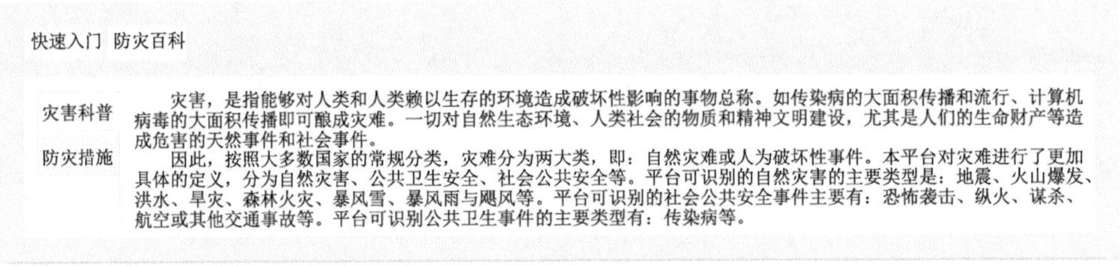

快速入门　防灾百科

灾害科普　　　　　灾害，是指能够对人类和人类赖以生存的环境造成破坏性影响的事物总称。如传染病的大面积传播和流行、计算机
防灾措施　　　病毒的大面积传播即可酿成灾难。一切对自然生态环境、人类社会的物质和精神文明建设，尤其是人们的生命财产等造
　　　　　　成危害的天然事件和社会事件。
　　　　　　　　　因此，按照大多数国家的常规分类，灾难分为两大类，即：自然灾害或人为破坏性事件。本平台对灾难进行了更加
　　　　　　具体的定义，分为自然灾害、公共卫生安全、社会公共安全等。平台可识别的自然灾害的主要类型有：地震、火山爆发、
　　　　　　洪水、旱灾、森林火灾、暴风雪、暴风雨与飓风等。平台可识别的社会公共安全事件主要有：恐怖袭击、纵火、谋杀、
　　　　　　航空或其他交通事故等。平台可识别公共卫生事件的主要类型有：传染病等。

(a) 灾害科普

快速入门　防灾百科

灾害科普　　> 地震
防灾措施
　　　　　　> 火灾

　　　　　　> 洪水

　　　　　　> 台风

　　　　　　> 泥石流

　　　　　　> 雷击

(b) 防灾措施

图 6-12　　"防灾百科"展示界面

前面介绍了传染病暴发预测平台的一些传染病普及和使用说明等相关界面，下面将对"预测服务"页面进行介绍。首先用户点击"上传"按钮，对其需要预测的数据集进行选择，找到预测数据集在计算机中所在文件夹位置。上传完毕后可在页面下方看到上传的数据集示例。图 6-13 显示了数据集上传界面，图 6-14 对上传完数据集之后的界面进行展示，上传的演示数据集是 Vaccine Tweets、FIFA World Cup 2018 Tweets、American Music Awards Tweets – 2018 和 Disaster tweets 四个数据集按其推文时间顺序合成的。此时用户还可以重新选择数据集进行上传。

鉴于 6.1.3 节所述的突发话题挖掘流程设计，用户在推文数据上传完毕以后需要设置窗口的批次大小，设置界面如图 6-15 所示，这里演示将批次大小设为 5000。设置完参数以后用户可点击"开始预测"按钮启动服务。

推特突发话题预测服务

图 6-13 数据集上传界面

文件上传成功

F:/os2/storage/app/aetherupload/file/202201/9ab40f0ec0f95f03581ed5b02c011319.csv

重新上传

用户名	推文（数据集中选取10条样本）	发推日期	发推时间
bak_sahil	@MisseeMonis They said vaccine for all but not when. Free Covid vaccine is the new 15 lakhs Rs in every account kind of Jumla.	2020-10-22	12:39:47
ivibhatweedy	BJP really presenting "free COVID vaccine" as a state manifesto to win the Bihar elections as if it's a Diwali sale offer and they aren't the ruling party (at the centre) in charge of providing the vaccine to the entire country at the same cost. party of deranged analphabetics.	2020-10-22	12:39:32
paulwatson72	Another dose of daily miserablism from Planet Grauniad subs If you're pinning your hopes on a Covid vaccine, here's a dose of realism | David Salisbury https://t.co/Lw46rcbXeV	2020-10-22	12:39:18

‹ 1 2 3 ›

图 6-14 数据集预览

数据集上传	窗口大小	5000
参数设置	当前值	
开始预测	5,000	
预测结果分析		

图 6-15 参数设置界面

针对当前上传的数据集，在对各窗口依次进行挖掘之后，平台可给出预测处理概览，界面展示如图 6-16 所示。用户可通过概览直观看到被创建并预测的窗口个数。在话题结果栏（图 6-17），用户可从日期视角看到不同日期当日预测到的突发话题结果。在灾难预测栏（图 6-18），用户可以看到预测到发生灾难事件的日期，具体的灾难类型和相关的灾难事件话题。例如，第一条结果中，用户通过"derailment train southbound"可以快速得出某地区存在火车出轨的信息。尽管这里给出了原始的话题结果信息，但是可读性仍然不佳。为此，随后平台的"预测服务"页面提供了更加直观的"结果分析"模块，预测结果分析页面对话题结果分析和灾难检测分析的两种结果分别进行了展示。

图 6-16 预测处理概览

图 6-17 话题结果栏展示

图 6-18 灾害预测栏展示

2. 话题结果分析

"话题结果"模块根据预测的话题结果按日期对话题进行分析，这里仍然使用平台功能介绍中上传的数据集作为演示。然后选取 4 个典型日期对结果进行分析，并从各日话题词组中选取 10 个关键词予以展示，使用户更加直观地了解平台预测结果和结果的意义。"灾难分析"模块对预测到的所有灾难话题进行分析，对预测到发生灾难的日期及相关话题情况进行显示和汇总。

对于本次话题结果分析，这 4 个日期分别是 2018 年 7 月 1 日、2018 年 10 月 8 日、2020 年 1 月 14 日、2020 年 10 月 22 日，其分析统计内容分别如图 6-19～图 6-22 所示。对于预测到的任何一个突发话题，构成该话题的词汇被认为是关键词汇。针对同一个事件，可能被预测到多个话题，这些话题词汇相近或部分相同。同时，每一个突发话题的效用不同，话题的重要性存在差异。因此，平台选取 25000 个效用值最高的当日预测话题，对这些话题中的关键词出现次数进行统计。所预测的 2018 年 7 月 1 日突发话题关键词显示当天较大的突发热点话题和世界杯有关，当天可能存在世界杯半决赛或决赛，俄罗斯等关键词很可能是当天比赛涉及的参赛队伍的国家。

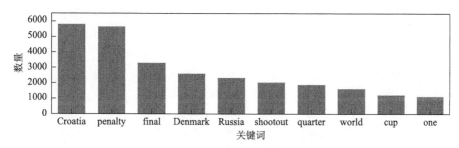

图 6-19　2018 年 7 月 1 日预测话题统计

预测到的 2018 年 10 月 8 日这天的话题关键词显示当天较大的突发热点话题和全美音乐奖有关，social、vote 等词汇说明歌手奖项极有可能将通过社会大众投票产生，其中不难看出 BTS、TWT、Camila 等词是多数公众熟知的歌手组合或歌手的名字，他们受到大家的高度关注，一定程度上说明这些是奖项强有力的竞争者。事实上，北京时间 2018 年 10 月 10 日，第 46 届全美音乐奖颁奖典礼在美国洛杉矶微软剧院举行。其中，BTS 获得最受欢迎社交艺人奖，Camila 斩获年度最佳新人奖。由此说明，平台预测的突发话题对用户在全美音乐奖即将揭晓之前快速了解舆论态势非常有帮助。

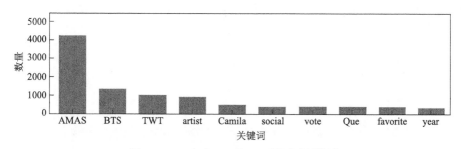

图 6-20　2018 年 10 月 8 日预测话题统计

预测到的 2020 年 1 月 14 日这天的突发话题关键词领域较为分散，根据 fire、bus、collision、avalanche、warning 等词汇可推测出现了公共交通事故、雪崩等灾难，极有可能造成人员伤亡和财产损失。根据福克斯新闻网的报道，某国某市某街道上突然出现一个大型天坑，这条路在一家医院外的公共汽车站下方发生坍塌，吞噬了街道上的一辆公交车和附近的几名行人，造成至少 6 人死亡。因此，bus 等词出现频率较高。同日，在南亚某国，几次雪崩袭击了该国北部，造成至少 10 人丧生。两名相关官员说，大雨还引发了山体滑坡，许多村民仍被雪崩困住。其中一名官员说，据报道，随着救援工作的进行，许多人失踪并担心已经死亡。救援人员设法从雪地中救出了 50 多人，并将他们空运出该地区进行治疗。当局还争先恐后地向当地提供救济，预计周五还会出现另一场大雪。该官员说，在这些地区，至少有 53 座房屋被雪崩完全摧毁，有预报表明天气将更加恶劣。

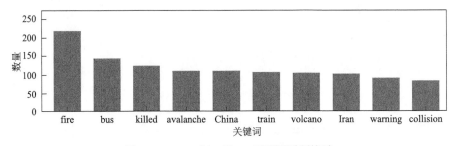

图 6-21　2020 年 1 月 14 日预测话题统计

预测的 2020 年 10 月 22 日这天的话题关键词显示未来较大的突发热点话题和某疫苗有关，trial、volunteer 等词汇说明当时可能开展和该疫苗相关的志愿者临床试验。而根据当时的背景，10 月 20 日这天中国国家卫生健康委召开新闻发布会，介绍了该疫苗的有关情况。由发布会披露的情况来看，当时该疫苗的研发正在全力冲刺阶段，中国至少两款灭活疫苗正在阿联酋、巴林、约旦、秘鲁、阿根廷、埃及等十个国家开展Ⅲ期临床试验，已经接种 5 万余人，总共接种者将达到 6 万余人。在部分疫苗Ⅲ期临床试验取得安全性和保护力数据以后，疫苗经审评获批就可以上市。这意味着普通公众极有可能还需等待一段时间后才可接种到疫苗。

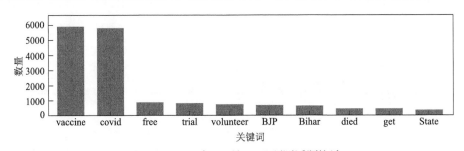

图 6-22　2020 年 10 月 22 日预测话题统计

3. 灾难事件分析

在"灾难分析"模块，用户可看到所有被预测到发生灾难的日期，界面显示如图 6-23 所示。在所处理的数据集中，共计 2 天预测到突发灾难话题，它们分别是 2020 年 1 月 14 日和 2020 年 10 月 22 日，在 2020 年 1 月 14 日之前涉及的日期中均未预测到灾难事件和话题。从与灾难相关的话题数来看，预测到 2020 年 10 月 22 日这天的突发灾难话题数最多，该日灾难事件爆发的可能性最大。

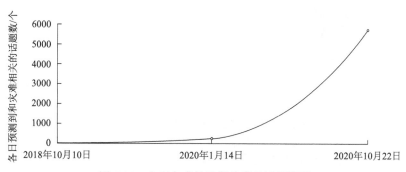

图 6-23 出现灾难的日期和当日话题情况

接下来，平台按照出现灾难的日期展开具体分析，并将预测的每日灾难类型构成和与灾难相关的关键词进行展示。如图 6-24 和图 6-25 所示，在 2020 年 1 月 14 日这一天预测到的话题中，非灾难话题约占 95.3%，灾难话题约占 4.7%。共包括 2 种灾难话题，分别是自然灾害和社会公共安全两类。

当天若出现灾难，则属于自然灾害的可能性约为 46%，最可能发生的自然灾害事件是森林火灾和暴风雨；自 2019 年 9 月以来，澳大利亚各地就陆续发生了森林大火，截至 2020 年 1 月初，火势已经蔓延了 4 个月。虽然当时山火已经给该国带来了严重损失，但何时大火才能够得到控制尚不可知。2020 年 1 月，该国才刚刚进入夏季，根据往年经验，干旱强度和气温将在 1 月或 2 月达到峰值，因此大火很可能还会继续蔓延。数月来，维多利亚、昆士兰和新南威尔士州肆虐的野火

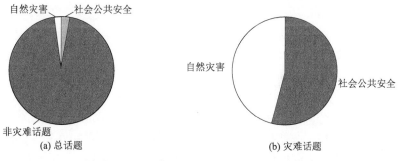

图 6-24 2020 年 1 月 14 日灾难话题分布情况

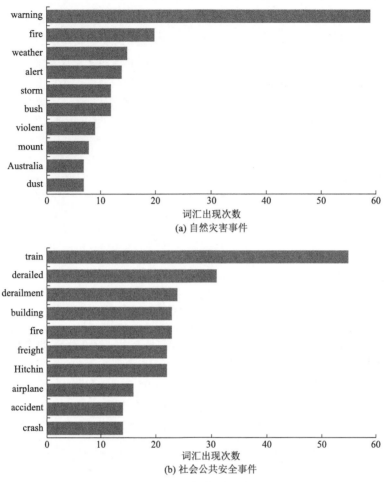

图 6-25　2020 年 1 月 14 日各类型灾难话题关键词示例

使澳大利亚东部的天空变得阴暗。因此，可以看到关键词中出现 fire、mount、bush、Australia 等词汇。该情况因一场巨大沙尘暴的来临再次受到公众关注。2020 年 1 月 14 日，一场巨大的沙尘暴席卷澳大利亚，天空因森林大火、沙尘等变成了独特的橙色。虽然沙尘暴在澳大利亚春季和夏季相对常见，但这是一场巨大的大陆风暴，继续横跨塔斯曼海，甚至已经到达新西兰。严重的沙尘暴会对人类造成一系列健康风险，能见度降低通常会导致交通事故增多。因此，词汇 dust、storm 也出现在了当天关键词行列中。

灾难属于社会公共安全灾难的可能性约为 54%，最可能发生的社会公共安全灾难事件是火车脱轨。据推文报道，当日一列货运列车凌晨出轨后，通勤面临取消和延误。有关运营商在推特上表示，列车在某市车站以北的一条侧线部分脱轨。这起事故意味着火车无法使用车站的第一站台，该线路涉及的多个站点的客运服务被推迟或取消，运营商表示，相关站点的列车服务在格林尼治标准时间 12:30 左右恢复正常。站台上挤满了等待早班火车的人群，代表运营这列货运列车的一名女发言人表示，该列车当时正在从外地一堆场运送骨料到该市，在堆场发生了三辆货车脱轨，损坏了一根信号电缆，时间是 7:00 前不久。因此，关键词中出现了 train、derailment、freight 等词汇。当时，某国承认一架波音客机被其防空系统误认为是一枚来袭的巡航导弹，该客机在该国一处国际机场附近被击落，造成了严重的人员伤亡。这起重大事故引起推特上用户的震惊和热烈讨论，因此关键词中还出现了 airplane、accident 等词汇。

预测到在 2020 年 10 月 22 日这一天，会发生公共卫生安全灾难事件。图 6-26 显示了当天预测结果中各类话题的分布，图 6-27 显示了平台分析到的可能和灾害事件相关的 5 个关键词。在所有预测的突发话题中，和公共卫生安全灾难相关的话题约占 88.8%。数据表明，当天最可能发生的公共卫生安全灾难事件和疫情疫苗接种有关。关键词汇内容表明，其和话题结果分析中介绍的当日所有突发话题关键词汇高度重合，这说明本窗口话题的相关词汇和灾难检测库较为匹配，即相对于其他日期，这些突发热点词汇大都与灾难本身关系更加紧密。

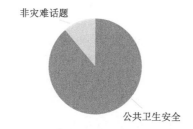

图 6-26　2020 年 10 月 22 日灾难话题分布情况

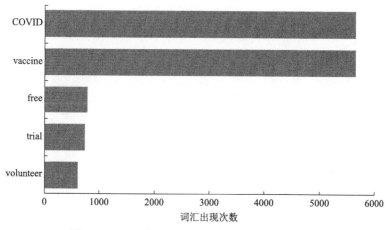

图 6-27　2020 年 10 月 22 日灾难话题关键词示例

6.1.5 本节小结

本节采用闭合高效用模式挖掘方法预测可能爆发的热点话题和突发公共事件,并设计推特突发话题预测平台。该平台采用 B/S 架构进行设计,主要包括话题预测、灾难检测、结果分析和可视化等功能。该平台不仅可以帮助用户了解未来可能突发的社会舆情和热点事态,还可以作为突发灾难的监测工具,便于决策者应对突发事件。该平台的缺点是目前可识别的突发事件类别有限,将来可以增加诸如突发娱乐、突发体育等事件的识别,这是未来努力的方向。

6.2 传染病数据

本节使用 4.3 节 ICHUPM 方法来挖掘传染病数据,得到满足用户定义阈值(可能的中高风险划分边界)的高效用模式,并生成关联规则解决实际传染病传播过程中预测高、中、低风险城市问题。

6.2.1 待解决问题

传染病的有效防治是全人类面临的共同挑战,通过数据的时空关联特性预测城市在传染病传播过程中的风险程度,将极大地帮助人类社会控制传染病,保障社会公共卫生安全,增强人类社会合作抗风险的意识和能力。

本案例分析的数据来自"2020 年第六届百度&西安交大大数据竞赛暨国际工程科技知识中心第二届'一带一路'国际大数据竞赛"的高致病性传染病数据集,通过挖掘满足用户需求的闭合高效用模式,分析哪些城市是高、中、低风险城市。高致病性传染病数据集涉及 11 个虚拟城市 60 天的感染情况,每个城市有若干重点区域,将前 45 天的数据作为训练集,后 15 天的数据作为预测集。

现举例说明,以城市 C(city_C)为例。首先介绍新增感染人数文件(infection.csv)涉及的相关属性,提供 60 天每天各个区域新增的感染人数,文件格式为城市 ID、区域 ID、日期、新增感染人数。数据属性详细说明如表 6-1 所示。

表 6-1 城市 C 的 infection.csv 属性详细说明

字段名称	含义	示例
city_id	城市 ID	A
region_id	区域 ID	1
data	日期	21200501
index	新增感染人数	20

然后介绍城市 C 的城市间迁徙指数文件(migration.csv)，提供前 60 天每天城市之间的迁徙程度，反映城市之间的流入或流出人口规模，城市间可横向对比，文件格式为迁徙日期、迁徙出发城市、迁徙到达城市、迁徙指数。数据属性详细说明如表 6-2 所示。

表 6-2　城市 C 的 migration.csv 属性详细说明

字段名称	含义	示例
date	迁徙日期	21200501
departure_id	迁徙出发城市	C
arrival_id	迁徙到达城市	B
index	迁徙指数	0.0125388

待解决问题是要求针对 11 个城市(city_A～city_K)，利用每个城市各区域前 45 天的样本数据进行训练，分析和预测高、中、低风险城市。

6.2.2　数据处理

本节对高致病性传染病数据进行处理，构造传染病群体的传播预测模型，根据该地区传染病的历史每日新增感染人数、城市间迁徙指数等数据，分析这一时间段内的高、中、低风险城市。

用于增量闭合高效用模式挖掘的案例分析基于 SPMF①平台，因此数据需要满足 SPMF 平台的格式。SPMF 平台上的数据集格式如图 6-28 所示，其中每一行为一条事务，在第一个“:”之前的数据，是指事务中的项，在第二个“:”之后的数据，是指事务中项的效用，该值是内部效用与外部效用之积，两者中间的数据为事务效用。

```
3 5 1 2 4 6:30:1 3 5 10 6 5
3 5 2 4:20:3 3 8 6
3 1 4:8:1 5 2
3 5 1 7:27:6 6 10 5
3 5 2 7:11:2 3 4 2
```

图 6-28　SPMF 平台上的数据集格式

前面描述了 SPMF 平台中的高效用数据集格式，下面对每个文件使用 Python 语言进行预处理，以城市 A 为例，分析其中的数据。

(1) 每天新增感染人数文件(infection.csv)包含 8100 条数据，每一条数据记录

① http://www.philippe-Fournier-Viger.com/spmf/

城市中的某个区域在某天的新增传染病感染人数。例如，{C, 0, 21200606, 35}，表示城市 C 中的区域 0 在 21200606 这一天新增的感染人数为 35。部分数据格式如图 6-29 所示。

```
C,0,21200602,34
C,0,21200603,54
C,0,21200604,65
C,0,21200605,36
C,0,21200606,35
C,0,21200607,44
C,0,21200608,75
C,0,21200609,118
C,0,21200610,129
```

图 6-29　城市 C 的 infection.csv 初始数据格式

在图 6-29 的初始数据集中，第一列是城市 ID，在这个文件中所有数据都属于城市 C，因此城市 ID 是一条无用属性，在预处理过程中删除这条属性。每天每个区域的新增感染人数作为一条事务，日期作为事务 ID，区域号作为项，每个区域每天新增感染人数为项的效用，每个区域每天新增感染人数总和作为事务效用。首先，日期格式为"21200501，21200502，21200503，…，21200629"，"2120"表示年，"05，06"表示月份，"01，02，03，…，29"表示日，因为这些数据都是在同一年，所以可以删除重复数据"2120"，保留数据"0501，0502，0503，…，0629"。本节使用的方法是 Python 中的 replace()方法，用 " "替换"2120"，从而删除多余字段"2120"。然后，以查找"0501"为例，在文本中查找属于"0501"的数据，即在 0501 这一天，各个区域新增传染病感染人数。因为这些数据都是0501 这一天感染的人数，因此"0501"这条属性可以删除，只保留区域号和新增感染人数。其次，计算 0～134 区域号的新增感染人数的总和。最后，使用 Python中的行列对换，df1=df.T，将列数据转换为行数据，转换为 SPMF 平台中数据集的格式，最终的数据格式如图 6-30 所示，第一个"："之前的数据为区域 0～134，即高效用模式事务中的每一个项，两个"："之间的数据为事务效用，第二个"："之后的数据为每一个项的效用。

```
0 1 2 3 4 5 6 7 8 9 10 11 12 13 14 15 16 17 18 19 20 21 22 23 24 25 26 27 28 29 30 31 32 33 34 35 36 37 38 39 40 41 42 43 44 45 46 47
48 49 50 51 52 53 54 55 56 57 58 59 60 61 62·63 64 65 66 67 68 69 70 71 72 73 74 75 76 77 78 79 80 81 82 83 84 85 86 87 88 89 90 91 92
93 94 95 96 97 98 99 100 101 102 103 104 105 106 107 108 109 110 111 112 113 114 115 116 117 118 119 120 121 122 123 124 125 126 127
128 129 130 131 132 133 134:857: 0 0 0 0 0 0 0 0 0 0 0 0 0 0 0 0 0 0 0 0 0 0 0 0 0 0 0 0 0 0 0 0 0 0 0 0 0 0 0 0 0 0 0 0 0 0 3 2 0 0 6 23 5
0 0 0 0 189 0 0 0 0 0 0 0 0 0 0 0 7 0 0 0 36 13 23 17 0 0 71 288 100 0 2 0 0 20 0 0 0 5 5 0 0 10 0 0 0 0 0 0 0 0 0 0 0 1 0 0 26 0 0
0 1 0 0 0 0 0 0 0 0 0 0 0 0 1 0 0 0 0 3 0 0
```

图 6-30　城市 C 的 infection.csv 最终数据格式

(2)城市间迁徙指数文件(migration.csv)包含 1199 条数据，每条数据记录城市之间的迁徙指数。例如，{21200501, A, C, 0.11975}，表示在 21200501 这一天，城市 A 到城市 C 的迁徙指数为 0.11975。部分数据格式如图 6-31 所示。

```
21200501,A,C,0.11975
21200501,B,C,0.0089748
21200501,C,A,0.117547
21200501,C,B,0.0177552
21200501,C,D,0.0688176
21200501,C,E,0.0909144
21200501,C,F,0.0494748
21200501,C,G,0.0140616
21200501,C,H,0.02268
21200501,C,I,0.12811
```

图 6-31　城市 C 的 migration.csv 数据格式

根据 45 天内新增感染人数的总和，将城市划分为高、中、低风险城市。设置新增感染人数≥100000，城市为高风险城市；设置 50000≤新增感染人数≤100000，城市为中风险城市；设置新增感染人数≤50000，城市为低风险城市，城市详细划分如表 6-3 所示。

表 6-3　城市详细划分

城市风险级数	城市	新增感染人数
高风险城市	A	1763898
	C	726772
	F	512736
中风险城市	K	85125
	D	82165
	H	77437
	I	57031
低风险城市	B	42646
	G	39214
	J	36952
	E	19262

在高效用模式分析中，使用 4.3 节提出的 ICHUPM 方法，进行闭合高效用模式挖掘，对挖掘出的项集进行分析。在应用层面，分析这些高效用模式中的关联，从而预测城市的感染风险程度。

6.2.3　高风险城市分析

如表 6-3 所示，城市 A、C、F 为高风险城市，本节使用 ICHUPM 方法对 21200501～21200629 这 45 天的数据进行挖掘，得到符合条件的闭合高效用模式。详细介绍市 C 并列举闭合高效用模式。

1. 模式挖掘与分析

首先，分析城市 C 的 migration.csv 文件和 infection.csv 文件。因为 migration.csv 文件描述城市间的迁徙指数，将其进行处理，即 migration 序列值按照其出发城市到目标城市的 index 值乘以出发城市的日感染人数得到[①]。城市 C 的 migration 序列值由出发城市到城市 C 的 index 值乘以出发城市的日感染人数得到。如图 6-32 所示，前 32 天内，城市 C 的 infection 和 migration 序列值具有一定的关联性，随着 migration 序列值的增长，infection 也随之增长；第 33～35 天，随着 migration 序列值的剧烈下降，infection 呈上升趋势，新增感染人数增多，原因可能是城市 C 采取了一定的有效措施来预防迁徙人口，但是城市 C 内部可能爆发严重的互相传染，导致城市 C 的新增感染人数增多；第 36～45 天，migration 序列值和 infection 都呈现上升趋势，这两者之间有一定的关联性。

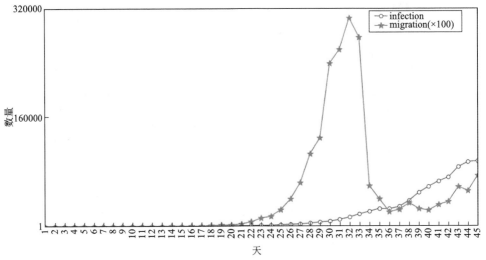

图 6-32 城市 C 的 infection 和 migration 关联图

从图 6-32 中分析得出，第 1～32 天(21200501～21200601)和第 36～45 天(21200605～21200614)的部分 infection 和 migration(×100)折线增长趋势比较相似，所以抽取这两个阶段的部分 migration 序列集作为新分析数据集。因此，运用 ICHUPM 方法从这个数据集中挖掘闭合高效用模式，设置最小效用阈值 minutil=2000，表示每天从出发城市迁徙到目标城市 C 的人口流量中感染传染病的人数至少为 2000，如表 6-4 所示。表中第一列表示 k-项集($k \geqslant 1$)，即项集中包含的项的个数，第二列表示挖掘出的闭合高效用模式，括号中的字符表示项集，

---

① https://zhuanlan.zhihu.com/p/267498216

旁边的数字表示项集的效用。

表 6-4　城市 C 的闭合高效用模式

k-项集	闭合高效用模式
1-项集	$\{A(14312)\}$　$\{F(3870)\}$
2-项集	$\{AF(2334)\}$　$\{DF(2226)\}$　$\{EF(2062)\}$　$\{FH(2031)\}$　$\{FI(2053)\}$　$\{FJ(2017)\}$
3-项集	$\{ADF(2033)\}$　$\{ADI(2011)\}$　$\{BFG(2007)\}$　$\{BFK(2014)\}$　$\{FGK(2012)\}$
4-项集	$\{ADEH(2010)\}$　$\{DEFH(2027)\}$　$\{DEFJ(2001)\}$
5-项集	$\{(ADEFH(2003)\}$　$\{ADEHI(2021)\}$　$\{AEFGH(2002)\}$　$\{AEFHJ(2019)\}$ $\{AEFHK(2001)\}$　$\{BDEFG(2008)\}$　$\{BDEFI(2003)\}$　$\{BDEFK(2007)\}$ $\{BDFHJ(2009)\}$　$\{DEFGI(2006)\}$　$\{DEFGK(2010)\}$　$\{DEFIK(2005)\}$ $\{DFGHJ(2013)\}$　$\{DFHIJ(2008)\}$　$\{DFHJK(2011)\}$
6-项集	$\{ABDEGJ(2010)\}$　$\{ABDEJK(2011)\}$　$\{ABDGHJ(2015)\}$　$\{ABDGHK(2003)\}$　$\{ABDHJK(2017)\}$ $\{ABEFGJ(2000)\}$　$\{ABEFHI(2021)\}$　$\{ABEFHJ(2042)\}$　$\{ABEGHI(2003)\}$　$\{ABEHIJ(2018)\}$ $\{ABEHIK(2005)\}$　$\{ADEGJK(2007)\}$　$\{ADFGHI(2001)\}$　$\{ADGHJK(2013)\}$　$\{AEFGJK(2002)\}$ $\{AEGHIJ(2014)\}$ $\{AEGHIK(2001)\}$　$\{AEHIJK(2015)\}$　$\{BDFGHI(2015)\}$　$\{BDFGHK(2019)\}$　$\{DFGHIK(2017)\}$
7-项集	$\{ABDEFGI(2002)\}$　$\{ABDEGIK(2019)\}$　$\{ABDEIJK(2001)\}$　$\{ABDFHIJ(2009)\}$　$\{ABDFHIK(2010)\}$ $\{ABEFGIK(2004)\}$　$\{ABEFIJK(2021)\}$　$\{ABFGHIJ(2007)\}$　$\{ABFGHJK(2011)\}$　$\{ABFHIJK(2006)\}$ $\{ADEGIJK(2007)\}$　$\{ADFHIJK(2006)\}$　$\{AFGHIJK(2009)\}$　$\{BDFGIJK(2015)\}$
8-项集	$\{ABDEFIJK(2007)\}$　$\{ABDFGHJK(2004)\}$　$\{ADEFGIJK(2010)\}$

2. 基于闭合高效用模式的关联规则分析

关联规则分析是从大量数据中发现项集之间有趣的关联和联系。关联规则挖掘需要考虑两个步骤：一是使用模式支持度（support）挖掘所有的频繁模式；二是使用置信度（confidence）找到所有规则[113]。

频繁模式挖掘中使用的关联规则的形式为 $X \to Y$(support, confidence)。给定一个包含 n 条事务的事务数据集 DBSet，支持度（support）是 DBSet 中事务同时包含 X 和 Y 的占比，即概率；置信度（confidence）是 DBSet 中事务在已经包含 X 的情况下，包含 Y 的比例。如果满足最小支持度阈值和最小置信度阈值，则认为关联规则是有效的。基于支持度-置信度框架的关联规则提供用户感兴趣规则的客观度量，但不能反映项之间的效用关系[121]。只有满足给定效用约束的用户才对项集感兴趣。效用值-置信度[87]框架使用效用值替换支持度进行高效用关联规则的生成，这是支持度-置信度规则的推广，表示为 UtilityConfidence $(x \to y)$，指的是包含 x 与 y 的项集 X 中 x 的效用值 $u(x)|u(x \cup y)$ 与 x 的效用值 $u(x)$ 之比，其计算公式为 UtilityConfidence $(x \to y) = (u(x)|u(x \cup y)) / u(x)$。从以上分析可以发现，效用值-置信度框架不适用于这种情况的关联规则分析。因此，本节提出以下两种规则。

（1）关联规则 1：$X \to Y$(support, confidence, minutilofitem)。①支持度（support）

表示事务数据集 DBSet 包含 X 的比例；②置信度(confidence)是 DBSet 中事务已经包含 X 的情况下，包含 Y 的比例；③minutilofitem 表示单项的效用值大于设置的单项的最小效用阈值，即当项的效用值大于 minutilofitem 时，在满足最小支持度和最小置信度的情况下，可以得到符合要求的高效用关联规则。

(2) 关联规则 2：$X{\rightarrow}Y$(support, confidence, minutil (utilityofitem$_{I1}$+⋯+ utilityofitem$_{In}$))。①支持度(support)表示事务数据集 DBSet 包含 X 的比例；②置信度(confidence)是 DBSet 中事务已经包含 X 的情况下，包含 Y 的比例；③minutil (utilityofitem$_{I1}$+⋯+utilityofitem$_{In}$)表示当单项的效用值不满足关联规则 1 的条件时，项集 X 的效用值大于最小效用阈值(项集 X 包含项 I_1, I_2, ⋯, $I_n(n{\geqslant}1)$)，即当项集的效用值大于 minutil 时，在满足最小支持度和最小置信度的情况下，可以得到符合要求的高效用关联规则。

对城市 C 中的高效用模式进行分析，得出关联规则。设置阈值如下：

(1)满足关联规则 1 的条件为 support=0.07，confidence=1，minutilofitem=2000；

(2)满足关联规则 2 的条件为 support=0.02，confidence=1，minutil=2000。

根据以上设置条件，分析高效用关联规则。

首先，分析符合条件的关联规则 1。在 1-项集关联规则中，例如，$A{\rightarrow}C$ 中，项 A 在数据集中出现了 8 次，所以支持度 support(A)=8/42=0.19；在已经包含 A 的情况下，包含项 C 的置信度 confidence(A)=1；项 A 的效用 minutilofitem$(A)\geqslant$2000，因此关联规则为 $A{\rightarrow}C$=高风险 (0.19, 1, 14312)。

然后，分析符合条件的关联规则 2。在 2-项集关联规则中，例如，$AF{\rightarrow}C$ 中，项集 AF 在数据集中出现 4 次，所以支持度 support(AF)=4/42=0.10；在已经包含 AF 的情况下，包含 C 的置信度 confidence(AF)=1；项 A 的效用 minutilofitem$(A)<$2000，项 F 的效用 minutilofitem$(F)<$2000，但是项集 AF 的效用 minutil$(AF)\geqslant$2000，因此关联规则为 $AF{\rightarrow}C$=高风险 (0.10, 1, 2334)。

在 3-项集关联规则中，例如，$ADF{\rightarrow}C$ 中，项集 ADF 在数据集中出现 1 次，所以支持度 support(ADF)=1/42=0.02；在已经包含 ADF 的情况下，包含 C 的置信度 confidence(ADF)=1；项 A 的效用 minutilofitem$(A)<$2000，项 D 的效用 minutilofitem$(D)<$2000，项 F 的效用 minutilofitem$(F)<$2000，但是项集 ADF 的效用 minutil$(ADF)\geqslant$2000，因此关联规则为 $ADF{\rightarrow}C$=高风险 (0.02, 1, 2033)。

在 4-项集关联规则中，例如，$ADEH{\rightarrow}C$ 中，项集 $ADEH$ 在数据集中出现 1 次，所以支持度 support$(ADEH)$=1/42=0.02；在已经包含 $ADEH$ 的情况下，包含 C 的置信度 confidence$(ADEH)$=1；项 A 的效用 minutilofitem$(A)<$2000，项集 $ADEH$ 的效用 minutilofitem$(D)<$2000，项 E 的效用 minutilofitem$(E)<$2000，项 H 的效用 minutilofitem$(H)<$2000，但是项集 $ADEH$ 的效用 minutil$(ADEH)\geqslant$2000，因此关联规则为 $ADEH{\rightarrow}C$=高风险 (0.02, 1, 2010)。后面项集的关联规则按照上述相同步

骤进行构造。

　　根据前面的分析，将关联规则按照支持度和效用值排序得出如表 6-5 所示的详细关联规则。

表 6-5　城市 C 的关联规则

N 项集	关联规则
1-项集	(1){A}→C=高风险(0.19,1,14312) (2){F}→C=高风险(0.07,1,3870)
2-项集	(3){AF}→C=高风险(0.10,1,2334) (4){EF}→C=高风险(0.02,1,2062) (5){FH}→C=高风险(0.02,1,2031) (6){FI}→C=高风险(0.02,1,2017)
3-项集	(7){ADF}→C=高风险(0.02,1,2033) (8){ADI}→C=高风险(0.02,1,2011) (9){BFG}→C=高风险(0.02,1,2007) (10){BFK}→C=高风险(0.02,1,2014) (11){FGK}→C=高风险(0.02,1,2012)
4-项集	(12){ADEH}→C=高风险(0.02,1,2010) (13){DEFH}→C=高风险(0.02,1,2027) (14){DEFJ}→C=高风险(0.02,1,2001)
5-项集	(15){ADEFH}→C=高风险(0.02,1,2003) (16){ADEHI}→C=高风险(0.02,1,2021) (17){AEFGH}→C=高风险(0.02,1,2002) (18){AEFHJ}→C=高风险(0.02,1,2019) (19){AEFHK}→C=高风险(0.02,1,2001) (20){BDEFG}→C=高风险(0.02,1,2008) (21){BDEFI}→C=高风险(0.02,1,2003) (22){BDEFK}→C=高风险(0.02,1,2007) (23){BDFHJ}→C=高风险(0.02,1,2009) (24){DEFGI}→C=高风险(0.02,1,2006) (25){DEFGK}→C=高风险(0.02,1,2010) (26){DEFIK}→C=高风险(0.02,1,2005) (27){DFGHJ}→C=高风险(0.02,1,2013) (28){DFHIJ}→C=高风险(0.02,1,2008) (29){DFHJK}→C=高风险(0.02,1,2011)
6-项集	(30){ABDEGJ}→C=高风险(0.02,1,2010) (31){ABDEJK}→C=高风险(0.02,1,2011) (32){ABDGHJ}→C=高风险(0.02,1,2015) (33){ABDGHK}→C=高风险(0.02,1,2003) (34){ABDHJK}→C=高风险(0.02,1,2017) (35){ABEFGJ}→C=高风险(0.02,1,2000) (36){ABEFHI}→C=高风险(0.02,1,2021) (37){ABEFHJ}→C=高风险(0.02,1,2042) (38){ABEGHI}→C=高风险(0.02,1,2003) (39){ABEHIJ}→C=高风险(0.02,1,2018) (40){ABEHIK}→C=高风险(0.02,1,2005) (41){ADEGJK}→C=高风险(0.02,1,2007) (42){ADFGHI}→C=高风险(0.02,1,2001) (43){ADGHJK}→C=高风险(0.02,1,2013) (44){AEFGJK}→C=高风险(0.02,1,2002) (45){AEGHIJ}→C=高风险(0.02,1,2014) (46){AEGHIK}→C=高风险(0.02,1,2001) (47){AEHIJK}→C=高风险(0.02,1,2015) (48){BDFGHI}→C=高风险(0.02,1,2015) (49){BDFGHK}→C=高风险(0.02,1,2019) (50){DFGHIK}→C=高风险(0.02,1,2017)
7-项集	(51){ABDEFGI}→C=高风险(0.02,1,2002) (52){ABDEGIK}→C=高风险(0.02,1,2019) (53){ABDEIJK}→C=高风险(0.02,1,2001) (54){ABDFHIJ}→C=高风险(0.02,1,2009) (55){ABDFHIK}→C=高风险(0.02,1,2010) (56){ABEFGIK}→C=高风险(0.02,1,2004)

续表

N 项集	关联规则
7-项集	(57){*ABEFIJK*}→*C*=高风险(0.02,1,2021) (58){*ABFGHIJ*}→*C*=高风险(0.02,1,2007) (59){*ABFGHJK*}→*C*=高风险(0.02,1,2011) (60){*ABFHIJK*}→*C*=高风险(0.02,1,2006) (61){*ADEGIJK*}→*C*=高风险(0.02,1,2007) (62){*ADFHIJK*}→*C*=高风险(0.02,1,2006) (63){*AFGHIJK*}→*C*=高风险(0.02,1,2009) (64){*BDFGIJK*}→*C*=高风险(0.02,1,2015)
8-项集	(65){*ABDEFIJK*}→*C*=高风险(0.02,1,2007) (66{ *ABDFGHJK*}→*C*=高风险(0.02,1,2004) (67){*ADEFGIJK*}→*C*=高风险(0.02,1,2010)

最后，对表6-5中的关联规则进行分析：

(1)如果项集包含 *A*、*F* 中的一个或两个，单项效用值≥2000，则城市 C 为高风险城市。

(2)如果项集中包含 *AF*、*EF* 等 2-项集中的若干个，单项效用<2000 且项集效用值≥2000，则城市 C 为高风险城市，后面的关联规则与此相同。

3. 城市风险等级预测

随机选取一条数据预测城市 C 是否为高风险城市，即 11 个城市的第 46 天(21200615)新增感染人数和城市 C 的第 46 天(21200615)的迁徙指数相乘，得到如表 6-6 所示数据。表中第一列表示日期；第二列表示在这一天哪些城市迁徙到城市 C，例如 A→C 表示城市 A 迁徙到城市 C；第三列表示迁徙城市在这一天的传染病新增感染人数，例如，8575 表示城市 A 在 21200615 这天的新增感染人数为 8575 人；第四列表示城市之间的迁徙指数，例如，0.0089748 表示在 21200615 这天城市 A 迁徙到城市 C 的迁徙指数；第五列表示迁徙序列数据，即第三列和第四列相乘的结果，表示迁徙城市对城市 C 的影响指数，影响指数越大，说明迁徙城市迁徙到城市 C 的新增感染人数越多。

表 6-6 21200615 城市 C 的序列数据

日期	迁徙城市	新增感染人数	迁徙指数	迁徙序列数据
	A→C	8575	0.0089748	77
	B→C	8516	0.0061236	52
	D→C	14429	0.0507384	732
	E→C	4205	0.069822	294
21200615	F→C	125824	0.0496368	6246
	G→C	6826	0.0104976	72
	H→C	11490	0.0194724	224
	I→C	4996	0.0104976	52

续表

日期	迁徙城市	新增感染人数	迁徙指数	迁徙序列数据
21200615	J→C	5266	0.0020736	11
	K→C	23158	0.0049572	115

关联规则使用准则如下所示。

准则 1：（单项满足）如果规则前件是单项，单项效用≥2000，则直接使用关联规则 1。

准则 2：（多项满足）如果规则前件是多项集，项集中包含的单项效用<2000 且项集效用≥2000，则使用关联规则 2。

根据效用值对获得的规则进行排序，然后根据以下方法进行预测：当需要预测新事务时，将每一个规则的前件和事务进行匹配，匹配时主要满足效用约束[122]。例如，根据表 6-6 中第三列的数据（序列值），即关联规则中的效用值，预测城市 C 在 21200615 这一天是否为高风险城市，因为城市 F 迁徙到城市 C 的序列值为 6246，效用值大于最小效用阈值 2000，根据关联规则使用准则 1，数据满足关联规则 2，因此预测城市 C 为高风险城市。因为城市 C 在 21200615 这一天的实际新增感染人数为 101288>100000，为高风险城市，所以预测结果与真实结果一致，预测正确。

6.2.4　本节小结

本节首先介绍高致病性传染病数据与待解决的问题，然后对传染病数据集进行预处理，最后采用高效用模式生成关联规则来解决实际传染病传播过程中预测高、中、低风险城市问题。对高、中风险城市进行模式分析和关联规则分析和预测，从模式分析中得出关联规则，再根据关联规则对城市进行预测，从而对不同风险程度的城市采取相应的预防措施。

6.3　零售商店数据

首先介绍零售商店数据集以及待解决问题。然后分析统计数据，解读数据内容并介绍数据集的处理过程。最后利用在数据中挖掘出的高效用模式结果集为商家提供关于捆绑销售和搭配销售的建议，并针对商品的信息进行含负项闭合高效用模式挖掘，将结果用于分类，预测该商品是否促销。

6.3.1 待解决问题

随着近年来新零售业的高速发展，企业积累了大量的历史数据，而简单的统计分析已无法使数据发挥其最大作用。借助数据挖掘技术通常能够发现更多的信息，例如，通过高效用模式挖掘即可得到产生高利润值的商品集，即使商品因与其他商品捆绑销售而产生负利润。利用数据挖掘技术对零售商店的数据进行进一步分析，可以为商店的销售策略提供科学且重要的依据，从而提升零售商店的竞争力。

本案例分析的数据来自 2019 年第二届"泰迪杯"数据分析职业技能大赛[①]的超市销售数据集。数据集中包括 2015 年 1～4 月的购物数据，每条购物数据中包括顾客编号，商品的大类、中类、小类的名称及编号，销售日期，商品的销售数量和金额，以及商品的促销情况。表 6-7 为购物数据实例。当商品为促销状态时，商品的单价高于销售金额，反之当商品不参与促销时，商品的单价低于销售金额。

表 6-7　购物数据实例

顾客编号	大类名称	中类名称	小类名称	商品编码	销售日期	销售数量	销售金额	单价	是否促销
1	粮油	酱菜类	榨菜	DW-2014010019	20150101	6	3	0.5	否
7	针织	毯子	双人电热毯	DW-3412060037	20150101	1	79	90	是

本章将分析商品的销售情况，包括促销与非促销时的销售金额，分析促销商品对零售商店的影响等，并总结其销售规律；对商品进行高效用模式挖掘，找出有较高利润值的商品集，并据此为零售商店提供销售建议；针对 4 个月的购物数据，在对样本数据的信息进行高效用模式挖掘之后再进行训练，来预测该商品是否促销，在此过程中，随机抽取 15%的数据作为测试集，其余 85%作为训练集。

6.3.2 商品促销建议

本节对超市销售数据集进行高效用模式挖掘，以此找出能产生高利润的商品集，为超市提出销售建议。

1. 数据预处理

开始挖掘之前，首先将数据转化为所需要的格式：去除销售月份(因销售日期中已经包含了月份信息)、型号规格、商品类型等无用属性。在本案例分析中，同

---

① https://www.tipdm.org:10010/#/competition/1352509890509332480/question

样去除的属性还有大类名称及编号、中类名称及编号等信息，此类属性只在数据统计中应用，本节将处理完后的数据作为初始数据。在初始数据中，一条数据代表购物数据中的一个商品，例如，{0, 120109, 其他蔬菜, 2015/1/1, DW-1201090311, 8, 4, 2, 否}代表编号为 0 的顾客在 2015 年 1 月 1 日购买了小类编号为 120109 的其他蔬菜，且商品编号为 DW-1201090311，购买数量为 8，购买时的金额为 4 元，而该商品成本只需 2 元，出售时并未参与促销活动。删除冗余属性后的部分购物数据格式如图 6-33 所示。

```
0,120109,其他蔬菜,2015/1/1,DW-1201090311,8,4,2,否
1,201401,榨菜,2015/1/1,DW-2014010019,6,3,0.5,否
2,150502,冷藏加味酸乳,2015/1/1,DW-1505020011,1,2.4,2.4,否
3,150305,冷藏面食类,2015/1/1,DW-1503050035,1,6.5,8.3,否
4,150502,冷藏加味酸乳,2015/1/1,DW-1505020020,1,11.9,11.9,否
```

图 6-33　删除冗余属性后的部分购物数据格式

为了分析顾客的何种购物行为，即超市如何将商品捆绑销售会为超市带来更高的利润，需要将每位顾客在同一次购买的商品合并为一条数据，并且分析此次购物为超市带来的利润，例如，{0, 120109, 其他蔬菜, 2015/1/1, DW-1201090311, 8, 4, 2, 否}以及{0, 120104, 花果, 2015/1/1, DW-1201040026, 4, 2, 0.5, 否}代表顾客 0 在 2015 年 1 月 1 日这一天不仅购买了其他蔬菜，还购买了花果。将顾客 0 在这天的购买商品都统计到一起之后应为：{0, 2015/1/1, DW-1201090311, DW-1201040026, 16, 6}，该条数据代表编号为 0 的顾客在 2015 年 1 月 1 日这一天购买了编号为 DW-1201090311 和 DW-1201040026 的商品，对超市来说，两个商品分别带来了 16 元、6 元的利润值。处理之后的部分数据如图 6-34 所示，图中是编号为 3 的顾客每天的部分购物数据。

```
3,2015/2/12,DW-1308010191 DW-1201060003 DW-2202080030 DW-2007060065,-1.40624 -1.00204 -4.31824 -15.54202,-22.26854
3,2015/2/10,DW-1203030155 DW-1505010011 DW-2007060065 DW-2316020040 DW-1103020061 DW-2007050037
    DW-2316010005,-2.53344 0 -5.95644 1260 -5.82912 -2.12036 1080,2323.5606399999997
3,2015/2/18,DW-2007060065 DW-1203010221,-12.26268 -2.8956,-15.15828
3,2015/2/24,DW-2206050171 DW-2205110007 DW-2007050037 DW-2206070241,-4.66164 0 -2.052 -7.4625,-14.17614
3,2015/3/22,DW-1308010191,-1.49702,-1.49702
```

图 6-34　合并购物数据后的部分数据

用于增量闭合高效用模式挖掘的案例分析基于 SPMF 平台，因此数据需要满足 SPMF 平台的格式。SPMF 的高效用模式数据集基于以下格式：每一行为一条事务，在第一个"："之前的数据，是指事务中的项，在第二个"："之后的数据，是指事务中项的效用，该值是内部效用与外部效用之积，两个"："中间的数据为事务效用。例如，{1 2 3 4:80:10 20 30 20}代表项 1、2、3、4 的效用分别为 10、20、30、20，且总的效用为 80。在本案例分析的零售商店数据集中，每个

商品都代表一个项，商品的利润为项的效用，而一条购物数据的商品总利润为事务效用。

在零售商店数据集中，部分商品因参与促销活动而导致销售金额低于成本价格，即产生了负利润。但为了正确挖掘带有负利润的高效用模式即高利润商品集，在统计一条购物数据的总利润时只将正的利润值相加，原因如 4.2 节所述。在转换数据格式的同时，删除无用属性(销售日期以及顾客编号)，对零售商店来说，分析产生高利润的商品集时暂时不需要知道顾客编号以及出售的日期。转换成 spmf 格式后的部分数据如图 6-35 所示。

```
1:30:30
2 3 4 5:22:16 0 6 0
6 7 8:0:0 -6 -2
9 10 11 12:15:15 0 0 0
13 14 15:5:-5 -2 5
```

图 6-35　转换为 spmf 格式后的部分数据

2. 高效用模式挖掘

本节使用 4.4 节 CHUPM 方法在商店数据集中增量式挖掘闭合高效用模式，当最小效用阈值为 5000 时，挖掘出的含负项闭合高效用模式如表 6-8 所示。在表中，按照利润值 5000～10000、10000～15000、大于 15000 将结果分为 3 部分，以此来更直观地查看哪些商品集可以产生较高的利润。在结果集中，#SUPP 代表项集的支持数，即项集在数据中出现的次数，#UTIL 代表效用值，而#SUPP 前的集合为高效用模式。例如，数据{12 50 23 #SUPP: 2 #UTIL: 13848.0 }代表项集{12, 50, 23}在数据中出现了 2 次，且带来的利润值一共为 13848.0 元，高于用户定义的最小效用阈值，因此是高效用模式。

表 6-8　minutil 为 5000 时的闭合高效用模式

利润区间	含负项的闭合高效用模式
5000～10000	{1 #SUPP: 48 #UTIL: 5038.0} {25 #SUPP: 18 #UTIL: 6024.0} {35 #SUPP: 4 #UTIL: 5040.0} {98 #SUPP: 22 #UTIL: 7746.0} {243 #SUPP: 31 #UTIL: 8280.0} {280 #SUPP: 4 #UTIL: 5472.0} {327 #SUPP: 19 #UTIL: 8466.0} {332 #SUPP: 30 #UTIL: 9391.0} {577 #SUPP: 15 #UTIL: 7590.0} {1162 #SUPP: 10 #UTIL: 5239.0} {981 255 #SUPP: 2 #UTIL: 6883.0} {1351 #SUPP: 5 #UTIL: 5640.0} {1565 #SUPP: 38 #UTIL: 8230.0} {1957 #SUPP: 24 #UTIL: 5940.0} {565 981 729 19 255 60 #SUPP: 1 #UTIL: 5768.0} {3035 #SUPP: 19 #UTIL: 9993.0} {4901 #SUPP: 2 #UTIL: 8624.0} {3661 6014 #SUPP: 1 #UTIL: 8764.0}

续表

利润区间	含负项的闭合高效用模式
10000～15000	{50 23 #SUPP: 4 #UTIL: 13777.0} {26 50 #SUPP: 4 #UTIL: 13877.0} {12 50 23 #SUPP: 2 #UTIL: 13848.0} {50 221 #SUPP: 3 #UTIL: 14646.0} {1285 #SUPP: 10 #UTIL: 11704.0} {5643 #SUPP: 1 #UTIL: 13050.0} {2256 1555 4901 394 8 307 #SUPP: 1 #UTIL: 10151.0}
>15000	{38 #SUPP: 15 #UTIL: 45912.0} {50 #SUPP: 100 #UTIL: 49310.0} {50 22 #SUPP: 3 #UTIL: 27006.0} {291 #SUPP: 25 #UTIL: 22397.0} {357 #SUPP: 43 #UTIL: 19574.0} {366 #SUPP: 57 #UTIL: 39594.0} {596 #SUPP: 54 #UTIL: 23525.0} {981 #SUPP: 52 #UTIL: 70543.0} {1488 #SUPP: 29 #UTIL: 36011.0} {1496 #SUPP: 15 #UTIL: 16188.0}} {1639 #SUPP: 11 #UTIL: 18744.0} {1797 #SUPP: 54 #UTIL: 36559.0} {788 12 26 50 3 1218 221 229 23 #SUPP: 1 #UTIL: 18698.0} {3244 #SUPP: 2 #UTIL: 181123.0} {5207 #SUPP: 2 #UTIL: 274400.0} {5207 424 #SUPP: 1 #UTIL: 26594.0} {3250 3244 61 2 55 186 101 14 #SUPP: 1 #UTIL: 181286.0} {1758 38 1488 555 747 723 2122 #SUPP: 1 #UTIL: 20128.0} {5205 5206 5207 #SUPP: 1 #UTIL: 291600.0} {5356 5097 291 3685 4106 991 599 4399 4335 #SUPP: 1 #UTIL: 20200.0}

在挖掘出的高效用模式中，包含 32 个带有负效用的项，即使它们为超市带来了负利润，但是与其他商品捆绑销售时，吸引了顾客来购买，从而增加了购买次数，依旧可以为超市带来高额的利润。例如，{12 50 23 #SUPP: 2 #UTIL: 13848.0} 表示购买计算机、键盘和鼠标时，会产生 13848 元的利润值，其中，鼠标为捆绑销售中产生负利润的商品，并且捆绑销售会比单个物品不打折扣出售带来的利润更高，因为鼠标、计算机、键盘单独出售时都不属于高效用模式。

3. 销售建议

结合商品销售情况和挖掘出的高利润结果集，可分别从大类角度、促销角度、月份角度、新老顾客角度来分别进行讨论，为商家提出切实可行的销售建议。

从大类角度来说，在 1～4 月份的数据中，日配、休闲、酒饮为销售金额最多的三大类，证明顾客对此类商品需求较高，建议商店可以主打销售此类商品，在销售过程中将此类商品放到显眼的货架，并适当增加此类商品的投资。同样地，对于销售金额较少的大类：烘焙、文体、针织等，建议商店加大宣传力度，同时建议对此类商品的销售计划进行调整，多放一些迎合大众、基本的、不会出错的商品，同时提升商品的质量。

从月份角度来说，大类商品多数销售金额波动较小，其中家居、熟食、针织、水产、文体、家电、烘焙类商品几乎没有波动，每月销售金额非常稳定。在 1 月份的购物数据中，蔬果是除日配、粮油、休闲等大类之外销售金额占比最多的类，建议商店可在 1 月份多销售一些时蔬水果，而日配和休闲之类依旧为顾客主要购

买的商品类型，应该继续保持。在 2 月份，酒饮类的销售金额激增，因此可在 2
月份适当增加酒饮的进货量。同样地，在 3 月份，酒饮类的占比相较 2 月份下降
了 17%，推测在 3 月份顾客对于酒饮类的产品需求下降，因此该类商品的进货量
应比 2 月份低。同样在 3 月份，与 2 月份相比占比变化幅度较大的类还有洗化类、
肉禽类，不同的是洗化类占比升高 4% 左右，证明消费者的个人卫生观念进一步提
升，在今后的销售中，可以适当增加洗化类商品。据 4 月份的数据来看，熟食类
的销售金额占比上升，而蔬果类、休闲类、日配类等则变化幅度不大，因而在 4
月份，建议商家适当增加熟食的销售，做好宣传。从 1 月、3 月、4 月可以看出，
每月的销售额占比较为相似，除了一些重大的节日可能导致某类占比升高。综上
所述，2 月份 (春节期间) 导致酒饮类的销量占比激增，但是促销类的商品销售额
会增加。而到了 3～4 月份，酒饮类又大致回归之前的占比水平。

　　从促销角度看，促销商品的周环比增长率总体来说比非促销商品好一些，并
且在 2 月份，促销商品的销量增加，从数据来看，人们在 2 月份对于速冻食品、
酒饮等需求上升，因此商店可适当对休闲、酒饮等大类增大促销力度，覆盖更多
的同类商品。例如，在一天的某个时间段 (人群活动密集的时间段，如下班高峰期)
可以对某类商品提供打折活动。此外，依据前面挖掘出的闭合高效用模式，对商
店提出销售建议。部分销售建议如表 6-9 所示，表中包括挖掘出的闭合高效用模
式 (其中项为小类名称的形式，名称前带负号即意味着该商品为促销商品)、模式
解释以及相应的销售建议。

　　从新老顾客角度来看，将在 1 月、2 月份购物的顾客称为老顾客，而在 3 月、
4 月份购物，且在 1 月、2 月份没有购物记录的顾客称为新顾客。经统计发现新顾
客只占了所有顾客的 5% 左右，因此购物的绝大部分都是老顾客。建议超市加大宣
传力度，对新顾客开展一定的优惠活动，同时可以推出 VIP 积分换购活动，以吸
引回馈老顾客。

表 6-9　部分销售建议

挖掘出的闭合高效用模式	模式解释	销售建议
{-带壳花生 利乐砖纯奶#SUPP: 3 #UTIL: 6680} {-中式糕点 利乐砖纯奶#SUPP: 6 #UTIL: 9292} {-散称糕点 利乐砖纯奶#SUPP: 5 #UTIL: 8491}	利乐砖纯奶在销售时经常伴随着糕点类，炒货类的打折活动	在销售利乐砖纯奶时继续保持着和休闲类商品的捆绑销售
{-苹果汁 国产省内香烟#SUPP:3 #UTIL: 18714} {-红茶 国产省内香烟#SUPP: 8 #UTIL: 16569} {-乳饮料 国产省外香烟#SUPP: 2 #UTIL: 26587}	国产香烟在销售过程中会和苹果汁、红茶、乳饮料等进行捆绑销售	对香烟类进行打折活动，在香烟购买数量较多的情况下可以赠送利润值较低的酒饮类商品

续表

挖掘出的闭合高效用模式	模式解释	销售建议
{-综合包 八宝粥#SUPP: 5 #UTIL: 13018} {-麦片/粉 八宝粥#SUPP: 4 #UTIL: 23473}	在购买八宝粥时，综合包和麦片经常作为赠品	在销售时将可作为早餐的食品类捆绑销售，其中利润较低的食品可作为赠品
{植物蛋白饮料 菌菇类#SUPP:10#UTIL: 182541} {植物蛋白饮料 叶菜类#SUPP: 12 #UTIL: 182634} {植物蛋白饮料 根茎类#SUPP:14 #UTIL: 181088}	植物蛋白饮料在和菌菇类、叶菜类、根茎类等捆绑销售时有较高的利润值	建议继续将植物蛋白饮料与蔬果类食品进行捆绑销售
{柑橘柚类 利乐砖纯奶#SUPP: 9 #UTIL: 13219} {蕉类 利乐砖纯奶#SUPP: 11 #UTIL: 11273} {苹果类 利乐砖纯奶 #SUPP: 14 #UTIL: 12530} {新鲜蛋品 利乐砖纯奶#SUPP: 9 #UTIL: 10903} {利乐砖纯牛奶 火腿肠#SUPP:10 #UTIL: 5988}	顾客经常在购买利乐砖纯奶的同时购买蔬果类、日配类等商品	可将纯奶类货柜与蛋类、火腿肠类等日配商品的冷冻货柜摆放至不远的地方，并将蔬果类商品一起放入同一个销售区域
{袋装薯片 国产省内香烟#SUPP:6 #UTIL: 8630} {香瓜子 国产省内香烟 #SUPP: 5 #UTIL: 12130} {牛肉干 国产省内香烟 #SUPP: 7 #UTIL: 12809}	国产香烟类商品经常和薯片、瓜子、牛肉干等休闲小零食一起销售	可将国产香烟类与休闲食品类放入同一货架区内销售
{散称白米 叶菜 #SUPP: 15 #UTIL: 40921} {鲜猪肉 叶菜#SUPP: 18 #UTIL: 5580}	人们在购买蔬果类时，通常也会一起购买肉禽类、粮油类食品	可将蔬果类、肉禽类、粮油类等做饭需要用到的食材搭配销售，放至同一销售区域

6.3.3 商品促销预测

基于高效用模式的分类就是指在处理大规模数据集时，依据定义来挖掘高效用模式集合，并根据这些模式训练分类模型。传统的分类数据集可以看作项集的集合，一般来说，一个实例的形式为属性-值对，对应于高效用模式挖掘时，可以将这种对看作一个项，因而在没有缺损值的情况下，含有 k 个属性-值对的示例可以看作 k 个项。因此，传统的分类数据集可以看作项集的集合。

在本小节中，将针对零售商店数据集中商品的各类属性，利用 4.4 节 CHUPNI 方法对其进行闭合高效用模式挖掘，最后根据挖掘结果预测该商品是否促销，即实现基于高效用模式的分类。基于高效用模式进行分类，就是通过挖掘分析寻找具有高效用值的特定模式，并据此构建分类器。模式是数据的一种简洁表示形式，它能够提取出数据集的一些本质特性，因此被应用到数据挖掘任务中。通过数据挖掘去除数据中的冗余模式，在理论上可以加速分类过程、提升分类性能。

1. 基于模式的分类预测方法设计

基于高效用模式的分类过程示意图如图 6-36 所示。基于高效用模式的分类，首先将要处理的数据集规范化，即需要变为分类数据集的标准形式，包括离散化等操作,并将处理完之后的分类数据集作为输入数据。其次,利用模式挖掘方法在数据集中增量挖掘闭合高效用模式。最后,将挖掘出的闭合高效用模式处理成分类训练数据集(采用空缺补齐的方式),利用处理后的分类训练数据集训练分类器,输入测试数据集,利用训练好的分类器进行预测。

图 6-36　基于高效用模式的分类过程示意图

1)分类数据集处理

对超市购物数据进行处理,将挖掘后的高效用模式应用于分类方法中。具体表现为:将大类编码、中类编码、销售月份、商品类型、单位、销售数量作为条件属性,将是否促销作为类属性。条件属性的设置,是因为这些属性都或多或少地影响着商品是否促销。例如,在各大类中,日配类商品更容易进行促销活动,而肉禽类则一般不进行促销;又如,销售月份为 2 月份的商品,一般都会进行打折活动,而其他月份商品的促销活动相对较少;当商品类型为一般商品时,其比生鲜产品会更多地参与促销活动。图 6-37 为包含上述条件属性和类属性的部分数据。

15,1505,201501,一般商品,袋,1,否
15,1503,201501,一般商品,袋,1,否
15,1505,201501,一般商品,袋,1,否
30,3018,201501,一般商品,包,1,否
12,1201,201501,生鲜,千克,0.964,否

图 6-37　用于分类的部分数据集

除了明确条件属性及类属性之外,还需明确分类任务。在本小节中,将依据大类编码、中类编码、销售月份、商品类型、单位、销售数量来预测该类商品是否参与促销活动,并验证方法的准确率。

为了方便分类任务,进行了高效用模式挖掘,将数据中的中文用特定数字代替。例如,在商品类属性中,一般商品用 1 来代替,生鲜用 2 来代替,联营商品用 3 来代替;在类标签中,1 代表商品参与促销活动,而 2 代表商品不参与促销活动。用数字代替后的部分数据截图如图 6-38 所示。

22,2203,201504,3,13,1,2
15,1505,201504,3,52,1,1
12,1201,201504,2,34,0.674,2
30,3018,201504,3,8,1,2
15,1517,201504,3,13,1,2

图 6-38 用数字代替后的部分数据截图

观察数据后发现，条件属性中的某些值过于分散，如销售数量，有连续属性值的数据不能够以项或者关联规则的形式用于分类器。为了增加可用数据，本小节增加对数据集的属性离散化操作。离散化操作的优点有以下几个：

(1)将特征离散化，可以将模型变得更好处理，增加了模型的稳定性，同时也预防了模型过拟合。

(2)将特征离散化，可以避免异常数据对模型带来的困扰。

(3)将特征离散化，可以加快模型的迭代。

(4)将特征离散化，可以提高模型的表达能力。

图 6-39 为离散化后的部分分类数据集。

15,1503,201501,3,13,1,2
15,1505,201501,3,13,1,2
30,3018,201501,3,8,1,2
12,1201,201501,2,34,100,2
20,2001,201501,3,13,1,2

图 6-39 离散化后的部分分类数据集

2)挖掘闭合高效用模式

挖掘闭合高效用模式，可以在海量数据中提取出根据某种度量标准拥有高效用值的模式。如果可以使用较少的属性来区分数据类别，则增加更多的属性并不能为分类做出贡献，在更坏的情况下还有可能引入噪声。在实际情况中，分类问题对应大量的模式，但并不是所有的模式都能起作用，只需要挖掘出关键的、少数的模式，就可以在分类问题中有很好的表现。

本节的目的在于通过挖掘出对分类结果"贡献"较大的项集来减少冗余模式，即"作用"较小的项集，在此，将每个条件属性中的值作为高效用模式挖掘中的项，而在每条数据中，每个项的效用值定义为1。效用值的定义基于这样的准则：因为无法确定各个属性对分类结果的影响，所以将每个属性的权重都设为1，而越是频繁出现的属性，最后的效用值越大，反之则不能满足最小效用阈值，因而不能被挖掘，以此来减少冗余模式的产生。在高效用模式挖掘过程中，类标签也被视为项，因而类标签也需要赋予效用值。在此，将类标签的效用值也设置为1。图 6-40 为加入效用值后 spmf 格式的部分数据集。

```
12 1201 201501 2 19 2 2:7:1 1 1 1 1 1 1
20 2014 201501 3 13 2 2:7:1 1 1 1 1 1 1
15 1505 201501 3 13 1 2:7:1 1 1 1 1 1 1
15 1503 201501 3 13 1 2:7:1 1 1 1 1 1 1
15 1505 201501 3 13 1 2:7:1 1 1 1 1 1 1
```

图 6-40　加入效应值后 spmf 格式的部分数据集

在进行高效用模式挖掘之前，需要为每一列的项加上列号，以便在挖掘完成之后用于分类时补齐缺失值。例如，在图 6-41 中第一行第一列数字前加入列号 1，第二列数字 1201 前加入列号 2，同时，为了不引起歧义，在列号前加入符号"-"，以此来表示"-"后面的一位数字为列号。例如，"-21201"表示在第二列有项目1201，即使后面的列中也有项目 1201，也用列号来进行区分。

```
-112 -21201 -3201501 -42 -519 -62 -72:7:1 1 1 1 1 1 1
-120 -22014 -3201501 -43 -513 -62 -72:7:1 1 1 1 1 1 1
-115 -21505 -3201501 -43 -513 -61 -72:7:1 1 1 1 1 1 1
-115 -21503 -3201501 -43 -513 -61 -72:7:1 1 1 1 1 1 1
-115 -21505 -3201501 -43 -513 -61 -72:7:1 1 1 1 1 1 1
```

图 6-41　添加列号之后的部分数据集

将添加列号之后的数据集输入 CHUPNI 方法中，开始挖掘闭合高效用模式，在挖掘过程中，CHUPNI 方法会记录每个闭合高效用模式的支持度与效用值。图 6-42 为最小效用阈值为 20 时的部分闭合高效用模式。

```
-23113 -131 -61 -43 #SUPP: 4 #UTIL: 16
-23113 -131 -61 -43 -550 #SUPP: 3 #UTIL: 15
-23113 -131 -61 -43 -550 -3201504 -72 #SUPP: 1 #UTIL: 7
-23113 -131 -61 -43 -71 #SUPP: 3 #UTIL: 15
```

图 6-42　部分闭合高效用模式

在结果集中，包含 9686 个闭合高效用模式，其中部分项集不包含类标签，挖掘出闭合高效用模式之后，为了下一步的分类使用，发现的高效用模式必须是满足约束的，需满足的约束如下所示。

(1) 约束 1：挖掘出的模式至少包含一个属性值和一个类值。

(2) 约束 2：挖掘出的模式必须为闭合高效用模式，以避免项集的冗余性。

因此，依据上述约束条件在结果集中进行筛选，去除没有类标签的闭合高效用模式，图 6-43 为满足约束的部分高效用模式。

```
-23424 -134 -71 -3201504 -43 #SUPP: 4 #UTIL: 20
-514 -23426 -134 -3201502 -61 -43 -72 #SUPP: 1 #UTIL: 7
-23416 -541 -134 -3201503 -61 -43 -72 #SUPP: 1 #UTIL: 7
-517 -23426 -134 -71 -61 -43 #SUPP: 5 #UTIL: 30
```

图 6-43　满足约束的部分高效用模式

3）基于模式的分类

高效用模式与分类数据集的区别在于：

（1）在高效用模式中，每个项之间用空格隔开，而在分类数据集中，每一列数据中用逗号来隔开。

（2）在挖掘出的高效用模式中，需要考虑支持度与效用值，某些列属性因支持度较低而没有出现在高效用模式中，但在分类数据集中，条件属性中必须有属性值。

（3）在挖掘出的高效用模式中，"#SUPP"代表支持数，即项集在满足最小效用阈值的情况下在数据集中出现的次数，出现的次数越多，代表在数据集中越重要，因此同一高效用模式只在结果集中出现一次，并以支持数代表项集出现的次数。

因此，要基于高效用模式进行分类，必须先将高效用模式的格式处理为分类数据集的形式，具体来说如下：

（1）依据列号还原数据，同时删除列号，只留下条件属性，对于没有属性值的列，用"?"来代替。

（2）通过每一列还原数据后，将列之间的空格用逗号来代替。图 6-44 为处理之后的部分分类训练数据集。

```
22,2205,201501,3,5,100,1
22,2205,201501,3,5,100,1
20,2011,201501,3,33,1,1
20,2011,201501,3,33,1,1
22,2202,201501,3,5,100,1
22,2202,201501,3,5,100,1
22,2202,201501,3,5,100,1
?,?,201501,3,8,1,1
?,?,201501,3,8,1,1
?,?,201501,3,8,1,1
?,?,201501,3,8,1,1
```

图 6-44 处理之后的部分分类训练数据集

将数据集处理完之后，即可开始进行分类任务。将数据中的 85%作为训练集，15%作为测试集。首先将 15%的数据从初始数据集中抽取出来作为测试集，并且保留原格式，而剩余 85%的数据经过高效用模式挖掘之后处理成分类数据集的形式，用来作为训练集。

在分类方法中，决策树所需的计算成本较低，对连续型和离散型的变量都能进行处理，这些优点使得决策树得到了广泛应用。决策树也称为贪心方法，是一种自上而下的分类方法。在分类过程中，决策树在处理噪声时有非常优异的表现，因而广泛应用于各个领域的数据分类处理中，也是当前使用最为普遍的数据分类方法之一。故本节采用决策树作为基分类器。

　　本案例分析在分类过程中选择了集成分类方法 AUE2[123]，进而实现基于模式的分类，实现过程的伪代码如方法 6-1 所示。首先将使用 4.4 节 CHUPNI 方法对带有效用值的数据集 DBSet_new 进行增量闭合高效用模式挖掘，得到结果集 CHUPset，接着将结果集中满足约束的模式处理为训练集，最后使用 AUE2 方法进行分类预测。其中，AUE2 方法维护一个加权的组件分类器池，通过使用加权投票规则，结合组件的预测结果来预测输入样本的类别。在处理完每个数据块之后，创建一个新的分类器，替换性能最差的集成成员。根据在最新数据块中对样本数据估计其预期的预测误差，可以评估每个组件分类器的性能。在替换了表现最差的分类器后，对其余的集合成员进行更新，即增量训练，并根据它们的精度调整其权重。

方法 6-1: 基于模式的分类方法

输入　分类数据集 DBSet，最小效用阈值 minutil，集合成员数 k，最小内存 m，数据流 S。

输出　k 加权增量分类器的集成 ε。

1　　为数据集 DBSet 分配效用值形成 DBSet_new；

2　　获取闭合模式 CHUPset = CHUPNI(DBSet_new, minutil)；

3　　对于 CHUPset 中的每个模式 P_i，

4　　　　如果该模式 P_i 包含类标签，

5　　　　　　$S \leftarrow S \cup P_i$；

6　　　　结束条件判断；

7　　结束循环过程；

8　　$\varepsilon \leftarrow \varnothing$；

9　　对于 S 中的所有数据块 B_i；

10　　　在 B_i 上创建新的分类器 C_{new}；

11　　　$\omega_c \leftarrow \dfrac{1}{MSE_r + \epsilon}$；

12　　　对于 ε 中所有的分类器 C_j，

13　　　　将 C_j 应用于 B_i 以得出分类器的均方误差 MSE_{ij}；

14　　　　根据公式 $\omega_{ij} \leftarrow \dfrac{1}{MSE_r + MSE_{ij} + \epsilon}$ 计算分类器的权重 ω_{ij}；

15　　　结束循环过程；

16　　如果 $|\varepsilon| < k$，

17	$\varepsilon \leftarrow \varepsilon \cup \{C_{new}\}$;
18	否则，用 C_{new} 代替 ε 中权重最低的分类器;
19	结束条件判断;
20	对于除了 C_{new} 外 ε 中的其余分类器 C_j,
21	在 B_i 上增量训练分类器 C_j;
22	结束循环过程;
23	如果 ε 占用内存超过 m,
24	减少集成 ε 中分类器的数量;
25	结束条件判断;
26	结束循环过程。

2. 与集成分类方法的对比

为了验证基于模式的分类方法是否具有先进性，本小节将继续使用如图 6-37 所示的零售商店数据集作为实验数据集。首先记录方法在不同 minutil 下的分类效果，并与直接采用 AUE2 方法的预测效果进行对比。随后，进行进一步的实验，将基于模式的集成分类方法与目前较新的集成分类方法的预测效果进行对比。

方法在不同 minutil 下的准确度与生成树规模的比较如表 6-10 所示。在实验中比较了利用模式挖掘处理的结果集与原分类数据集在集成分类方法下的准确度、生成树规模(包括节点数、叶子数以及树的深度)。因此，将基于高效用模式挖掘的集成分类方法命名为 HC，将原始方式的集成分类方法命名为 OC。在实验数据的表格中，"HC-"后面的数字代表不同的效用阈值，同时在表格中记录了不同 minutil 下闭合高效用模式的数量。

表 6-10 准确度与生成树规模的比较

方法	闭合项集	运行时间/s	准确度/%	节点数	叶子数	树的深度
HC-10	10693	1.03	87.2	45.5	43.6	**1.5**
HC-15	9968	**0.41**	87.6	**41.3**	**39.0**	1.8
HC-20	9686	1.01	88.6	51.5	49.3	1.6
HC-25	9153	0.50	87.8	57.9	55.2	2.0
HC-30	8883	0.42	87.8	47.6	45.5	**1.5**
OC	—	2.00	**89.2**	95.6	74.5	6.9

注：表中加粗字体表示最优值，下同。

　　由实验结果可知，对于 HC 方式，minutil 越大，闭合项集的数量越少。但是对于运行时间，并不是 minutil 越大，运行时间越长或越短，HC 方式的运行时间最多可比 OC 方式短 1.59s，减少了 79.5%。对于准确度，OC 方式的准确度最高，为 89.2，以 HC 方式运行的准确度最高为 88.6，比 OC 方式的准确度低 0.6。结合运行时间和准确度来看，HC 方式运行时间最快时对应的 minutil 为 15，此时 HC-15 的准确度为 87.6，因此 HC-15 与 OC 相比准确度下降了 1.6，而运行时间减少了 79.5%；而以 HC 方式运行时准确度最高为 88.6，此时 minutil 为 20，运行时间为 1.01s，则 HC-20 与 OC 相比，准确度下降了 0.6，运行时间减少了 49.5%。为了直观地表示结果，将准确度及衡量生成树规模的指标用柱状图表示，如图 6-45～图 6-48 所示，其中横坐标为 minutil，纵坐标为不同条件对应 OC 方式减少的百分比。

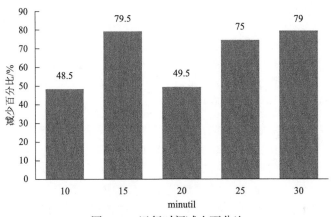

图 6-45　运行时间减少百分比

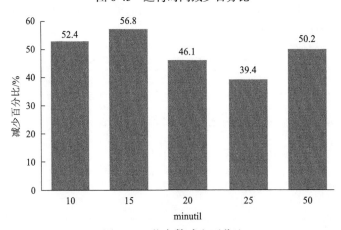

图 6-46　节点数减少百分比

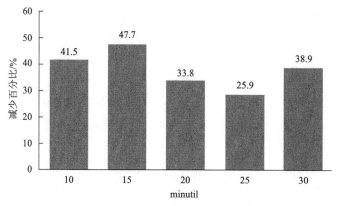

图 6-47 叶子数减少百分比

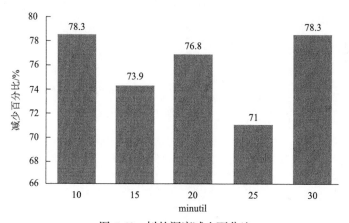

图 6-48 树的深度减少百分比

为了进一步论证基于模式的集成分类方法是否具有先进性，将该方法与部分经典的集成分类方法的预测效果进行对比，如表 6-11 所示。本实验选取了集成分类方法 LeveragingBagging[124]、BOLE（a boosting-like online learning ensemble）[125]、自适应随机森林（adaptive random forest，ARF）[126]，并比较了采用不同方法进行预测时的准确度、运行时间及生成集成树的规模。在本实验中，将基于模式的分类方法中的最小效用阈值设置为 15，并以 HC-15 来表示。

表 6-11 与集成分类方法的比较

方法	运行时间/s	准确率/%	节点数	叶子数	树的深度
HC-15	**0.41**	87.6	**41.3**	**39**	**1.8**
LeveragingBagging	13.81	87.7	429.2	270.2	9.6
ARF	20	**87.9**	206.3	206.3	4.2
BOLE	15.9	78.8	89.3	508	35.6

LeveragingBagging 方法具有 bagging 的简单性，同时将更多的随机可能性加入了分类器的输入和输出中。将输入流示例的权重和输出码随机化，可以提高集成分类器的准确率，并且可以在不损失精度的情况下使用二进制分类器。BOLE 方法为了避免信息丢失，重新对基分类器进行了分类，为了提高整体精度，弱化了基分类器投票的要求，改变了内部采用的漂移检测方法。ARF 方法使用较少的树就可以在具有大量特征的数据流中取得良好的表现，在方法中采用了重采样方法、漂移警告检测方法等。

由表 6-11 可知，与 LeveragingBagging[124]、BOLE[125]、ARF[126]三种集成分类方法相比，HC-15 运行时间最短，节点数和叶子数最少，树的深度最小。对准确率而言，ARF 方法的准确率最高，比 HC-15 方法高 0.3%，但 HC-15 方法的运行时间要比 ARF 方法少 97.95%，节点数和叶子数以及树的深度都比 ARF 要小得多。因此，实验证明在损失较少精确率的前提下，HC-15 方法相较于三种对比方法可以大幅度减小生成集成树的规模。

3. 商品促销预测

基于模式的分类方法采用加权投票机制，对类标签进行预测。随机选取 5 条商品数据来预测该商品是否促销，每个商品的属性值分别为：{22, 2204, 201503, 3, 13, 1, 2}，{15, 1516, 201504, 3, 49, 1, 2}，{13, 1308, 201504, 2, 34, 100, 2}，{15, 1521, 201501, 3, 34, 100, 1}，{20, 2005, 201502, 3, 44, 1, 2}。对于数据的预测结果如表 6-12 所示，依据商品的购买信息即可预测该商品是否促销。

表 6-12　对数据的预测结果

测试数据	大类名称	中类名称	购买月份	商品类型	单位	销售数量	预测结果
{22, 2204, 201503, 3, 13, 1, 2}	休闲	蜜饯	3 月	一般商品	袋	1	非促销
{15, 1516, 201504, 3, 49, 1, 2}	日配	冰品	4 月	一般商品	支	1	非促销
{13, 1308, 201505, 2, 34, 100, 2}	熟食	中式熟菜	5 月	生鲜	kg	1	非促销
{15, 1521, 201501, 3, 34, 100, 1}	日配	蛋类	1 月	一般商品	kg	1	促销
{20, 2005, 201502, 3, 44, 1, 2}	粮油	煮食面/粉	2 月	一般商品	筒	1	非促销

如表 6-12 所示，{22, 2204, 201503, 3, 13, 1, 2}的预测类标签为 2，意味着大类标号为 22(即大类名称为休闲)，中类编号为 2204(即中类名称为蜜饯)，购买月份为 2015 年 3 月，商品类型为 3(即一般商品)，单位为 13(即单位为袋)，销售数量为 1 的商品，预测其为非促销商品。{15, 1516, 201504, 3, 49, 1, 2}的预测类标签为 2，意味着大类标号为 15(即大类名称为日配)，中类编号为 1516(即中类名称为冰

品），购买月份为 2015 年 4 月，商品类型为 3（即一般商品），单位为 49（即单位为支），销售数量为 1 的商品，预测其为非促销商品。{13, 1308, 201504, 2, 34, 100, 2} 的预测类标签为 2，意味着大类标号为 13（即大类名称为熟食），中类编号为 1308（即中类名称为中式熟菜），购买月份为 2015 年 5 月，商品类型为 2（即生鲜），单位为 34（即单位为 kg），销售数量为 1 的商品，预测其为非促销商品。{15, 1521, 201501, 3, 34, 100, 1} 的预测类标签为 1，意味着大类标号为 15（即大类名称为日配），中类编号为 1521（即中类名称为蛋类），购买月份为 2015 年 1 月，商品类型为 3（即一般商品），单位为 34（即单位为 kg），销售数量为 1 的商品，预测其为促销商品。{20, 2005, 201502, 3, 44, 1, 2} 的预测类标签为 2，意味着大类标号为 20（即大类名称为粮油），中类编号为 2005（即中类名称为煮食面/粉），购买月份为 2015 年 2 月，商品类型为 3（即一般商品），单位为 44（即单位为筒），销售数量为 1 的商品，预测其为非促销商品。

6.3.4 本节小结

挖掘闭合高效用模式可提供一种无损模式，同时，挖掘出的模式结果集可以有效地应用于分类问题，并在分类过程中去除冗余模式和噪声，减小生成集成树的规模。在超市数据集中挖掘含负项闭合高效用模式，可以发现哪些商品捆绑或搭配销售能为商家带来高利润，并据此为管理者提供销售建议。而将在商品信息中挖掘出的闭合高效用模式用作分类训练数据集，可预测该商品是否为促销商品。本案例分析仍然有不足之处，首先，不同的最小效用阈值会导致不同的分类精度，并生成不同的树规模，因而下一步研究方向为确定最佳的最小效用阈值范围。其次，本案例分析数据集中只包含 1～4 月份的数据，数据缺乏全面性，无法预测在其余月份中商品的促销情况。

参 考 文 献

[1] Zida S, Fournier-Viger P, Lin C W, et al. EFIM: A highly efficient algorithm for high-utility itemset mining[C]. In Proceedings of the 14th Mexican International Conference on Artificial Intelligence, 2015: 530-546.

[2] Agrawal R, Srikant R. Fast algorithms for mining association rules in large databases[C]. In Proceedings of the 20th International Conference on Very Large Databases, 1994: 487-499.

[3] Park J S, Chen M S, Yu P S. An effective hash-based algorithm for mining association rules[J]. ACM Sigmod Record, 1995, 24 (2): 175-186.

[4] Agarwal R C, Aggarwal C C, Prasad V V V. A tree projection algorithm for generation of frequent itemsets[J]. Journal of Parallel and Distributed Computing, 2001, 61 (3): 350-371.

[5] Elkabani I, Daher L A, Zantout R. Use of FP-growth algorithm in identifying influential users on twitter hashtags[C]. In Proceedings of the 4th International Conference on Compute and Data Analysis, 2020: 113-117.

[6] Grahne G, Zhu J. Efficiently using prefix-trees in mining frequent itemsets[C]. In Proceedings of the ICDM 2003 Workshop on Frequent Itemset Mining Implementations, 2003: 65-74.

[7] Giannella C, Han J W, Pei J, et al. Mining frequent patterns in data streams at multiple time granularities[J]. Next Generation Data Mining, 2003, 212: 191-212.

[8] Liu X J, Guan J H, Hu P. Mining frequent closed itemsets from a landmark window over online data streams[J]. Computers & Mathematics with Applications, 2009, 57 (6): 927-936.

[9] 闻英友, 王少鹏, 赵宏. 界标窗口下数据流最大规范模式挖掘算法研究[J]. 计算机研究与发展, 2017, 54 (1): 94-110.

[10] 韩萌, 王志海, 原继东. 一种基于时间衰减模型的数据流闭合模式挖掘方法[J]. 计算机学报, 2015, 38 (7): 1473-1483.

[11] Liu Y, Liao W K, Choudhary A. A two-phase algorithm for fast discovery of high utility itemsets[C]. In Proceedings of the 9th Pacific-Asia Conference on Advances in Knowledge Discovery and Data Mining, 2005: 689-695.

[12] Krishnamoorthy S. HMiner: Efficiently mining high utility itemsets[J]. Expert Systems with Applications, 2017, 90: 168-183.

[13] Dawar S, Goyal V. UP-hist tree: An efficient data structure for mining high utility patterns from transaction databases[C]. In Proceedings of the 19th International Database Engineering and Applications Symposium, 2015: 56-61.

[14] Tseng V S, Wu C W, Shie B E, et al. UP-Growth: An efficient algorithm for high utility itemset mining[C]. In Proceedings of the 16th ACM SIGKDD International Conference on Knowledge Discovery and Data Mining, 2010: 253-262.

[15] Yun U, Ryang H, Ryu K H. High utility itemset mining with techniques for reducing overestimated utilities and pruning candidates[J]. Expert Systems with Applications, 2014, 41(8): 3861-3878.

[16] Liu M C, Qu J F. Mining high utility itemsets without candidate generation[C]. In Proceedings of the 21st ACM International Conference on Information and Knowledge Management, 2012: 55-64.

[17] Almoqbily R S, Rauf A, Quradaa F H. A survey of correlated high utility pattern mining[J]. IEEE Access, 2021, 9: 42786-42800.

[18] Fournier-Viger P, Zhang Y M, Lin J C W, et al. Mining correlated high-utility itemsets using various measures[J]. Logic Journal of the IGPL, 2020, 28(1): 19-32.

[19] Baek Y, Yun U, Kim H, et al. Approximate high utility itemset mining in noisy environments[J]. Knowledge-Based Systems, 2021, 212: 106596.

[20] Wu Y X, Geng M, Li Y, et al. HANP-Miner: High average utility nonoverlapping sequential pattern mining[J]. Knowledge-Based Systems, 2021, 229: 107361.

[21] Shie B E, Yu P S, Tseng V S. Efficient algorithms for mining maximal high utility itemsets from data streams with different models[J]. Expert Systems with Applications, 2012, 39(17): 12947-12960.

[22] Tseng V S, Wu C W, Fournier-Viger P, et al. Efficient algorithms for mining the concise and lossless representation of high utility itemsets[J]. IEEE Transactions on Knowledge and Data Engineering, 2015, 27(3): 726-739.

[23] Fournier-Viger P, Lin C W, Wu C W, et al. Mining minimal high-utility itemsets[C]. In Proceedings of the International Conference on Database and Expert Systems Applications, 2016: 88-101.

[24] Wu C W, Shie B E, Yu P S, et al. Mining top-k high utility itemsets[C]. In Proceedings of the 18th ACM SIGKDD International Conference on Knowledge Discovery and Data Mining, 2012: 78-86.

[25] Li H F, Lee S Y. Mining frequent itemsets over data streams using efficient window sliding techniques[J]. Expert Systems with Applications, 2009, 36(2): 1466-1477.

[26] Yun U, Kim D, Yoon E, et al. Damped window based high average utility pattern mining over data streams[J]. Knowledge-Based Systems, 2018, 144: 188-205.

[27] Nam H, Yun U, Vo B, et al. Efficient approach for damped window-based high utility pattern mining with list structure[J]. IEEE Access, 2020, 8: 50958-50968.

[28] Baek Y, Yun U, Kim H, et al. RHUP: Mining recent high utility patterns with sliding window-based arrival time control over data streams[J]. ACM Transactions on Intelligent Systems and Technology, 2021, 12(2): 1-27.

[29] Chen H, Shu L C, Xia J L, et al. Mining frequent patterns in a varying-size sliding window of online transactional data streams[J]. Information Sciences, 2012, 215: 15-36.

[30] Tsai P S M. Mining top-k frequent closed itemsets over data streams using the sliding window model[J]. Expert Systems with Applications, 2010, 37(10): 6968-6973.

[31] Ahmed C F, Tanbeer S K, Jeong B S, et al. Interactive mining of high utility patterns over data

streams[J]. Expert Systems with Applications, 2012, 39(15): 11979-11991.

[32] Ryang H, Yun U. High utility pattern mining over data streams with sliding window technique[J]. Expert Systems with Applications, 2016, 57: 214-231.

[33] Jaysawal B P, Huang J W. SOHUPDS: A single-pass one-phase algorithm for mining high utility patterns over a data stream[C]. In Proceedings of the 35th Annual ACM Symposium on Applied Computing, 2020: 490-497.

[34] Chen X R, Zhai P J, Fang Y. High utility patternmining based on historical data table over data streams[C]. In Proceedings of the 4th International Conference on Data Science and Information Technology, 2021: 368-376.

[35] Wu C W, Fournier-Viger P, Gu J Y, et al. Mining closed high utility itemsets without candidate generation[C]. In Proceedings of the Conference on Technologies and Applications of Artificial Intelligence, 2016: 187-194.

[36] Lin C W, Lan G C, Hong T P. An incremental mining algorithm for high utility itemsets[J]. Expert Systems with Applications, 2012, 39(8): 7173-7180.

[37] Fournier-Viger P, Lin J C, Gueniche T, et al. Efficient incremental high utility itemset mining[C]. In Proceedings of the ASE BigData & Social informatics, 2015: 1-6.

[38] Dam T L, Ramampiaro H, Nørvåg K, et al. Towards efficiently mining closed high utility itemsets from incremental databases[J]. Knowledge-Based Systems, 2019, 165: 13-29.

[39] Krishnamoorthy S. Pruning strategies for mining high utility itemsets[J]. Expert Systems with Applications, 2015, 42(5): 2371-2381.

[40] Yun U, Lee G. Sliding window based weighted erasable stream pattern mining for stream data applications[J]. Future Generation Computer Systems, 2016, 59: 1-20.

[41] Lee G, Yun U, Ryu K H. Sliding window based weighted maximal frequent pattern mining over data streams[J]. Expert Systems with Applications, 2014, 41(2): 694-708.

[42] 王少鹏, 闻英友, 赵宏. 滑动窗口下数据流完全加权最大频繁项集挖掘[J]. 东北大学学报（自然科学版）, 2016, 37(7): 931-936.

[43] Lin M Y, Tu T F, Hsueh S C. High utility pattern mining using the maximal itemset property and lexicographic tree structures[J]. Information Sciences, 2012, 215: 1-14.

[44] Lan G C, Hong T P, Tseng V S, et al. Applying the maximum utility measure in high utility sequential pattern mining[J]. Expert Systems with Applications, 2014, 41(11): 5071-5081.

[45] Wu C W, Fournier-Viger P, Philip S Y, et al. Efficient mining of a concise and lossless representation of high utility itemsets[C]. In Proceedings of the 2011 IEEE 11th International Conference on Data Mining, 2011: 824-833.

[46] 王少峰. Top-k 闭高效用模式挖掘方法研究与应用[D]. 银川: 北方民族大学, 2019.

[47] Fournier-Viger P, Zida S, Lin C W, et al. EFIM-Closed: Fast and memory efficient discovery of closed high-utility itemsets[C]. In Proceedings of the International Conference on Machine Learning and Data Mining in Pattern Recognition, 2016: 199-213.

[48] Singh K, Singh S S, Kumar A, et al. CHN: An efficient algorithm for mining closed high utility itemsets with negative utility[J]. IEEE Transactions on Knowledge and Data Engineering, 2018, (99): 99-113.

[49] Mai T, Nguyen L T. An efficient approach for mining closed high utility itemsets and generators[J]. Journal of Information and Telecommunication, 2017, 1(3): 193-207.

[50] 王少峰, 韩萌, 贾涛, 等. 数据流高效用模式挖掘综述[J]. 计算机应用研究, 2020, 37(9): 2571-2578.

[51] Bui N, Vo B, Huynh V N, et al. Mining closed high utility itemsets in uncertain databases[C]. In Proceedings of the 7th Symposium on Information and Communication Technology, 2016: 7-14.

[52] Wu C W, Fournier-Viger P, Gu J Y, et al. Mining Compact High Utility Itemsets Without Candidate Generation[M]. Cham: Springer, 2019.

[53] Dam T L, Li K L, Fournier-Viger P, et al. CLS-Miner: Efficient and effective closed high-utility itemset mining[J]. Frontiers of Computer Science, 2019, 13(2): 357-381.

[54] Yin J F, Zheng Z G, Cao L B, et al. Efficiently mining top-k high utility sequential patterns[C]. In Proceedings of the IEEE 13th International Conference on Data Mining, 2013: 1259-1264.

[55] Lu T J, Liu Y, Wang L. An algorithm of top-k high utility itemsets mining over data stream[J]. Journal of Software, 2014, 9(9): 2342-2347.

[56] Zihayat M, An A J. Mining top-k high utility patterns over data streams[J]. Information Sciences, 2014, 285: 138-161.

[57] Ryang H, Yun U. Top-k high utility pattern mining with effective threshold raising strategies[J]. Knowledge-Based Systems, 2015, 76: 109-126.

[58] Zhang L, Yang S S, Wu X P, et al. An indexed set representation based multi-objective evolutionary approach for mining diversified top-k high utility patterns[J]. Engineering Applications of Artificial Intelligence, 2019, 77: 9-20.

[59] 陈明福. 缩小候选集的 Top-k 高效模式挖掘算法研究[D]. 重庆: 重庆大学, 2015.

[60] 王乐, 冯林, 王水. 不产生候选项集的 top-k 高效用模式挖掘算法[J]. 计算机研究与发展, 2015, 52(2): 445-455.

[61] Tseng V S, Wu C W, Fournier-Viger P, et al. Efficient algorithms for mining top-k high utility itemsets[J]. IEEE Transactions on Knowledge and Data Engineering, 2016, 28(1): 54-67.

[62] Duong Q H, Liao B, Fournier-Viger P, et al. An efficient algorithm for mining the top-k high utility itemsets, using novel threshold raising and pruning strategies[J]. Knowledge-Based Systems, 2016, 104: 106-122.

[63] Dawar S, Sharma V, Goyal V. Mining top-k high-utility itemsets from a data stream under sliding window model[J]. Applied Intelligence, 2017, 47(4): 1240-1255.

[64] Dam T L, Li K L, Fournier-Viger P, et al. An efficient algorithm for mining top-k on-shelf high utility itemsets[J]. Knowledge and Information Systems, 2017, 52(3): 621-655.

[65] Singh K, Singh S S, Kumar A, et al. TKEH: An efficient algorithm for mining top-k high utility itemsets[J]. Applied Intelligence, 2019, 49(3): 1078-1097.

[66] Kumari P L, Sanjeevi S G, Rao T M. Mining top-k regular high-utility itemsets in transactional databases[J]. International Journal of Data Warehousing and Mining, 2019, 15(1): 58-79.

[67] Krishnamoorthy S. Mining top-k high utility itemsets with effective threshold raising strategies[J]. Expert Systems With Applications, 2019, 117: 148-165.

[68] Fournier-Viger P, Wu C W, Tseng V S. Novel concise representations of high utility itemsets

using generator patterns[C]. In Proceedings of the International Conference on Advanced Data Mining and Applications, 2014: 30-43.

[69] Fournier-Viger P, Wu C W, Zida S, et al. FHM: Faster high-utility itemset mining using estimated utility co-occurrence pruning[C]. In Proceedings of the International Symposium On Methodologies for Intelligent Systems, 2014: 83-92.

[70] Chu C J, Tseng V S, Liang T. An efficient algorithm for mining high utility itemsets with negative item values in large databases[J]. Applied Mathematics and Computation, 2009, 215(2): 767-778.

[71] Li H F, Huang H Y, Lee S Y. Fast and memory efficient mining of high-utility itemsets from data streams: With and without negative item profits[J]. Knowledge and Information Systems, 2011, 28(3): 495-522.

[72] Fournier-Viger P. FHN: Efficient mining of high-utility itemsets with negative unit profits[C]. In Proceedings of the International Conference on Advanced Data Mining and Applications, 2014: 16-29.

[73] Lan G C, Hong T P, Huang J P, et al. On-shelf utility mining with negative item values[J]. Expert Systems with Applications, 2014, 41(7): 3450-3459.

[74] Fournier-Viger P, Zida S. FOSHU: Faster on-shelf high utility itemset mining with or without negative unit profit[C]. In Proceedings of the 30th Annual ACM Symposium on Applied Computing, 2015: 857-864.

[75] Subramanian K, Kandhasamy P. UP-GNIV: An expeditious high utility pattern mining algorithm for itemsets with negative utility values[J]. International Journal of Information Technology and Management, 2015, 14(1): 26-42.

[76] Xu T T, Dong X J, Xu J L, et al. Mining high utility sequential patterns with negative item values[J]. International Journal of Pattern Recognition and Artificial Intelligence, 2017, 31(10): 1750035.

[77] Krishnamoorthy S. Efficiently mining high utility itemsets with negative unit profits[J]. Knowledge-Based Systems, 2018, 145: 1-14.

[78] Gan W S, Lin J C W, Fournier-Viger P, et al. Mining high-utility itemsets with both positive and negative unit profits from uncertain databases[C]. In Proceedings of the Pacific-Asia Conference on Knowledge Discovery and Data Ming, 2017: 434-446.

[79] Singh K, Shakya H K, Singh A, et al. Mining of high-utility itemsets with negative utility[J]. Expert Systems, 2018, 35(6): 11-13.

[80] Singh K, Kumar A, Singh S S, et al. EHNL: An efficient algorithm for mining high utility itemsets with negative utility value and length constraints[J]. Information Sciences, 2019, 484: 44-70.

[81] Agrawal R, Imielinski T, Swami A. Mining association rules between sets of items in large databases [C]. In Proceedings of the 1993 ACM Sigmod International Conference on Management of Data, 1993: 207-216.

[82] Ahmed C F, Tanbeer S K, Jeong B S, et al. HUC-Prune: An efficient candidate pruning technique to mine high utility patterns[J]. Applied Intelligence, 2011, 34(2): 181-198.

[83] Yin J F, Zheng Z G, Cao L B. USpan: An efficient algorithm for mining high utility sequential patterns[C]. In Proceedings of the 18th ACM SIGKDD International Conference on Knowledge Discovery and Data Mining, 2012: 660-668.

[84] Zaki M J. Scalable algorithms for association mining[J]. IEEE Transactions on Knowledge and Data Engineering, 2000, 12(3): 372-390.

[85] Lin J C W, Gan W S, Fournier-Viger P, et al. Efficient algorithms for mining high-utility itemsets in uncertain databases[J]. Knowledge-Based Systems, 2016, 96: 171-187.

[86] Lin J C W, Hong T P, Gan W S, et al. Incrementally updating the discovered sequential patterns based on pre-large concept[J]. Intelligent Data Analysis, 2015, 19(5): 1071-1089.

[87] Yun U, Nam H, Kim J, et al. Efficient transaction deleting approach of pre-large based high utility pattern mining in dynamic databases[J]. Future Generation Computer Systems, 2020, 103: 58-78.

[88] Chu C J, Tseng V S, Liang T. An efficient algorithm for mining temporal high utility itemsets from data streams[J]. Journal of Systems and Software, 2008, 81(7): 1105-1117.

[89] 张全贵, 曹阳, 李志强. 一种频率约束的高效用模式挖掘算法[J]. 计算机应用与软件, 2018, 35(11): 266-271.

[90] Kim D, Yun U. Efficient algorithm for mining high average-utility itemsets in incremental transaction databases[J]. Applied Intelligence, 2017, 47(1): 114-131.

[91] 曾毅, 张福泉. 基于多效用阈值的分布式高效用序列模式挖掘[J]. 计算机工程与设计, 2020, 41(2): 449-457.

[92] Ahmed C F, Tanbeer S K, Jeong B S, et al. Efficient tree structures for high utility pattern mining in incremental databases[J]. IEEE Transactions on Knowledge and Data Engineering, 2009, 21(12): 1708-1721.

[93] Yildirim I, Celik M. FIMHAUI: Fast incremental mining of high average-utility itemsets[C]. In Proceedings of the International Conference on Artificial Intelligence and Data Processing, 2019: 1-9.

[94] Lee J, Yun U, Lee G, et al. Efficient incremental high utility pattern mining based on pre-large concept[J]. Engineering Applications of Artificial Intelligence, 2018, 72: 111-123.

[95] Yun U, Ryang H, Lee G, et al. An efficient algorithm for mining high utility patterns from incremental databases with one database scan[J]. Knowledge-Based Systems, 2017, 124: 188-206.

[96] Duong Q H, Fournier-Viger P, Ramampiaro H, et al. Efficient high utility itemset mining using buffered utility-lists[J]. Applied Intelligence, 2018, 48(7): 1859-1877.

[97] Gan W S, Lin J C W, Fournier-Viger P, et al. HUOPM: High-utility occupancy pattern mining[J]. IEEE Transactions on Cybernetics, 2020, 50(3): 1195-1208.

[98] Jaysawal B P, Huang J W. DMHUPS: Discovering multiple high utility patterns simultaneously[J]. Knowledge and Information Systems, 2019, 59(2): 337-359.

[99] Guo F, Li Y Q, Li L. Research on improvement of high utility pattern mining algorithm over data streams[C]. In Proceedings of the IOP Conference on Series Materials Science and Engineering, 2020: 12-22.

[100] Lin J C W, Pirouz M, Djenouri Y, et al. Incrementally updating the high average-utility patterns with pre-large concept[J]. Applied Intelligence, 2020, 50(11): 3788-3807.

[101] Wang J, Liu F X, Jin C J. PHUIMUS: A potential high utility itemsets mining algorithm based on stream data with uncertainty[J]. Mathematical Problems in Engineering, 2017, 2017: 1-13.

[102] Gan W S, Lin J C. W, Fournier-Viger P, et al. A survey of utility oriented pattern mining[J]. Journal of Latex Class Files, 2018, 6(1): 1-21.

[103] 赵林柳, 吕鑫, 陶飞飞. 基于 top-k 的高效用模式挖掘算法[J]. 计算机工程, 2019, 45(5): 169-174, 181.

[104] Lin J C W, Zhang J X, Fournier-Viger P, et al. A two-phase approach to mine short-period high-utility itemsets in transactional databases[J]. Advanced Engineering Informatics, 2017, 33: 29-43.

[105] Lin J C W, Gan W S, Fournier-Viger P, et al. Mining high utility itemsets with multiple minimum utility thresholds[C]. In Proceedings of the 8th International Conference on Computer Science & Software Engineering, 2015: 9-17.

[106] Nguyen L T, Nguyen P, Nguyen T D, et al. Mining high-utility itemsets in dynamic profit databases[J]. Knowledge-Based Systems, 2019, 175: 130-144.

[107] Liu J Q, Ju X Y, Zhang X X, et al. Incremental mining of high utility patterns in one phase by absence and legacy-based pruning[J]. IEEE Access, 2019, 7: 74168-74180.

[108] Wu Q, Wang L, Luo X, et al. Incremental top-k high utility pattern mining algorithm in dynamic database[J]. Application Research of Computers, 2017, 34(5): 1401-1405.

[109] Lin J C W, Fournier-Viger P, Gan W S. FHN: An efficient algorithm for mining high-utility itemsets with negative unit profits[J]. Knowledge -Based Systems, 2016, 111: 283-298.

[110] Fournier-Viger P, Gomariz A, Gueniche T, et al. SPMF: A Java open-source pattern mining library[J]. Journal of Machine Learning Research, 2014, 15(1): 3389-3393.

[111] Lin J C W, Gan W S, Hong T P, et al. An incremental high-utility mining algorithm with transaction insertion[J]. Scientific World Journal, 2015, 2015: 1-15.

[112] Sun R, Han M, Zhang C Y, et al. Mining of top-k high utility itemsets with negative utility[J]. Journal of Intelligent & Fuzzy Systems, 2021, 40(3): 5637-5652.

[113] 韩萌. 基于闭合模式的数据挖掘技术研究[D]. 北京: 北京交通大学, 2016.

[114] Singh K, Singh S S, Luhach A K, et al. Mining of closed high utility itemsets: A survey[J]. Recent Advanced in Patents on Computer Science and Communications, 2021, 14(1): 6-12.

[115] Yun U, Nam H, Lee G, et al. Efficient approach for incremental high utility pattern mining with indexed list structure[J]. Future Generation Computer Systems, 2019, 95: 221-239.

[116] Liu J Q, Wang K, Fung B C M. Mining high utility patterns in one phase without generating candidates[J]. IEEE Transactions on Knowledge and Data Engineering, 2015, 28(5): 1245-1257.

[117] Lucchese C, Orlando S, Perego R. Fast and memory efficient mining of frequent closed itemsets[J]. IEEE Transactions on Knowledge and Data Engineering, 2006, 18(1): 21-36.

[118] 张耀春, 黄轶, 王静. Vue.js 权威指南[M]. 北京: 电子工业出版社, 2016.

[119] Zaki M J, Hsiao C J. ChARM: An efficient algorithm for closed association rule mining[C]. In

Proceedings of the International Conference on Data Mining, 2004: 457-473.

[120] Choi H J, Park C H. Emerging topic detection in twitter stream based on high utility pattern mining[J]. Expert Systems with Applications, 2019, 115: 27-36.

[121] 熊富蕊, 桑应朋. 基于MapReduce的隐私保护的关联规则挖掘算法的研究[J]. 智能计算机与应用, 2015, 5(6): 42-45.

[122] 王勇, 李战怀, 张阳. 基于序列关联规则挖掘的 Web 日志预测精度研究[J]. 计算机工程, 2006, 32(12): 39-41.

[123] Brzezinski D, Stefanowski J. Reacting to different types of concept drift: The accuracy updated ensemble algorithm[J]. IEEE Transactions on Neural Networks and Learning Systems, 2014, 25(1): 81-94.

[124] Bifet A, Holmes G, Pfahringer B. Leveraging bagging for evolving data streams[C]. In Proceedings of the Joint European Conference on Machine Learning and Knowledge Discovery in Databases, 2010: 135-150.

[125] Barros R S M, Carvalho S S G T, Júnior P M G. A boosting-like online learning ensemble[C]. In Proceedings of the 2016 International Joint Conference on Neural Networks, 2016: 1871-1878.

[126] Gomes H M, Bifet A, Read J, et al. Adaptive random forests for evolving data stream classification[J]. Machine Learning, 2017, 106(9-10): 1469-1495.